示范性高等职业院校重点建设专业校企合作教材

Hanjie Jishu
焊接技术

郭三爱 主编
邵佩 杨永春 副主编
杨军[东风新疆汽车有限公司] 主审

人民交通出版社

内 容 提 要

本书为示范性高等职业院校重点建设专业校企合作教材。主要分5个项目，分别介绍了常用的5类焊接方法，即焊条电弧焊、气焊与气割、气体保护焊、等离子弧焊与切割和电阻焊。每个项目又分为若干个任务，每个任务均按认知习惯设计为任务分析、相关知识、任务实施3个步骤的学习流程。每个步骤相当于一个小的模块，3个模块之间有紧密的前后关联性。

本书是高职汽车制造与装配技术专业的核心课程教材之一，适合高职、中职院校电焊工相关专业使用，也可作为行业培训教材。

图书在版编目(CIP)数据

焊接技术/郭三爱主编. —北京：人民交通出版社，2012.10

示范性高等职业院校重点建设专业校企合作教材

ISBN 978-7-114-10169-4

I.①焊… II.①郭… III.①焊接－高等职业教育－教材 IV.①TG4

中国版本图书馆CIP数据核字(2012)第253299号

书　　名：示范性高等职业院校重点建设专业校企合作教材
焊接技术
著 作 者：郭三爱
责任编辑：袁　方　王绍科
出版发行：人民交通出版社
地　　址：(100011)北京市朝阳区安定门外外馆斜街3号
网　　址：http://www.ccpress.com.cn
销售电话：(010)59757973
总 经 销：人民交通出版社发行部
经　　销：各地新华书店
印　　刷：北京交通印务实业公司
开　　本：787×1092　1/16
印　　张：11
字　　数：255千
版　　次：2012年10月　第1版
印　　次：2013年6月　第2次印刷
书　　号：ISBN 978-7-114-10169-4
定　　价：33.00元

(有印刷、装订质量问题的图书由本社负责调换)

新疆交通职业技术学院

教材编审委员会

主　任：段明社

副主任：吴灵林　李绪梅

成　员：阿巴白克里·阿布拉　侯士斌　帕尔哈提·艾则孜

潘　杰　李　杰　吕　雯　虎法梅　张福琴

李　刚　宿春燕　李询辉　郭新玉　罗江红

孙珍娣　杨永春　合尼古丽·吾买尔　陆莲芳

序

在几易其稿之后，我院自治区示范性高等职业院校建设成果之一——工学结合系列教材终于付梓了。自我院作为自治区示范性高职院校建设单位以来，以强化内涵建设为重点，以专业建设为龙头，以核心课程和教材建设为载体，与行业企业技术、管理专家共同组建专业团队，在课程改革的基础上，共同编著了10余种教材，涵盖了我院的汽车运用技术、道路桥梁工程技术、物流管理、工程机械运用与维护四个专业的专业核心课程。

本系列教材是学院与行业企业共同开发的，适应区域、行业经济和社会发展的需要，体现行业新规范、新标准，反映行业企业的新技术、新工艺、新材料。教材内容紧密结合生产实际，融“教、学、做”为一体，力求体现能力本位的现代教育思想和理念，突出职业教育实践技能训练和动手能力培养的特色，在保证知识体系完整性的同时，体现基于工作过程的基本思想，注重实践性、先进性、通用性和典型性，是适合高职院校使用的理论和实践一体化教材。

本系列教材由我院自治区示范性重点建设专业的专业带头人、骨干教师与校企合作单位的技术骨干、管理专家合作共同制订编写大纲，由理论功底深厚的专业教师担任主编，聘请行业企业专家作为主审。这些教师长期工作在高职教育教学一线，熟悉教学方法和手段，理论方面有深厚功底；而行业企业专家具有丰富的实践经验，能够把握教材的广度和深度，设定基于工作过程的教学任务，两者结合、优势互补，体现“校企合作、工学结合”的精髓。该系列教材的广泛应用，相信能够在新疆维吾尔自治区职业教育中起到引领和推动作用。

新疆交通职业技术学院

教材编审委员会

2012年9月

序

新疆交通职业技术学院

前　言

新疆交通职业技术学院积极推行“校企共建、工学结合”的建设思想，以汽车制造与装配技术职业岗位(群)能力培养为主线，面向自治区汽车行业前、后市场，构建“工学结合、德能并重”的人才培养模式。通过对行业企业需求分析，确定本专业主要培养汽车装配、车身焊接等岗位的技术人员，结合其职业资格标准，设置相应的课程。

“焊接技术”是高职汽车制造与装配技术专业的一门专业核心课程之一。该门课程与电焊工职业资格证紧密结合，即学完该课程就可以参加电焊工职业资格的考试。教育部《关于全面提高高等职业教育教学质量的若干意见》(教高[2006]16号)中明确提出，要推行“双证书”制度，强化学生职业能力的培养，使有职业资格证书专业的毕业生取得“双证书”。

该门课程在内容上要求“精炼先进”、“与实际工作紧密结合”，在形式上要求充分体现“做中学”的职业教育理念。目前，市场上已经出版的此类教材大多都不能满足这些要求。为了适应新的高职教育模式的要求，使学生能够系统地学习焊接的知识与技能，并确实体现“做中学”的教学理念，真正实现课、证对接。

为配合各高职院校积极实施双证书制度工作，推进示范校建设，我们组织高职院校资深教师及企业专家编写了本书。本书共分5个项目，分别介绍了常用的5类焊接方法，即焊条电弧焊、气焊与气割、气体保护焊、等离子弧焊与切割和电阻焊。每个项目又分为若干个任务，每个任务均按认知习惯设计为任务分析、相关知识、任务实施3个步骤的学习流程。每个步骤相当于一个小的模块，3个模块之间有紧密的前后关联性。在“任务分析”中，主要介绍相关焊接方法的实质、特点及应用；在“相关知识”中，主要介绍相关操作技能学习所必需的理论知识；在“任务实施”中，主要介绍相关焊接方法的操作工艺。每个项目还包含知识与能力拓展和自我测试题(试题来源于职业资格考试题库)。在“知识与能力拓展”中，主要介绍较深入的理论知识、相关焊接的实例及其他焊接方法，如电渣焊、螺柱焊、高能量密度焊等；每个项目之后都有项目小结。

本书的学习流程设计，符合学生的认知习惯，并充分体现了“做中学”的职业教育教学理念。本书适合的教学学时数为90~110学时。

本书由郭三爱主编，邵佩、杨永春副主编，朱明霞、梅楠参编，东风新疆汽车有限公司技术总监杨军主审，在编写过程中参考了部分同类教材、教学参考书及专业工具书，在此向有关作者致谢。

由于编者知识水平有限，书中难免会有疏漏和欠妥之处，敬请读者批评指正。

编者

2012 年 9 月

目　　录

项目一　焊条电弧焊

技能点

1. 能够根据焊条电弧焊的特点合理选择焊接工艺参数；
2. 能够正确使用焊机及工具进行手工电弧焊的焊接操作；
3. 能够培养良好的安全与卫生习惯。

知识点

1. 掌握焊条电弧焊的特点；
2. 掌握焊条电弧焊的焊接操作方法。

任务描述

某汽车汽缸体(铝合金材料)出现裂纹需要修复,请你使用焊条电弧焊的焊接操作方法进行焊补,以恢复其正常的工作状况,焊接质量应达到设计要求。

任务导入

所谓电弧焊是指利用电弧的热量加热、熔化金属进行的焊接。焊条电弧焊是目前最重要、最常用的一类焊接方法。焊条电弧焊(简称手弧焊)是以手工操作的焊条和被焊接工件作为两个电极,利用焊条与焊件之间的电弧热量熔化金属进行焊接的方法。

焊条电弧焊不仅可以焊接各种碳钢、低合金结构钢、不锈钢、铸铁以及部分高合金钢,还能焊接多种有色金属,如铝、铜、镍及其合金等。在任务所描述中的铝合金材料汽缸体,即可采用焊条电弧焊的方法进行焊接。

任务分析

在汽车缸体修复作业中,采用焊条电弧焊进行焊补。其特点是操作灵活,适应性强,焊接速度快、强度高,零件变形小。由于汽缸体工作环境较为恶劣,在缸体内分布有大量的水套等,产生裂纹的主要原因是汽缸体在工作时所承受的温度过高而造成。根据裂缝位置的不同,可以分别采用平焊、立焊、横焊、仰焊等方式的焊接。

任务一　平　敷　焊

学习目标

1. 能够根据平敷焊的特点合理选择焊接工艺参数;

2. 能够正确使用焊机及工具进行平敷焊的焊接操作；

3. 能够培养良好的安全与卫生习惯。

一、任务分析

平敷焊是在平焊位置上堆敷焊道的一种焊接操作方式，通常将使用这种操作方式的焊接方法称为平敷焊。平敷焊是所有焊接操作方法中最简单、最基础的方法。通过平敷焊的操作练习，应熟练掌握电弧焊操作的各种基本动作和焊接工艺参数的选择，熟悉常用工、量具的使用方法，为以后的各种操作技能的学习打下基础。

二、相关知识

（一）焊条电弧焊概述

1. 焊条电弧焊的焊接过程

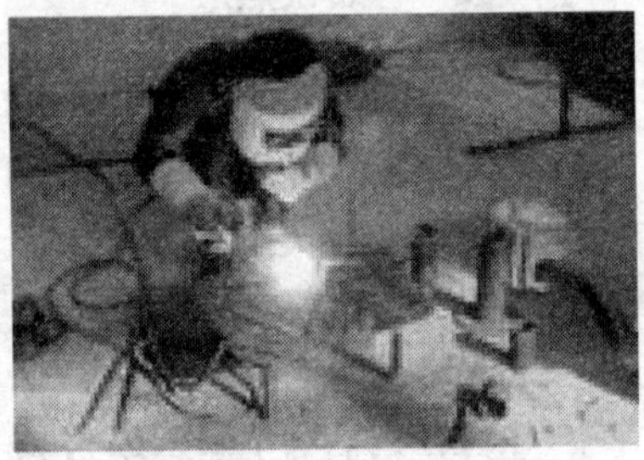

图 1-1　焊条电弧焊的焊接过程

如图 1-1 所示，焊条电弧焊由焊接电源、焊接电缆、焊钳、焊条、焊件、电弧构成回路，焊接时采用焊条和工件接触引燃电弧，然后提起焊条并保持一定的距离，在焊接电源提供合适电弧电压和焊接电流下，电弧稳定燃烧，产生高温，焊条和焊件局部被加热到熔化状态。焊条端部熔化的金属和被熔化的焊件金属熔合在一起，形成熔池。在焊接中，电弧随焊条不断向前移动，熔池也随着移动，熔池中的液态金属逐步冷却结晶后便形成了焊缝，将两焊件焊接在一起。

在焊接中，焊条的焊芯熔化后以熔滴形式向熔池过渡，同时焊条涂层产生一定量的气体和液态熔渣。液态熔渣密度比液态金属密度小，浮在熔池表面，从而起到保护熔池的作用。熔池内金属冷却凝固时，熔渣也随之凝固，形成焊渣覆盖在焊缝表面，防止高温的焊缝金属被氧化，并且降低焊缝的冷却速度。

2. 焊接的特点

焊接的优点如下：

（1）操作灵活、适应性强。能适用于常用钢种、不同厚度及各种空间位置的焊件，特别是对一些结构形状复杂、不同接头形式、小尺寸、直焊缝或不规则的曲折焊缝等，只要焊条能够达到的地方都能进行焊接。

（2）设备结构都比较简单，且质量小。便于移动，便于现场维护和维修，使用、安装方便，投资少，成本低。

（3）改善应力分布和减少变形量。采用焊条电弧焊，可以通过调整焊接工艺参数来控制焊接应力与变形，如采用对称焊、分段焊、退步焊等。

焊接的缺点如下：

（1）焊接生产效率低，焊工作业环境差。在焊接过程中，要进行清渣、更换焊条等工作，焊接过程不能连续进行；焊工劳动强度大，受弧光辐射、焊接高温、有害烟尘等影响，劳动保护要求高。

（2）焊缝质量依赖型强。焊接质量在一定程度上取决于焊工的实际操作技术水平。

（二）焊接电弧

电弧是一种气体放电现象。如图 1-2 所示，当两电极之间有一定的电位差时，电极间的气体便能够导电而形成电弧。电弧其实就是带电粒子通过两电极之间气体空间的一种导电过程。

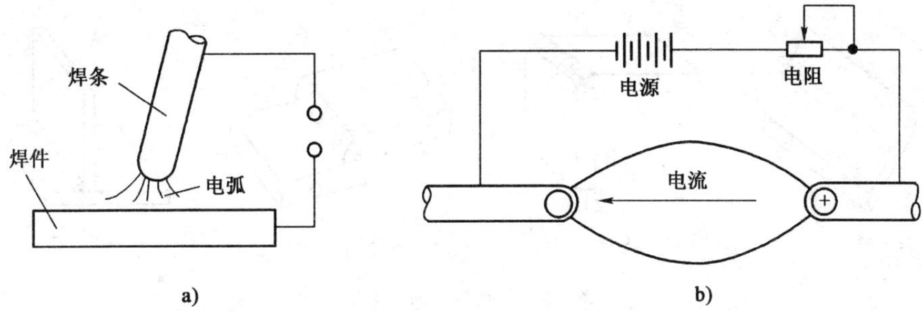

图 1-2　电弧示意图

引起电弧燃烧的过程称为电弧引燃。焊条电弧焊主要采用接触短路法。接触短路引弧法的电弧引燃过程如图 1-3 所示。

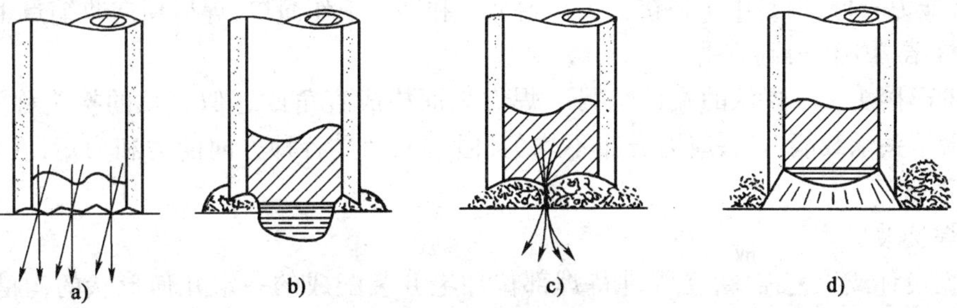

图 1-3　焊条电弧焊的电弧引燃过程

a)接触短路;b)局部熔化;c)焊条拉起产生细颈;d)细颈爆断,电弧引燃

(三)焊接接头、坡口和焊缝

1. 焊接接头

(1)焊接接头的组织和性能

用各种焊接方法连接的接头叫焊接接头,如图 1-4 所示。焊接接头由 3 部分组成:焊缝、熔合区和热影响区。

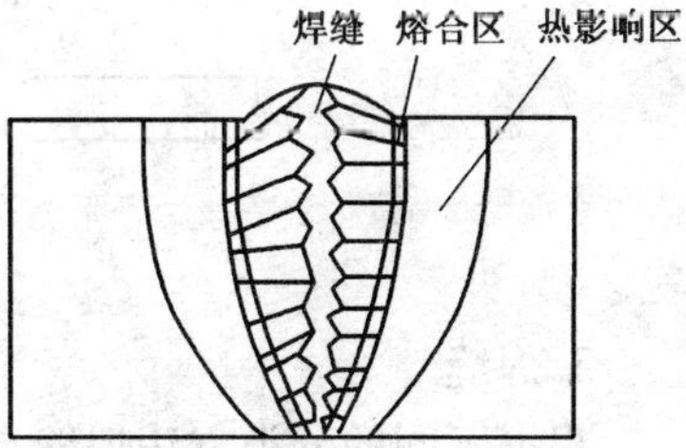

图 1-4　焊条接头示意图

①焊缝。焊缝是工件经焊接后形成的结合部分,通常由熔化的母材和焊材组成。

②熔合区。熔合区介于焊缝和热影响区中间,是焊缝与母材过渡,处于半熔化状的部分。

③热影响区。热影响区是焊接过程中未熔化,但因受焊接热量影响而发生组织和力学性能变化的区域。

(2)焊接接头的形式

在焊条电弧焊中,焊接接头的形式因焊件厚度、结构形状以及使用条件和质量要求不同而不同。焊接接头的形式很多,其基本形式可分为对接接头、角接接头、搭接接头和 T 形接头,如图 1-5 所示。其他类型的接头有十字接头、端接接头、斜对接接头、卷边接头、套管接头、锁底对接接头等。

①对接接头。两焊件表面构成大于或等于135°，且小于或等于180°夹角的接头称为对接接头，它是各种焊接结构中采用最多的一种接头形式。对接接头的应力集中相对较小，能承受较大载荷。

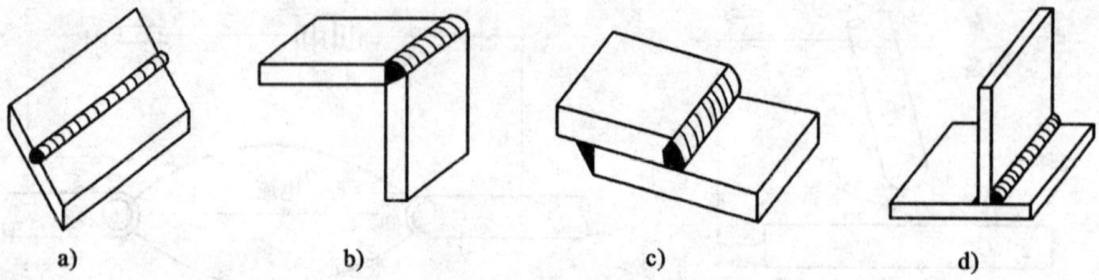

图1-5　焊接接头的基本形式

a）对接接头；b）角接接头；c）搭接接头；d）T形接头

②角接接头。两焊件表面间构成大于30°，且小于135°夹角的接头称为角接接头。这种接头承载能力很差，一般用于不重要的焊接结构或箱形物体上。

③搭接接头。两焊件部分重叠放置构成的接头称为搭接接头。搭接接头应力分布不均匀，承载能力较低，但是由于搭接接头焊前准备和装配工作简单，焊后横向收缩量也较小，因此在焊接结构中仍得到应用。

④T形接头。一焊件的端面与另一焊件表面构成直角或近似直角的接头称为T形接头。T形接头承载能力低，应力分布不均匀，但它能承受各种方向的力和力矩，在生产中应用也很普遍。

2. 焊接坡口

根据设计或工艺需要，在焊件待焊部位加毛并装配成的一定几何形状的沟槽，称为坡口。利用机械、火焰或电弧等方法加工坡口的过程称为开坡口。坡口的形式有很多，其基本形式有I形坡口、V形坡口和U形坡口，如图1-6所示。其他类型的坡口可在基本坡口形式上发展起来。

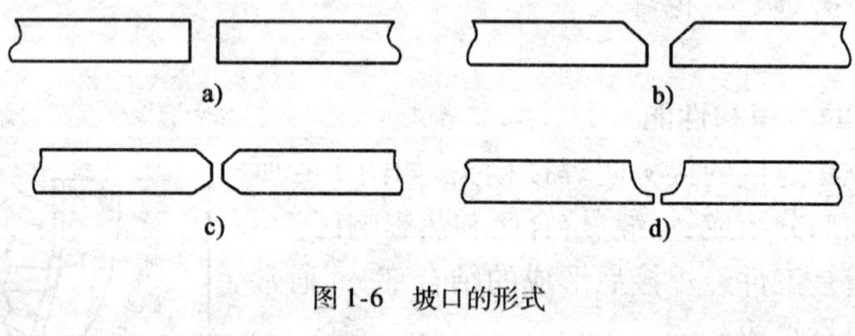

图1-6　坡口的形式

3. 焊缝

根据不同的分类方法焊缝具有不同的形式。通常情况下，焊缝是以所在空间位置、结合形式和焊缝连续情况进行分类的。

根据焊缝所在空间位置的不同，焊缝可分为平焊缝、横焊缝、立焊缝、仰焊缝4种形式，如图1-7所示。对相应空间位置的焊缝的焊接分别称为平焊、横焊、立焊、仰焊。

（四）焊条电弧焊的常用工具

1. 焊钳

焊钳是用来夹持焊条并传导焊接电流以进行焊接的工具，如图1-8所示，常用焊钳的型号有300A、500A两种。

图 1-7　焊缝的空间位置

a)平焊缝;b)横焊缝;c)立焊缝;d)仰焊缝

2. 焊接电缆

焊接电缆是连接焊接电源与焊钳、工件的导线,其作用是传导焊接电流。

3. 焊条保温筒

焊条保温筒是焊工在施工现场携带的可存储少量焊条的一种保温容器。焊条保温筒能使焊条从烘箱内取出后继续保温,以保持焊条涂层在使用中的干燥度,其内部工作温度一般为 150 ~ 200℃。焊条保温筒利用焊接电源输出端作为加热能源。

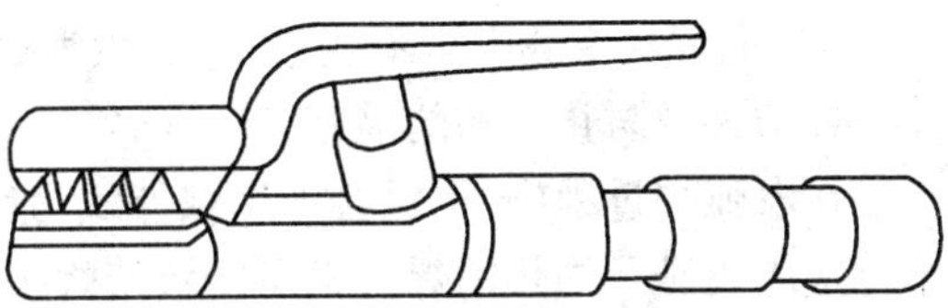

图 1-8　焊钳

4. 敲渣锤和钢丝刷

敲渣锤和钢丝刷的作用主要是清理焊缝表面、焊缝层间的焊渣及焊件上的铁锈、油污。常用的敲渣锤有 0.5kg、0.7kg、1.5kg 三种,锤的两端常磨成圆锥形或扁铲形。

5. 角向磨光机

角向磨光机(简称角磨机)如图 1-9 所示,它实际上是一种小型电动砂轮机,主要用于打磨坡口和焊缝头处,如换上同直径钢丝轮,还可以用来除锈。

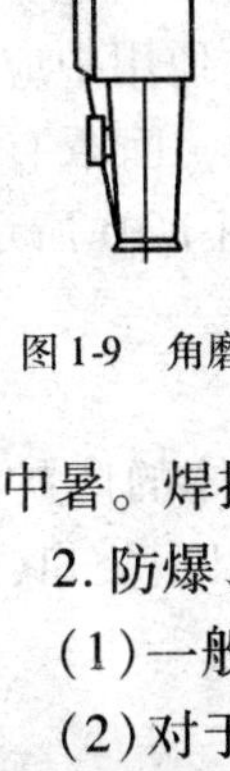

图 1-9　角磨机

6. 扁铲

扁铲用于清除焊渣、飞溅物和焊瘤等。

(五)焊条电弧焊安全操作规程

1. 对安全工作的一般要求

焊条电弧焊最容易引起的事故是触电、眼睛被弧光伤害、烧伤或烫伤、有害气体的危害以及爆炸、火灾等。因此,凡是从事焊接的部门、场所,必须加强安全教育,落实措施,并定期对安全工作进行检查。在焊接车间或焊接工位必须配备消火栓、灭火器等防火器材。焊接操作人员必须严格遵守安全制度。如焊接时必须穿工作服、戴面罩、穿焊工防护鞋等,且工作服不能束在裤腰里,扣好纽扣等。在高空作业时,必须佩戴安全带并遵守高空作业有关规定。在夏季高温季节必须注意防暑降温,防止中暑。焊接工作结束后,要认真检查工位及周围,确实没有事故隐患后才可离开。

2. 防爆、防毒的注意事项

(1)一般情况下,禁止焊接有液体压力、气体压力及带电的设备。

(2)对于存有残余油脂或可燃气体、可燃液体的容器,焊接前应先用蒸汽和热碱水冲洗,并打开盖口,确定容器清洗干净后方可进行焊接,密封的容器不准焊接。

(3)在锅炉或容器内部焊接时,应有监护人员,必须注意通风并及时把有害烟尘排出。

在焊接青铜、铅等有色金属时,必须有通风装置,以免中毒。

3. 防止触电的措施

(1)启动焊机前,应检查电焊机和闸刀开关外壳是否良好接地。

(2)电焊设备接通电网后,人体不能接触带电部位,检修时必须切断电源。

(3)焊接电缆必须绝缘良好,切勿将电缆放在电弧附近或烧红的焊件上,以免受高热烧坏电缆绝缘。应该注意避免电缆被焊件或其他物体损坏,如果发现电缆损坏,应立即进行修理或更换。

(4)焊钳手柄应有良好的绝缘,焊接时应戴干燥手套。

(5)工作服和工作鞋不能潮湿,在潮湿的地方工作时,应穿胶鞋或用干燥的木板垫脚。

(6)在更换焊条时,不应将身体接触到通电的焊件上。

(7)在夜间或较暗处工作时,应采用 36V 照明灯。

(8)电焊机空载电压不能过高,一般为 60 ~ 90V。

4. 防火及防止灼伤的措施

在电弧焊过程中,电弧会产生红外线、紫外线等强烈光线,对人体特别是眼睛危害极大。熔化金属飞溅及灼热的焊件都可能致使焊工灼伤并可能造成火灾,为此应采取如下措施:

(1)焊工在工作时必须穿帆布或其他石棉等纤维的工作服,戴好工作帽、手套,穿好工作鞋,使用面罩,工作服不能束在腰内,口袋应盖好,并扣好纽扣。

(2)禁止在储有易燃、易爆品的场地或仓库附近进行焊接。在可燃物品 10m 之外才允许焊接,在露天焊接必须设置挡风装置,以免火星飞溅引起火灾。在风力超过 5 级时,不宜露天作业。

(3)焊接工位尽可能设置屏风板,避免其他人员受弧光伤害。

(4)在高空作业时,在焊件下方须放遮板,以防火星落下引起火灾。

三、任务实施步骤

(一)劳动保护用品的选择

1. 面罩

面罩是用来保护面部、颈部的一种遮蔽工具,以防止焊接时的飞溅、弧光及熔池和焊件高温的灼伤。

面罩正面开有长方形的孔,内嵌白色玻璃和黑色玻璃。黑色玻璃有减弱弧光和过滤红外线、紫外线的作用,按颜色的深浅不同分为 6 个型号。号数越大,颜色越深,在使用中应根据焊接电流、焊工年龄和视力情况选用。面罩有手持式(盾式)和头戴式(盔式)两种,如图 1-10 所示,其中手持式较为常用。

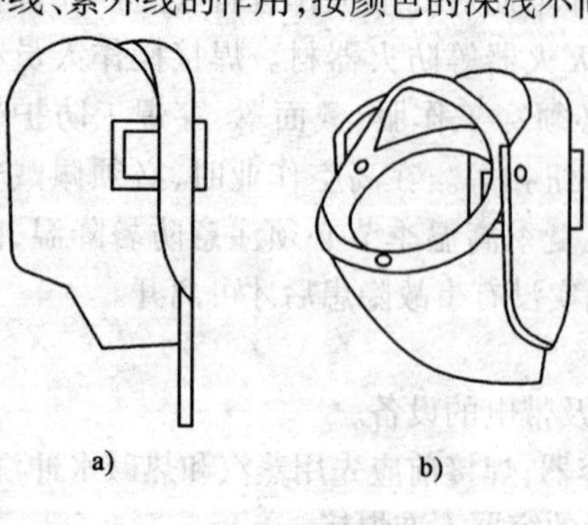

图 1-10 面罩

a)手持式(盾式);b)头戴式(盔式)

2. 工作服

工作服是防止弧光及火花灼伤人体的防护用品,在穿着时应扣好纽扣,扣好袖口、领口、袋口,上衣不要束在裤腰内。

3. 焊工手套

焊工手套是保护焊工手臂和防止触电的专用护具。工作中不要戴手套直接拿灼热焊件和焊条头,破损时应及时修补或更换。

4. 护脚

护脚通常用耐热且不易燃烧的材料制作,以防止脚部烫伤。

5. 工作鞋

焊工工作鞋是用来防止脚部烫伤、触电的,应使用绝缘、抗热、不易燃、耐磨损、防滑的材料制作。

6. 口罩

口罩是用来减少焊接烟尘吸入危害的防护用品。

7. 平光防护眼镜

在清理焊渣时,应佩戴平光防护眼镜,以防止灼热焊渣进入眼内。

(二)焊接工艺参数选择

1. 焊条的选择

(1)焊条型号的选择

在焊缝金属中,填充金属占50% ~70%,因此焊条型号对焊缝金属的化学成分和力学性能起着重要作用。

(2)焊条直径的选择

焊条直径的大小主要取决于下列因素。

①焊件厚度。焊件厚度越大,选用的焊条直径也相应越大;反之,薄焊件的焊接应选用小直径的焊条。在一般情况下,焊条直径与焊件厚度的关系如表1-1所示。

焊条直径与焊件厚度的关系　　表1-1

焊件厚度(mm)	≤1.5	2	3	4~5	6~12	≥12
焊条直径(mm)	1.5	2	3.2	3.2~4	4~5	4~6

②焊缝位置。在焊件厚度相同时,直径最大不能超过5mm,仰焊、横焊焊条的最大直径不能超过4mm,这样可形成较小的熔池,减少熔化金属下淌。

③焊接层数。焊件厚度因较大在进行多层焊道焊接时,第一层焊道应选用直径较小的焊条焊接, 般直径为2.5mm或3.2mm的焊条。这是因为第一层采用的焊条直径过大时,焊条不能深入坡口根部,从而会造成电弧过长,产生未焊透缺陷。

2. 焊接电流的选择

焊接电流是焊条电弧焊中最重要的焊接参数。影响焊接电流大小的因素很多,如焊条直径、焊条型号、涂层类型、焊件厚度、接头形式、焊接位置和焊道、焊层等,但主要是焊条直径、焊接位置和焊道、焊层。

(1)焊条直径与焊接电流的关系

焊条直径越大,熔化焊条所需的热量就越多,所需要的焊接电流也就越大。每种直径的焊条都有一个合适的焊接电流范围,如表1-2所示。

各种直径焊条使用的电流参考值　　表1-2

焊条直径(mm)	1.6	2	2.5	3.2	4	5	5.8
焊接电流(A)	25~40	40~65	50~80	100~130	160~210	220~270	260~300

焊接电流还可以用下面的经验公式计算:

$$I=(35\sim45)d$$

式中：I——焊接电流(A)；

d——焊条直径(mm)。

(2)焊接位置与焊接电流的关系

在其他焊接条件相同的情况下，平焊可选择偏大的焊接电流，横焊、立焊、仰焊的焊接电流应小些，约小10%~20%。

(3)焊道与焊接电流的关系

通常焊接打底焊道时，使用的焊接电流应小些，便于焊接操作和保证焊接质量；焊接填充焊道时，使用较大的焊接电流，以提高效率，保证熔合良好；焊盖面焊道时使用的焊接电流应小些，以防止咬边，获得美观的焊缝成形。

3. 电弧电压的选择

焊条电弧焊的电弧电压与电弧长度成正比。在焊接过程中，电弧不宜过长，平焊时一般取焊条直径的0.5~1倍。在立焊、仰焊时电弧长度比平焊时更短些，以利于熔滴过渡，防止熔池下淌。

4. 焊接速度的选择

焊接过程中焊条沿焊接方向移动的速度，即单位时间内完成的焊缝长度，称为焊接速度。焊接速度应均匀适当。如过快，会造成焊缝变窄，高低不平，形成未焊透、熔合不良等缺陷；如过慢则会使热量输入增多，热影响区宽度增加，接头晶粒粗大，力学性能降低，焊件变形加大。焊接速度的快慢应根据具体情况灵活掌握。

5. 焊接层数的选择

中厚板焊接时，需开坡口，然后进行多层焊。根据实际经验，每层厚度约等于焊条直径时生产率较高，也容易操作。焊层厚度过大时，对焊缝金属塑性有不利影响，因此焊层厚度最好不超过4~5mm。

6. 能量的选择

熔化焊时，由焊接能源输入给单位长度焊缝上的能量，称为线能量。在焊条电弧焊中，线能量与焊接电流和电弧电压成正比，与焊接速度成反比。对于具体钢种和具体焊接方法，存在一个最佳的线能量数值，在焊接中应在其他焊接参数合理的原则下选择合适的线能量。

(三)引弧的准备工作

焊条电弧焊时引燃电弧的过程称为引弧。常用的引弧方法有划擦引弧法和直击引弧法，如图1-11所示。

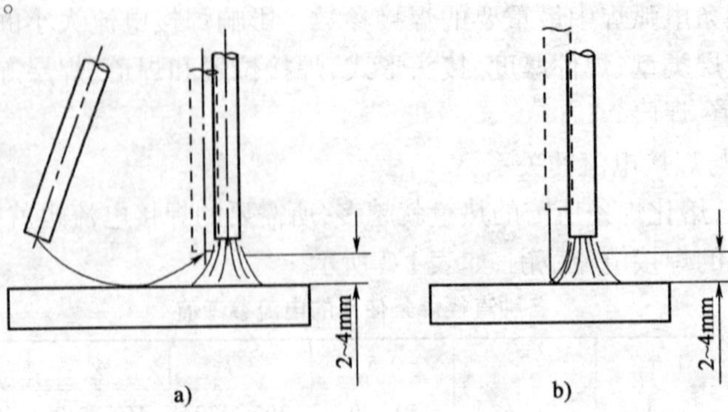

图1-11　引弧方法

a)划擦引弧法；b)直击引弧法

1. 划擦引弧法

所谓划擦引弧法是指先将焊条末端对准焊件,然后将手腕扭转一下,像划火柴似的将焊条在焊件表面轻轻划擦一下,引燃电弧,再迅速将焊条提起 2 ~ 4mm,使电弧引燃,并保持电弧长度,使之稳定燃烧。

划擦引弧法操作简单,易于初学者掌握,但易损坏焊件表面,造成焊件表面有电弧划伤痕迹,在正式焊接时应尽量少采用。

2. 直击引弧法

所谓直击引弧法是指将焊条末端对准焊件,然后将手腕下弯,使焊条轻微碰一下焊件后迅速提起 2 ~ 4mm,即引燃电弧。引弧后,手腕放平,使电弧长度保持在与所用焊条直径相适应的范围内,使电弧稳定燃烧。

直击引弧法不会划伤焊件表面,不受焊件大小和形状限制,是正式焊接生产中采用的主要引弧方法。采用直击引弧法时不可使焊条敲击过猛,以防涂层脱落,造成保护不良。在操作中,当焊条与焊件粘住时,可将焊条左右摆动几下,即可使焊条脱离。如仍不奏效,应立即将焊钳脱离焊条,待焊条冷却后再用手扳下。

(四)焊接操作练习

焊接操作时,焊工左手持面罩,右手握焊钳,如图 1-12 所示。焊条工作角(焊条轴线在和焊条前进方向垂直的平面内的投影与工件表面间的夹角)为 90°。焊条前倾角为 +10° ~ -20°(正倾角表示焊条向前进方向倾斜,负倾角表示焊条向前进方向的反方向倾斜),如图 1-13 所示。

图 1-12 平敷焊操作示意图

焊接操作练习步骤如下:

第一步:焊道的起头

起头时焊件温度较低,所以起点处熔深较浅,可在引弧后将电弧稍微拉长,对起头处预热,然后再适当缩短电弧进行正式焊接。

第二步:运条

在正常焊接时,焊条的运动可分为 3 种基本形式:沿焊条中心线向熔池送进,沿焊接方向移动和焊条的横向摆动。焊条的横向摆动如图 1-14 所示,平敷焊练习时可以不摆动。焊

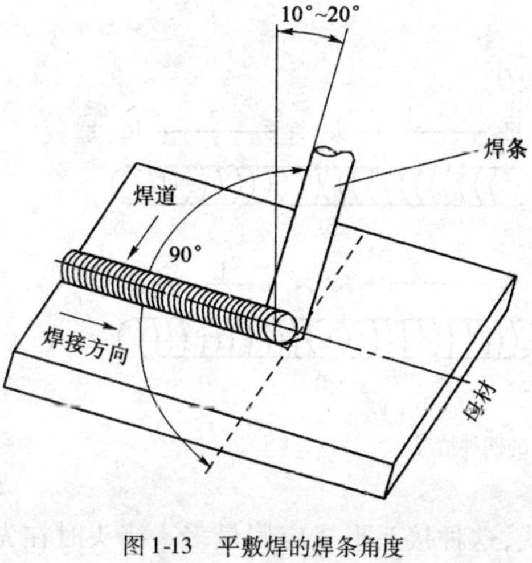

图 1-13 平敷焊的焊条角度

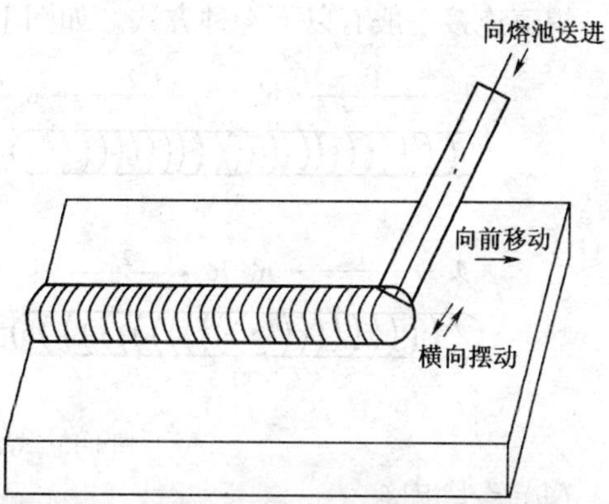

图 1-14 焊条的基本运动

条向熔池方向送进的目的是向熔池添加填充金属，也是为了在焊条熔化后，继续保持一定的电弧长度。焊条送进速度应与焊条熔化速度相适应。电弧长度通常为 2 ~ 4mm，碱性焊条较酸性焊条弧长要短些。

运条的关键是均匀平稳，只有这样，才能焊出外形美观的焊缝。厚板对接焊时，为了获得较宽的焊缝，焊条沿焊缝横向作有规律的摆动，根据摆动规律的不同，常有以下运条方法，表 1-3 列出了常用的运条方法及其运用范围。

常用运条方法及其运用范围　　表 1-3

运条方法		运条示意图	适用范围
直线型运条法			(1)厚度为 3 ~ 5mm 的 I 形坡口对接平焊； (2)多层焊的第一层焊道； (3)多层多道焊
直线往返型运条法		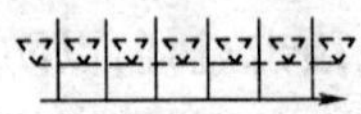	(1)薄板焊； (2)对接平焊(间隙较大)
锯齿形运条法		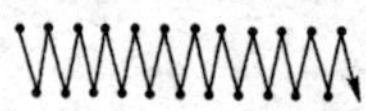	(1)对接接头(平焊、立焊、仰焊)； (2)角接接头(立焊)
月牙形运条法			同锯齿形运条法
三角形运条法	斜三角形	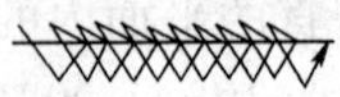	(1)角接接头(仰焊)； (2)对接接头(开 V 形坡口横焊)
	正三角形	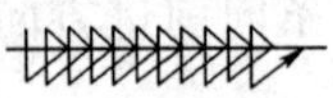	(1)角接接头(立焊)； (2)对接接头
圆圈形运条法	斜圆圈形		(1)角接接头(平焊、仰焊)； (2)对接接头(横焊)
	正圆圈形		对接接头(厚焊件平焊)
八字形运条法		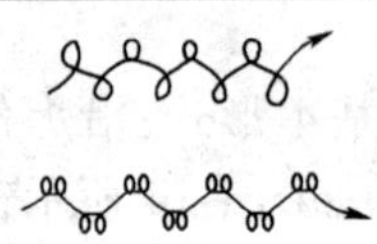	对接接头(厚焊件平焊)

第三步：焊道的连接

焊道连接一般有以下 4 种方式。如图 1-15 所示。

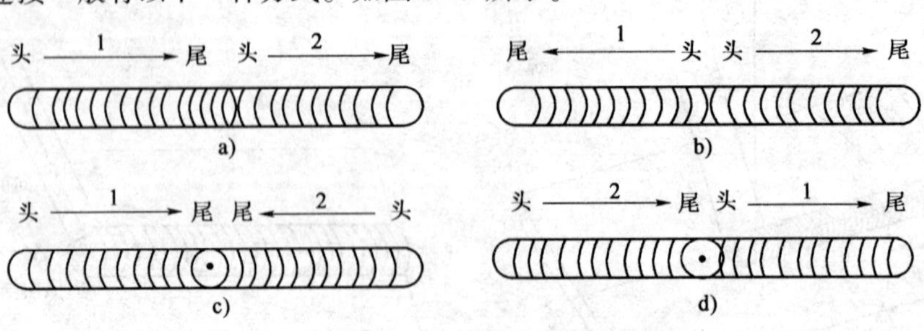

图 1-15　焊缝连接的四种情况

(1)尾头相接

尾头相接是以先焊焊道尾部接头的连接形式，这种接头形式应用最多。接头时在先焊焊道尾部前方约 10mm 处引弧，弧长比正常焊接时稍长些（碱性焊条不可拉长，否则易产生气孔），待金属开始熔化时，将焊条移至弧坑前 2/3 处，填满弧坑后即可向前正常焊接。

（2）头头相接

头头相接是从先焊焊道起头处续焊接头的连接方式这种接头形式要求先焊焊道的起头处要略低些，接头时从先焊焊道的起头略前处引弧。并稍微拉长电弧，将电弧拉到起头处，并覆盖其端头，待起头处焊平后再向焊道相反的方向移动。

（3）尾尾相接

尾尾相接就是后焊焊道从接口的另一端引弧，焊到前焊道的结尾处，焊接速度略慢些，以填满弧坑，然后以较快的焊接速度再向前焊一小段再熄弧。

（4）首尾相接

首尾相接是后焊焊道的结尾与先焊焊道的起头相连接，利用结尾时的高温重复熔化先焊焊道的起头处，将焊道焊平后快速收尾。

第四步：焊道的收尾

焊道的收尾是指一条焊道结束时如何收弧。焊接时由于电弧吹力，使熔池呈凹坑状，如收尾时立即拉断电弧，则会产生一个低于焊道表面甚至焊件平面的弧坑，使收尾处强度降低，并容易产生应力集中而形成弧坑裂纹。因此收尾动作不仅是熄弧，还要填满弧坑。

常用的收尾方法有三种：划圈收尾法、反复断弧收尾法和回焊收尾法。

（1）划圈收尾法

焊条移至焊道终点时，利用手腕动作使焊条尾端作圆圈运动，直到填满弧坑后再拉断电弧，如图 1-16 所示。此法适用于厚板焊接，对于薄板则容易烧穿。

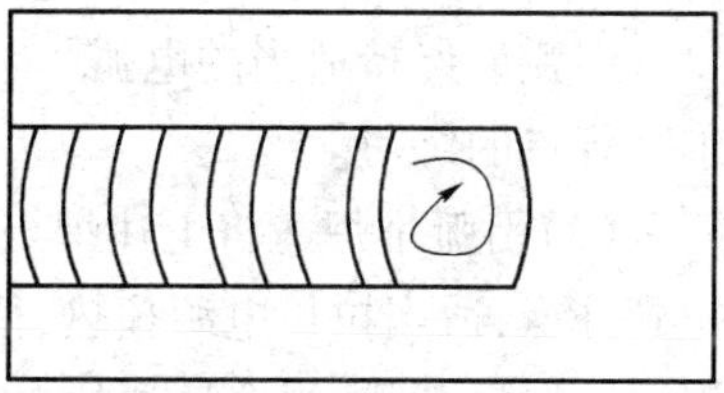

图 1-16　划圈收尾法

（2）反复断弧收尾法

焊条移至焊道终点时，反复在弧坑处"熄弧—引弧—熄弧"多次，直至填满弧坑，如图1-17所示。此法适用于薄板和大电流焊接，但碱性焊条不宜采用，否则易出现气孔。

（3）回焊收尾法

焊条移至焊道收尾处即停止，但不熄弧，适当改变焊条角度，如图 1-18 所示，焊条由位置 1 转到位置 2，填满弧坑后再转到位置 3，然后慢慢拉断电弧，碱性焊条常使用此方法熄弧。

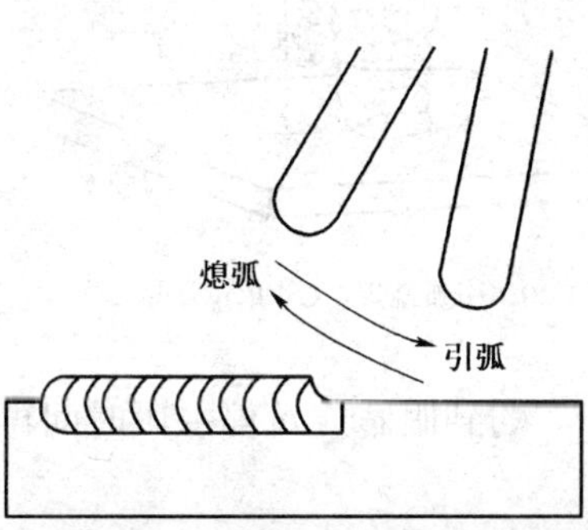

图 1-17　反复断弧收尾法

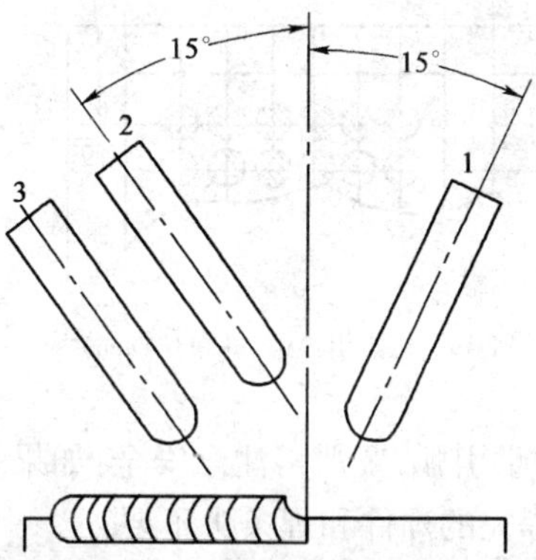

图 1-18　回焊收尾法

任务布置

实训目标

(1)填写工单并进行实际操作。

(2)掌握所操作的焊机的外部结构、接线及各旋钮、开关的功用等。

(3)掌握直击法引弧的方法。

(4)能够熟练掌握焊条与焊件黏结时的处理方法。

(5)通过定点对弧和引弧堆焊来提高操作技能。

焊前准备

(1)焊接设备。弧焊变压器选用 BX1－330 型,弧焊整流器选用 ZX5－300 型。

(2)焊条。E4303 型或 E5015 型。$\phi3.2$mm 和 $\phi4.0$mm 焊条若干。

(3)焊件。采用 Q235 钢板一块。尺寸为 150mm×150mm×6mm。

技能训练

1. 电流选择

焊接时,$\phi3.2$mm 焊条的电流选择范围为____,$\phi4.0$mm 焊条的电流选择范围为____。

2. 操作方法

(1)定点引弧。按图 1-19 所示用____在焊件上划线,然后在直线的交点处用____引弧。

引弧后保持适当的电弧____,焊成直径约为 13mm 焊点后熄弧。如此反复完成若干个焊点的练习。

(2)引弧堆焊。将上述焊点上的渣壳清除后,用直击法在其中心引弧,然后迅速将电弧拉到外缘,适当拉长电源预热,待金属表面"出汗"后,压低电弧用连续划圈的方法进行堆焊,焊完一层后断弧,当金属凝固快要结束时,再重新引弧堆焊,如此反复地操作,直到堆起约 50mm 的高度为止,如图 1-20 所示。

(3)练习引弧。可以分别用 E4303 型和 E5015 型焊条,并分别使用____和____弧焊机,从中可以发现 E4303 型焊条适用于____弧焊电源,而 E5015 型焊条只适用于____弧焊电源。

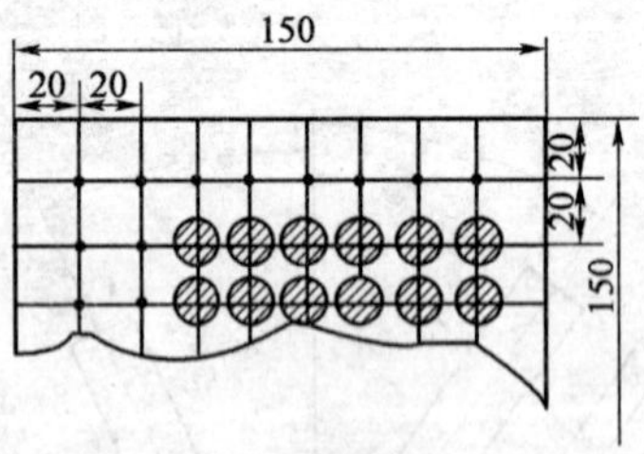

图 1-19 定点引弧(尺寸单位:mm)

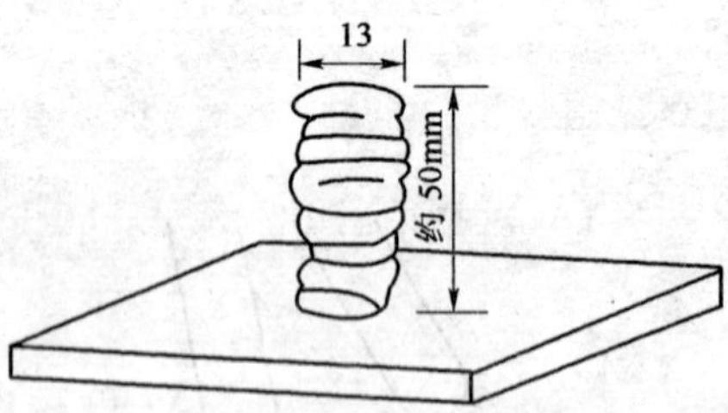

图 1-20 引弧堆焊(尺寸单位:mm)

注意事项

(1)初学引弧,要严格注意安全:如果多次被____灼到眼睛应暂停一段时间再进行练习。对刚焊完的焊件和焊条头不要____,以免烫伤。

(2)引弧的质量主要用____的熟练程度来衡量。在规定时间内,引燃电弧的____次数越多,引弧的位置越____,说明越熟练。可先用 E4303 型焊条在低碳钢板上进行空操作，待手法熟练后再实际引弧。

(3)练习电弧反复交替燃烧与熄灭并控制______时间。

(4)控制熔池的______，防止______流涡；找准焊接点的位置，不要______。

任务二　平对接焊

学习目标

1. 能够根据平对接焊的特点合理选择焊接工艺参数；
2. 能够正确使用焊机及工具进行平对接焊的焊接操作；
3. 能够培养良好的安全与卫生习惯。

一、任务分析

将焊接连接的两块板件处于平焊位置时，所采用的焊接方法称为平对接焊。如图1-21所示。采用平对接焊时，为了焊透接缝，薄板件(板厚小于2mm)可不开坡口；中厚板件(板厚3～6mm)需开I形坡口；厚板件(板厚大于6mm)需开V形、X形或U形坡口。

图1-21　平对接焊操作示意图

二、相关知识

(一)中厚板的平对接焊

1. 装配及定位焊

焊件装配时应保证两板对接处平齐，板厚时应留有一定的间隙，以保证焊透，间隙的大小取决于板厚，如表1-4所示。

I型坡口对接的装配间隙　　表1-4

项　目	无　垫　板		有　垫　板	
焊件厚度(mm)	3～3.5	3.5～6	3～4	4～6
装配间隙(mm)	0～1	2～2.5	0～2	2～3

焊件的装配间隙用定位焊缝来保证，定位焊缝是指焊前为装配和固定焊件接头的位置而焊接的短焊缝，其长度和间距取决于板厚，如表1-5所示。

定位焊缝的长度与间距　　表1-5

焊　件　厚　度(mm)	定位焊缝尺寸	
	长度(mm)	间距(mm)
3～4	5～10	50～100
4～6	10～15	100～150

对定位焊的要求如下。

(1)焊接时定位焊缝被熔化，成为焊缝的一部分，所以定位焊缝所用的焊条应和正式焊接时使用的焊条相同。

(2)为防止出现未焊透缺陷，定位焊时电流比正式焊低10%～15%。

(3)定位焊缝的余高应低些，以防止正式焊接后余高过高，遇有交叉焊缝时，定位焊缝离交叉处 50mm 以上。

(4)如定位焊缝开裂,必须将裂纹处焊缝铲除后重新定位焊。

(5)定位焊后,如接口不平齐,应校正后再正式焊接。

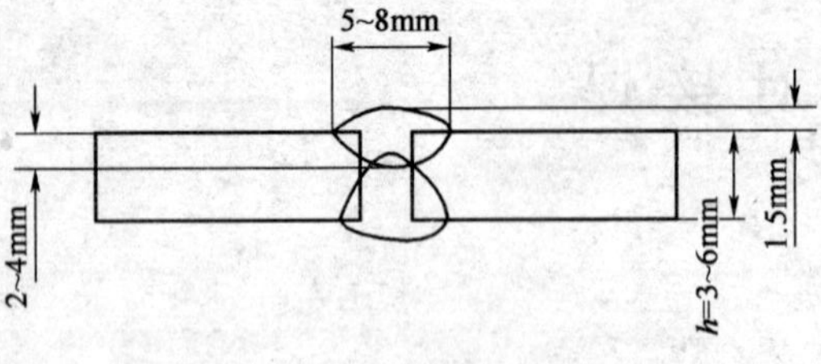

图 1-22　I 形坡口对接焊缝的外形尺寸

2. 焊接操作

焊接下面选用 3.2mm 的焊条,电流为 90 ~ 120A,直线运条,短弧焊接。为获得较大熔深和焊缝宽度,运条速度稍慢些,使熔深达到板厚的 2/3,焊缝宽度为 5 ~ 8mm,余高小于 1.5mm,如图 1-22 所示。

焊接时,焊缝的起点、连接、收尾与平敷焊相同。焊条的角度如图 1-23 所示。

焊接时,如发现熔渣与熔化金属混合不清,可把电弧稍拉长些,同时增大焊条前倾角,并向熔池后面扒送熔渣,这样熔渣被推到熔池后面,如图 1-24 所示,可防止产生夹渣缺陷。当进行反面封底焊时,焊前应清除焊根熔渣,适当增大焊接电流,运条应稍快些。

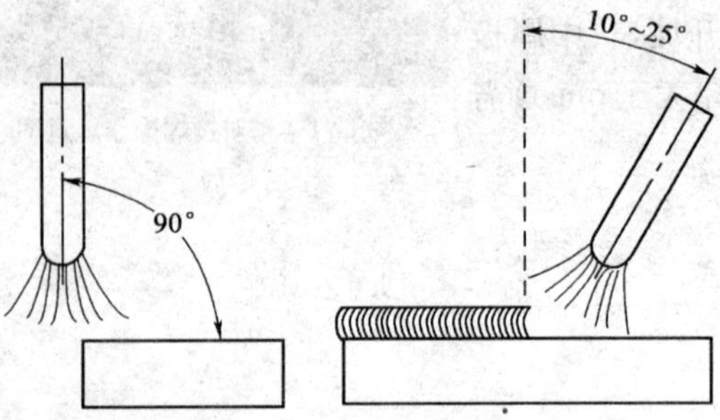

图 1-23　平对接焊焊条的角度

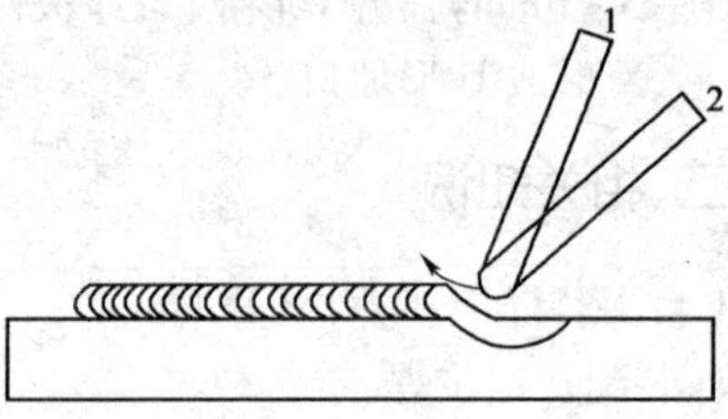

图 1-24　推送熔渣的方法

(二)薄板的平对接焊

薄板焊接时,易产生烧穿、焊缝成形不良、焊后变形大等缺陷,因此操作时应注意以下几点。

(1)装配间隙不超过 0.5mm,剔除接头处后刺。

(2)定位焊缝应短,近似点状,间距也应小些。

(3)宜采用短弧快速直线或直线往复式运条方式,以防止烧穿。

(4)最好采用下坡焊,即将焊件的一边垫起,使其倾斜 15° ~ 20°,这样可提高焊速,减小熔深,防止烧穿,如图 1-25 所示。

(5)焊接后应进行校正。

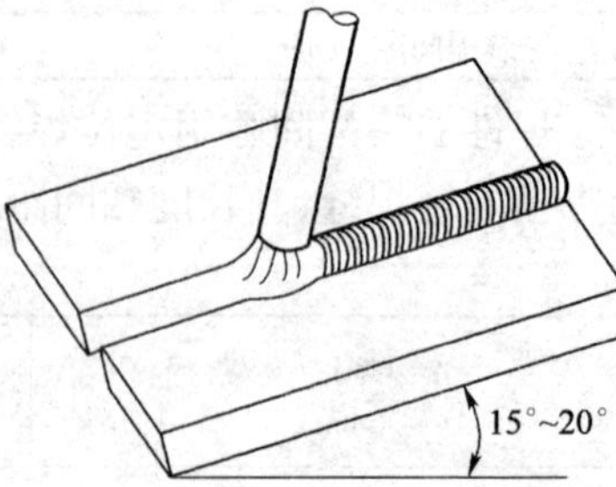

图 1-25　下坡焊操作示意图

(三)厚板的平对接焊

厚板焊接时应开坡口,以保证根部焊透,还根据需要采用多层焊或多层多道焊,如图 1-26所示。

多层焊指熔敷两个以上焊层才完成整个焊道,且每层一般有一条焊道的焊接方法;多层多道焊是指有的层次要有两个或两个以上焊道的多层焊方法。

1. 打底层(第一层)

焊道选用较小直径焊条(一般为 3.2mm),运条因间隙大小而定。间隙较小时,采用直线型运条法;间隙较大时,采用直线往复运条法,以防烧穿。

2. 其他层焊道

用角磨机或扁铲将焊渣清除干净,选用直径 4mm 的焊条。第二层焊道采用直线型或小锯齿形运条,其余各层采用锯齿形运条,摆动范围逐渐加宽。注意每层焊道不要太厚,以防熔渣流到熔池前面而造成夹渣。多层多道焊时,每条焊道可都采用直线型运条法。

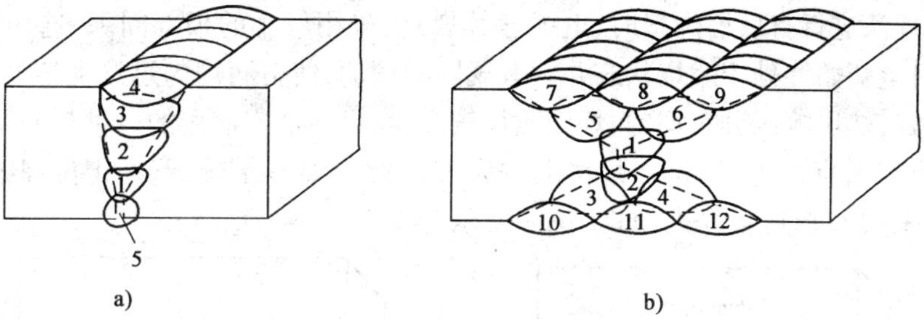

图 1-26　多层焊和多层多道焊

a) 多层焊;b) 多层多道焊

三、任务实施步骤——单面焊双面成形操作技术

在有些焊接结构中,不能采用双面焊接,只能从焊缝一面进行焊接,而又要求完全焊透,这种熔透焊道焊接法即为单面焊双面成形技术。这种焊接有时可在坡口背面加垫板,有时不能采用任何辅助装置,因此不易掌握。单面焊双面成形的操作是板状焊件各种位置及管状焊件单面焊双面成形技术的基础。其操作步骤如下:

(一) 打底层的焊接

单面焊双面成形的主要要求是焊件背面能焊出质量符合要求的焊缝,其关键是打底层的焊接。打底层的焊接目前有断弧焊和连弧焊两种方法。

(1) 断弧焊法

用断弧焊法进行焊接时,电弧时燃时灭,靠调节电弧燃、灭时间长短来控制熔池温度,工艺参数选择范围较宽,是目前常用的一种打底层方法。

焊接时,选择焊条直径为 3.2mm,焊接电流为 95 ~ 105A。首先在定位焊缝上引燃电弧,再将电弧移到坡口根部,以稍长的电弧(约 3.2mm)在该处摆动 2 ~ 3 个来回进行预热,然后立即压低电弧(约 2mm),约 1s 后可听到电弧穿透坡口而发出的"咁咁"声,同时定位焊缝及相接坡口两侧金属开始熔化,并形成熔池,这时迅速提起焊条,熄灭电弧。此处所形成的熔池是整条焊道的起点,常称为熔池座。熔池座形成后即转入正式焊接。焊接时采用短弧焊,焊条前倾角为 40° ~ 60°。

正式焊接引燃电弧的时机应在熔池座金属未完全凝固,熔池中心半熔化,从护目镜下观察该部分呈黄亮色的状态;重新引燃电弧的位置在坡口的某一侧,并盖住熔池座金属的 2/3 处。电弧引燃后立即向坡口的另一侧运条,在另一侧稍作停顿之后迅速向斜后方提起熄弧,这样便完成了第一个焊点的焊接。

电弧从开始引燃至熄弧所产生的热量,约 2/3 用于加热坡口的正面熔池座前沿,并使熔池座前沿两侧产生两个大于装配间隙的熔孔,如图 1-27 所示。另外 1/3 的热量透过熔孔加

热背面金属，同时将熔滴过渡到坡口的背面。这样贯穿坡口正、反两面的熔滴就与坡口根部及熔池座形成一个穿透坡口的熔池，凝固后形成穿透坡口的焊点。

下一个焊点的操作与第一个焊点相同，操作中应注意每次引弧的间距和电弧燃灭的节奏要保持均匀平稳，以保证坡口根部熔化深度一致，焊道宽窄、高低均匀。电弧燃、灭节奏一般在每分钟 45 ~ 55 次，每个焊点使焊道前进 1 ~ 1.5mm，正、反两面焊道高在 2mm 左右。更换焊条动作要快，使焊道在较高温度下连接，以保证连接处的质量。

(2)连弧焊法

用连弧焊法进行打底层焊接时，电弧连续燃烧，采用较小的根部间隙，选用较小的焊接电流，焊接时电弧始终处于燃烧状态并做有规则的摆动，使熔滴均匀过渡到熔池。连弧焊法背面成形较好，热影响区分布均匀，焊接质量较高，是目前推广使用的一种打底层焊接方法。焊接时，选取焊条直径为 3.2mm，焊接电流为 75 ~ 85A，从一端施焊，在定位焊缝上引弧后，在坡口内侧采用 U 形运条方式，如图 1-28 所示。

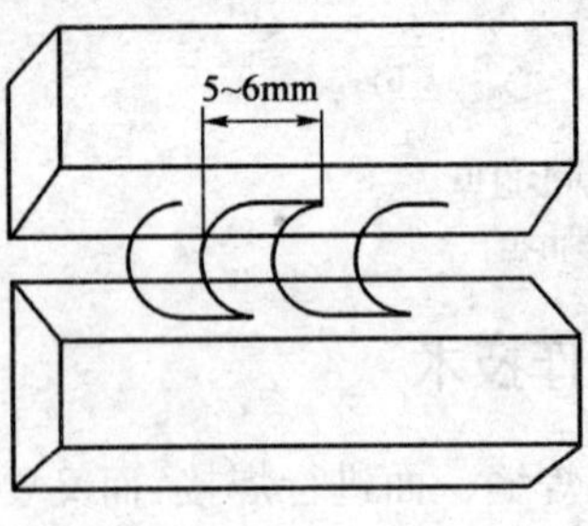

图 1-27　熔孔的位置与大小

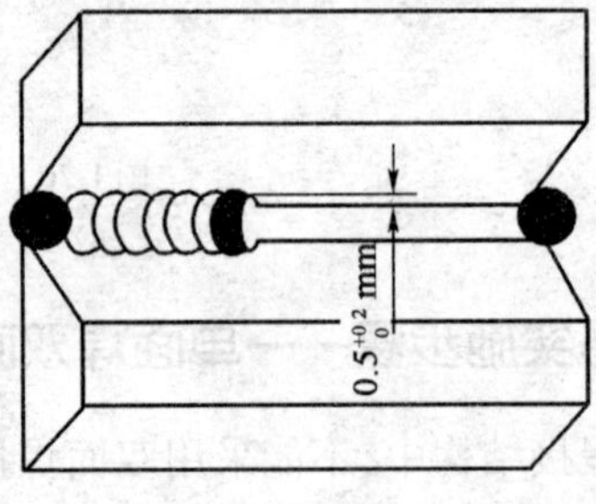

图 1-28　连弧法的运条方法

电弧从坡口一侧到另一侧作一次 U 形运动后，即完成一个焊点的焊接。焊条摆动节奏为每分钟完成约 50 个焊点，逐个重合约 2/3，一个焊点使焊道前进约 1.5mm，焊接中熔孔明显可见，坡口根部熔化缺口约 1mm，电弧穿透坡口的“咔咔”声非常清楚。

(二)接头焊接

接头时，在弧坑后 10mm 处引弧，然后以正常速度运条至熔池的 1/2 处，将焊条下压击穿熔池，再将焊条提起 1 ~ 2mm，在熔化熔孔前沿的同时向前运条施焊。

(三)收弧焊接

收弧时，应缓慢将焊条向左或右后方带一下，随后即收弧，这样可避免在弧坑表面产生冷缩孔。

(四)其他各层的焊接

选用直径为 4mm 的焊条，填充层电流为 150 ~ 170A，盖面层为 140 ~ 160A，弧长 2mm，层间严格清渣。盖面层施焊时，电弧的 1/3 弧柱将坡口边缘熔合 1.5 ~ 2mm，并在坡口边缘稍停，以防止咬边。

任务布置

将 Q－235 钢板 V 形坡口进行平对接焊。

任务要求如下：

(1)定位焊在试件背面两端 20mm 范围内。

(2)根部要焊透，单面焊双面成形。

(3)焊缝的空间位置不许超出横焊位置范围。

(4)试件一经固定后开始焊接,不得任意移动试件。

(5)焊前将坡口处的油污、氧化膜等清理干净。

(6)不许破坏焊缝原始表面。

(7)操作时间为40分钟。

任务三　角　　焊

学习目标

1. 能够根据角焊的特点合理选择焊接工艺参数;
2. 能够正确进行角焊的焊接操作;
3. 能够培养良好的安全与卫生习惯。

一、任务分析

在焊接结构中,除大量采用对接接头外,还有角焊连接。由T形接头、搭接接头和角接接头等形式,这些接头形成的焊缝叫角焊缝,对角焊缝横焊位置的焊接叫做横角焊。进行角焊时不仅要保证焊缝接头质量,还要使焊角尺寸符合要求,以保证接头的强度。焊接时根据焊脚尺寸选择焊接方式。

焊脚尺寸小于5mm时,采用单层焊;焊脚尺寸为8~10mm时,采用多层焊;焊脚尺寸大于10mm时,采用多层多道焊。

二、相关知识

由于角焊焊接热量向3个方向扩散,散热快,不易烧穿,所以焊接电流比同厚度板对接平焊大10%左右。焊条的工作角度,当两板等厚时为45°,厚度不等时应偏向薄板一侧(电弧偏向厚板),以使两板温度趋于均匀,如图1-29所示。

对于焊脚尺寸为5~8mm的焊缝,可采用斜锯齿形或斜圆圈形运条法,但要注意各点的运条速度不一样,否则易产生咬边、夹渣、边缘熔合不良等缺陷。T形接头平角焊斜圆圈形运条方法如图1-30所示,在a处要慢些,以保证横板的熔深;由a到b稍快,以防熔化金属下

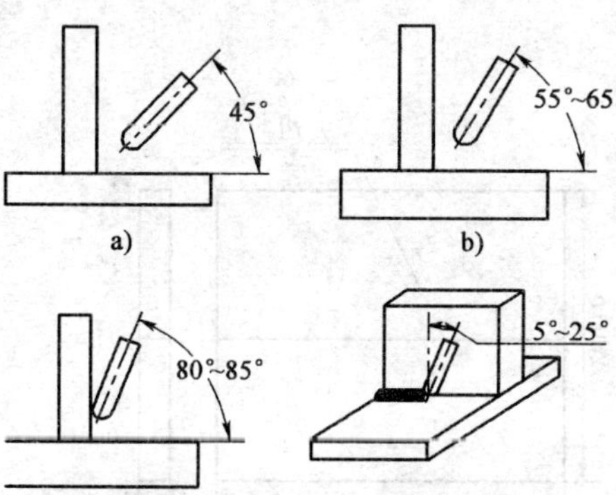

图1-29　T形接头角焊时的焊条角度

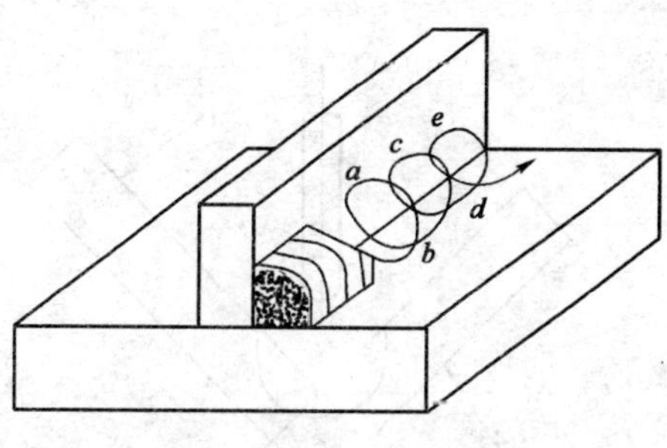

图1-30　T形接头平角焊的斜圆圈形运条法

淌；在 b 处稍作停留，以保证熔化金属与立板熔合良好，防止咬边；b 到 c 稍慢，以保证根部焊透并防止夹渣。按上述规律循环进行，注意收尾时填满弧坑。

三、任务实施步骤

（一）多层焊

对于焊脚尺寸为 8～10mm 时，可采用两层两道焊法。

第一步：焊第一层。

选用直径 3.2mm 的焊条，焊接电流稍大些（100～120A），以获得足够的熔深。采用直线形运条，注意收尾时把弧坑填满或略高些，以防在第二层收尾时因焊缝温度增高而产生弧坑过低现象。

第二步：焊第二层。

在焊接第二层之前，必须将第一层熔渣清除干净。如有夹渣，应用小直径焊条修补，然后再进行第二层焊接，以保证层间熔合紧密。选用直径 4mm 的焊条，焊接电流不宜过大，否则易产生咬边。采用斜圆圈形运条方法，如第一层有咬边时，在咬边处稍作停留，以弥补第一层的咬边缺陷。

（二）船形焊

在实际生产中，可将焊件转动一定的角度，即将 T 形接头翻转 45°，使焊条在垂直面内进行施焊，叫船形焊，如图1-31所示。船形焊时，熔池处于水平位置，相当于平焊，因此焊缝质量好，而且易于操作。

焊接时可采用较大直径的焊条和较大电流，采用月牙形或锯齿形运条方法。焊第一层仍用小直径焊条及稍大电流，其他各层与开坡口的平对接焊操作相似。

任务布置

将 Q－235 钢板 V 形坡口进行平对接焊（图 1-32）。

材料要求：（1）试件尺寸：300mm×100mm×12mm（两件）。

（2）焊材与母材相匹配。

技术要求：（1）单面焊双面成形。

（2）钝边间隙反变形自定。

（3）试件离地面高度自定。

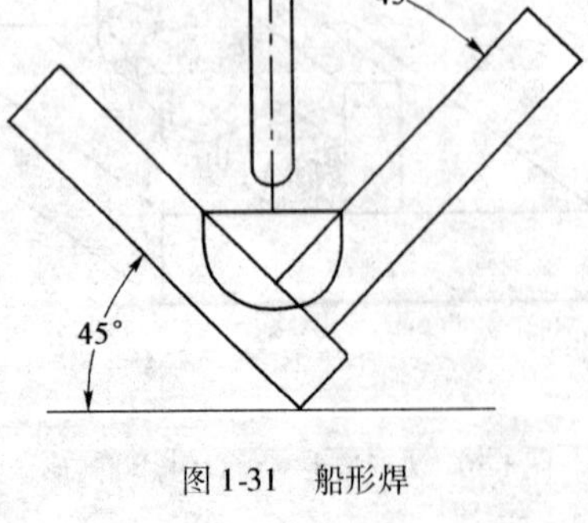

图 1-31　船形焊

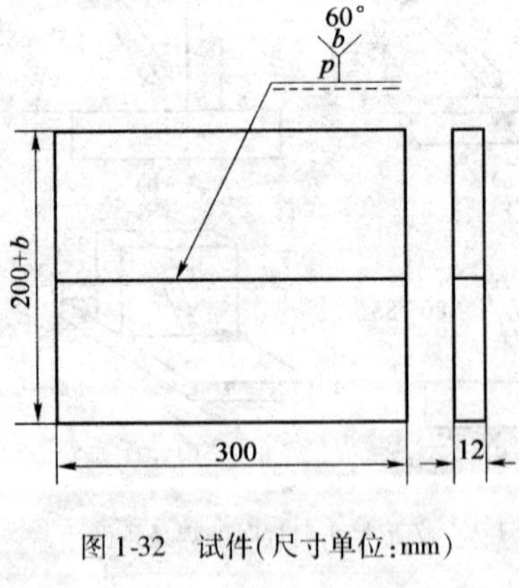

图 1-32　试件（尺寸单位：mm）

任务四　对接横焊

学习目标

1. 能够根据对接横焊的特点合理选择焊接工艺参数；
2. 能够正确使用焊机及工具进行对接横焊的焊接操作；
3. 能够培养良好的安全与卫生习惯。

一、任务分析

所谓对接横焊是指焊件处于垂直位置而接口处于水平位置的焊接操作。如图 1-33 所示。

图 1-33　对接横焊的操作示意图

在进行对接横焊操作时，由于熔化金属受重力作用，有下淌的倾向，使焊缝上边出现咬边，下边出现焊瘤、未焊透、夹渣等缺陷。

由于横焊时通常采用多层多道焊法，熔化金属的下淌倾向使焊缝表面具有瓦楞状焊道重叠的特征，焊缝表面常形成条状凹槽，影响焊缝成形。

若熔化金属流到下侧坡口，还会造成熔合不良或未焊透，因此横焊的操作技术对焊接质量有很大影响。

为克服重力作用的影响，施焊时应保持合适的焊条角度和运条方法，采用较小的焊条直径和焊接电流，短弧焊接，以保证焊接质量。

二、相关知识

1. 装配及定位焊

当焊门厚度小于 5mm 时，一般不开坡口，但应预留宽度为板厚 1/2 左右的间隙，采用双向焊接首先将待焊处用角磨机打磨至露出金属光泽，用与正式焊接相同的焊条，在焊件两端头 10mm 处进行定位焊。

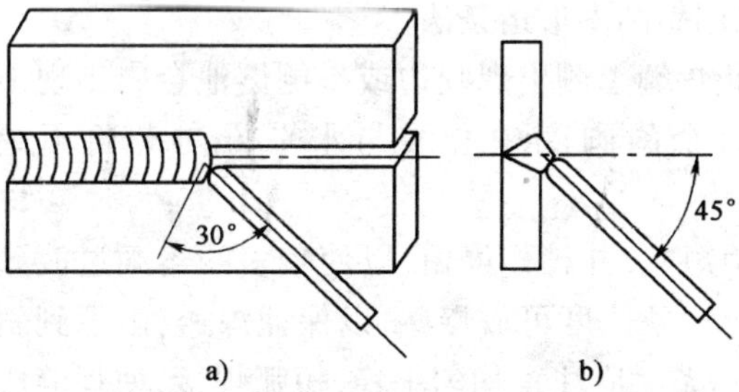

图 1-34　对接横焊的焊条角度

2. 正面焊接

在定位焊的背面进行焊接。选用直径 3.2mm 的焊条焊接电流比对接焊时小10% ~ 15%，焊条工作角度如图 1-34 所示。操作中应注意：当熔渣超前时，要用焊条前沿轻轻拨掉，以防熔滴金属随之下淌。

运条方式：当焊件较薄时，可采用往复直线型运条；当焊件较厚时，可采用短弧直线型或小斜圆圈形运条方法。采用小斜圆圈形运条时，圆圈倾斜约 45°。

3. 背面焊接

背面焊接方法与正面焊接基本相同。

三、任务实施步骤——开坡口的横焊操作

当焊件较厚时，一般可开 V 形、U 形坡口，坡口间隙为 2 ~ 3mm，钝边为 1 ~ 3mm。横焊坡口的特点是下面焊件不开坡口或坡口角度小于上面的焊件，如图 1-35 所示，这样有助于避免熔池金属下淌，有利于焊缝成形。

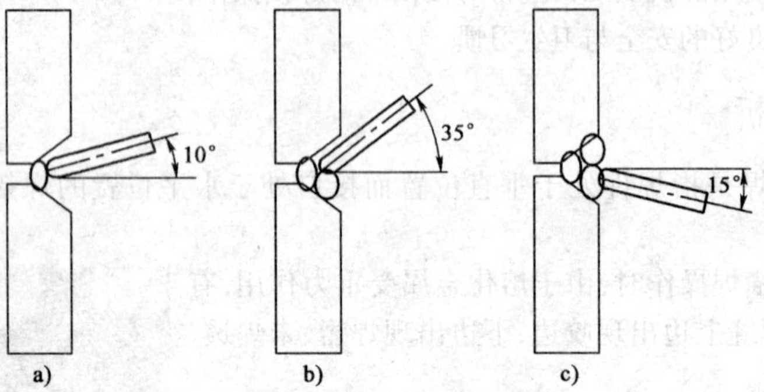

图 1-35　横焊接头的坡口形式

对于开坡口的焊件，应采用多层焊或多层多道焊，其焊道排列如图 1-36 所示。

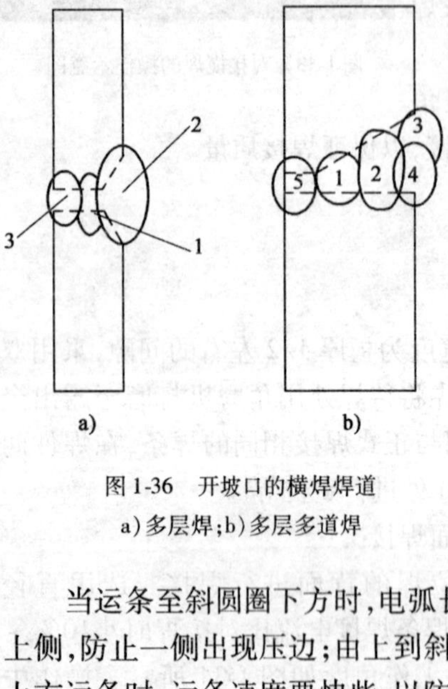

图 1-36　开坡口的横焊焊道

a) 多层焊；b) 多层多道焊

第一步：焊打底层焊道

进行焊打底层焊道时应选用较小直径（3.2mm）的焊条，运条方式根据接头根部间隙的大小而定，若间隙较大时，采用直线往复型运条；间隙较小时，可采用直线型运条。

第二步：焊接第二焊道

进行焊接第二焊道时，可选用直径 3.2mm 或 4mm 的焊条，采用斜圆圈形运条法。

为防止焊缝上侧出现咬边或一侧熔池金属出现下淌现象，每个斜圆圈中心线与水平方向夹角不超过 45°。

当运条至斜圆圈下方时，电弧长度比下方稍短些，并稍作停留，以使较多的熔滴过渡到上侧，防止一侧出现压边；由上到斜下方运条时，运条速度可放慢些，以保证焊透；由下到斜上方运条时，运条速度要快些，以防熔池下淌。运条时应注意均匀平稳，短弧焊接，使焊缝成形良好。

第三步：背面封底焊

在进行背面封底焊时，首先进行清渣，选用直径 3.2mm 的焊条，较大的焊接电流，直线型运条进行焊接。对于多层多道焊，可选用直径 3.2mm 的焊条，直线型或小圆圈形运条，并根据焊道位置适当调整焊条角度，始终保持短弧和适当的焊接速度，以获得较好的焊缝成形，如图 1-37 所示。

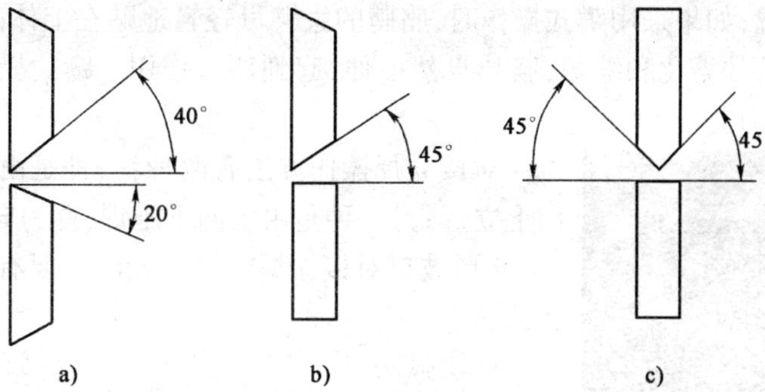

图 1-37　开坡口多层多道焊横焊的焊条工作角度
a)V 形坡口;b)单边坡口;c)K 形坡口

任务布置

Q－235 钢板 V 形坡口对接横位焊条电弧焊。

考核要求:

(1)定位焊在试件背面两端 20mm 范围内。

(2)根部要焊透,单面焊双面成形。

(3)焊缝的空间位置不允许超出横焊位置范围。

(4)试件一经固定开始焊接,不得任意移动试件。

(5)焊前将坡口处的油污、氧化膜等清理干净。

(6)不许破坏焊缝原始表面。

(7)操作时间为 40 分钟。

任务五　对接立焊

学习目标

1. 能够根据对接立焊的特点合理选择焊接工艺参数;
2. 能够正确使用焊机及工具进行对接立焊的焊接操作;
3. 能够培养良好的安全与卫生习惯。

一、任务分析

当所连接的两块板件均处于垂直位置,且焊缝也处于垂直位置时,所实施的焊接操作称为对接立焊。对接立焊操作比平焊操作困难,主要原因是熔池及熔滴在重力作用下易下淌,产生焊瘤及焊缝两侧咬边,焊缝成形不如平焊时美观。但立焊时,熔池内熔渣在重力作用下容易下淌,便于熔化金属和熔渣的分离,清渣较容易。

二、相关知识

对接立焊操作时,根据焊件与焊工距离的不同,焊工可以采取立式或蹲式两种操作姿势,如图 1-38 所示。立式操作时,焊工的胳膊半伸开或全伸开,悬空操作,依靠胳膊的伸缩来调节焊条的位置；如果采用蹲式操作时，胳膊的大臂可轻轻地贴在上体的肋部、大腿、膝盖等位置。随着焊条的熔化和缩短，胳膊自然前伸，起到调节作用。蹲式操作时由于有依托，较易掌握，也较省力。

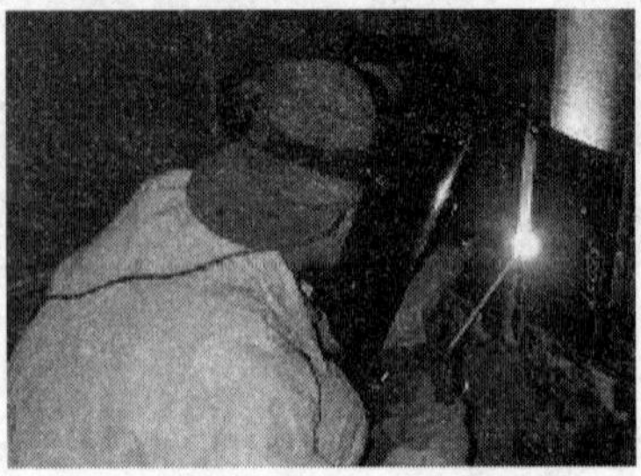

图1-38　对接立焊的操作姿势

对接立焊操作方法有两种：一种是由下向上施焊，称为向上立焊；另一种是由上向下施焊，称为向下立焊。

I形坡口对接立焊的操作方法主要有两种，即跳弧法和灭弧法。

1. 跳弧法

所谓跳弧法是指当熔滴脱离焊条末端过渡到熔池后，立即将电弧向上提起约10°，使熔化金属有凝固的机会，通过护目玻璃可以看到熔池中白亮的熔化金属迅速凝固，白亮部分迅速缩小，形成一个“台阶”。当熔池缩小至焊条直径的1～1.5倍时，再将电弧迅速拉回到“台阶”上面。在“台阶”上形成一个新熔池，如此不断地重复熔化→冷却→凝固→再熔化的过程，就能由下向上形成一条焊缝。提起电弧时应注意电弧长度不可过长，最大不超过6mm，以防止空气侵入熔池，如图1-39所示，跳弧法的运条可采用月牙形或锯齿形运条法。

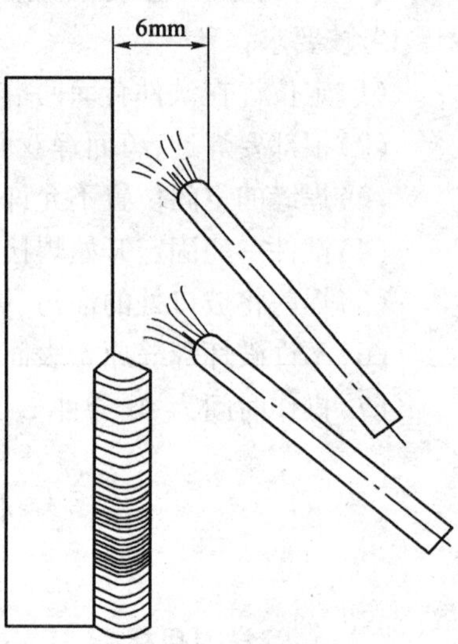

图1-39　I形坡口对接立焊跳弧法

2. 灭弧法

所谓灭弧法是指当熔滴脱离焊条末端过渡到对面的熔池后，立即将电弧拉断熄灭，使熔化金属有瞬时凝固的机会，随后重新在弧坑引燃电弧，使燃弧、灭弧交替进行。

三、任务实施步骤

（一）向上立焊法

向上立焊的操作步骤如下。

第一步：选择焊接工艺参数

焊接时应选用较小直径（2.5～4mm）的焊条，较小的焊接电流（比平对接焊小10%～15%），这样熔池体积小，冷却凝固快，可以减少和防止熔化金属下淌。

第二步：选择熔滴过渡焊接方法

采用短弧焊接，电弧长度不大于焊条直径，利用电弧吹力托住熔池，同时短弧操作利于熔滴过渡。焊条工作角度为90°，前倾角为－10°～－30°，即焊条向焊接方向的反方向倾斜，这样电弧吹力对熔池产生向上的推力，防止熔化金属下淌。

为便于右手操作和观察熔池情况，焊工身体不要正对焊缝，要略向左偏。

（二）向下立焊法

向下立焊法只适用于薄板和不甚重要结构的焊接，因为向下立焊比向上立焊熔化金属及熔渣更易下坠，焊缝易产生夹渣和气孔等缺陷。

向下立焊法的特点是焊接速度快，熔深浅，熔宽窄，不易烧穿，焊缝成形美观，操作简单，但需要熟练掌握操作技巧。其操作步骤如下：

第一步:选择适当焊接电流

焊接电流应适中,保证熔合良好。

第二步:选择适当焊条前倾角进行焊接

焊接时,焊条应垂直于焊件表面,用直击法引弧,运条时采用较大的焊条前倾角,为30°~40°,利用电弧吹力托住熔池,防止熔池下淌。

第三步:选择适当焊接电源及运条方法

采用直线型运条法,尽量避免横向摆动,但有时也可稍作横向摆动,以利于焊缝两侧与母材熔合良好。向下立焊法最好使用熔渣黏度较大的向下立焊专用焊条。除使用交流焊接电源外,普通直流弧电源都应使用直流反接法焊接。

任务布置

Q-235钢板立焊(图1-40)。

材料要求:(1)试件尺寸:300mm×100mm×6mm(两件)。

(2)焊材与母材相匹配。

技术要求:(1)根部要焊透。

(2)钝边间隙反变形自定。

(3)试件离地面高度自定。

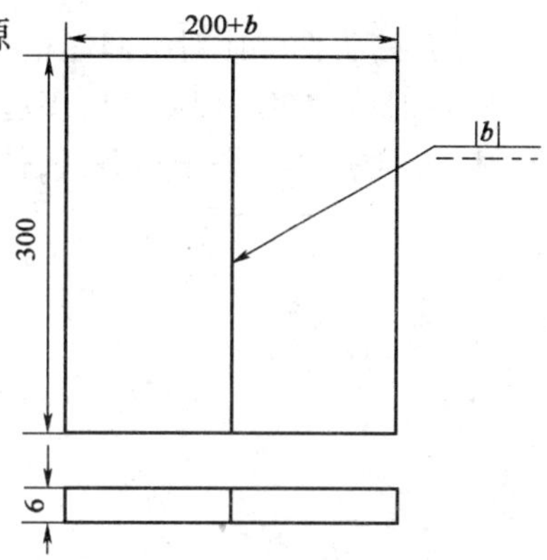

图1-40 试件尺寸(尺寸单位:mm)

任务六 仰 面 焊

学习目标

1. 能够根据仰面焊的特点合理选择焊接工艺参数;
2. 能够正确进行仰面焊的焊接操作;
3. 能够培养良好的安全与卫生习惯。

一、任务分析

对于仰焊缝的焊接称为仰焊。仰焊时,焊条位于焊件下方,焊工仰视焊缝进行焊接。仰焊是指焊缝位于焊件下面,需仰视焊缝进行焊接的操作方法。

二、相关知识

几种基本焊接位置中,仰焊是最难操作的一种焊接位置。原因如下:

一是由于自重作用,熔化金属与熔渣自然坠落倾向很大;二是重力会阻碍熔滴过渡,因此仰焊时熔滴过渡的主要形式是短路过渡,一定要进行短弧操作,所用焊条直径和焊接电流比平焊时小10%~15%,同时还应注意控制熔池体积和温度,焊层要薄。

仰焊操作时飞溅大,应注意清除焊接场地的易燃易爆物品,特别应加强劳动保护。除要正常穿戴常用防护用品外,尤应注意扣紧领口、袖口,头戴披风帽,颈扎毛巾。上衣不要束在裤腰内；裤脚既不能卷起，也不能束在鞋筒内，面罩黑色玻璃要固定牢固，四周不能有缝隙。要严格遵守上述要求，以防止烧伤、烫伤。

在仰焊时，视线要选择最佳位置，两脚成半开步站立，上身要稳，由远而近地运条，如图1-41所示。为了减轻臂腕的负担，可将电缆线的一段搭在肩上，或挂在临时设置的钩子上。

三、任务实施

（一）T形接头仰焊

T形接头仰焊比对接仰焊相对说来较易掌握。当焊角尺寸小于6mm时，宜用单层焊，大于6mm时应用多层焊或多层多道焊。第一层采用直线型或直线往返型运条方法，以后各层用斜圆圈形或斜三角形运条法，使用短弧小电流操作，焊条角度如图1-42所示。

图1-41　仰焊操作

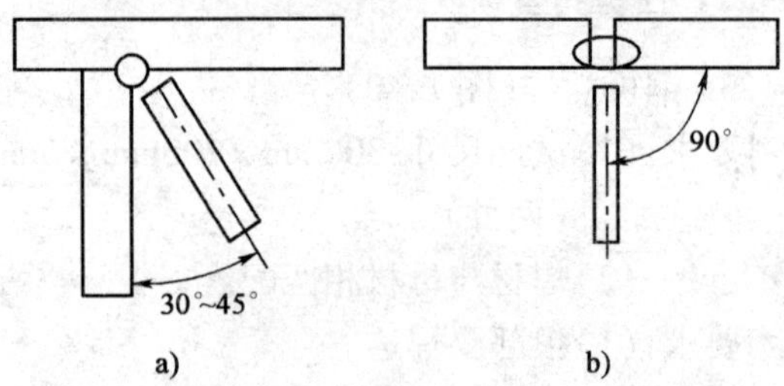

图1-42　仰焊焊条工作角度

a）角接仰焊；b）对接仰焊

（二）不开坡口对接仰焊

当焊件厚度为4mm左右时，一般不开坡口，焊接时选用直径3.2mm的焊条，焊接电流比平焊时小10%～15%，焊条工作角度为90°，焊条前倾角为10°～20°，在焊接过程中运条要均匀，不要中断，当间隙较小时，采用直线型运条；间隙较大时，采用直线往返型运条。

焊接电流比平对接焊时要小，但不可过小，否则熔深不足，电弧稳定性差，不易操作，焊接质量也难以保证。

（三）开坡口对接仰焊

当焊件厚度大于5mm时的对接仰焊都要开坡口，坡口角度比平焊时大些。焊第一层时用直径3.2mm的焊条，用直线型或直线往返型运条，第二层以后可用月牙形或锯齿形运条，每层熔敷量不宜过多。

任务布置

将材料Q－235进行不开坡口对接仰焊（图1-43）。

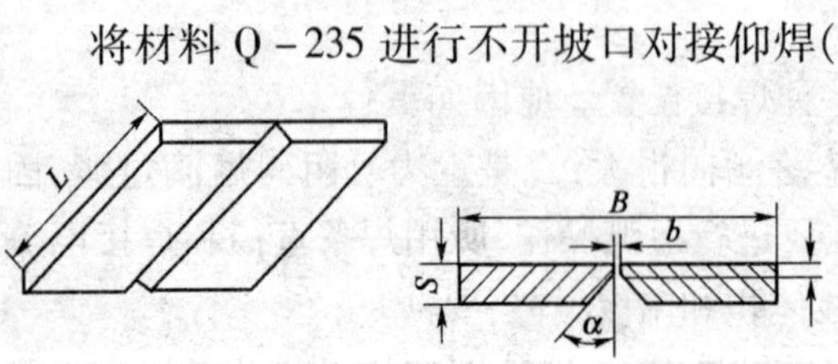

图1-43　仰焊试件

材料要求：（1）试件尺寸：300mm×100mm×4mm（两件）。

（2）焊材与母材相匹配。

技术要求：（1）根部要焊透。

（2）钝边间隙反变形自定。

（3）试件离地面高度自定。

知识与能力拓展

电弧作为电弧焊的能量来源,能有效而简便地把弧焊电源输送的电能转换成热能和机械能提供焊接使用。

(一)焊接电弧的结构及特性

1. 焊接电弧的结构

焊接电弧可分为3个区域:阴极区、阳极区和弧柱区。电弧的热能由3个区域共同产生,但各区域的过程特点不同,所放出的能量及温度的分布也不同。

①阴极区。电弧中紧靠负极的区域称为阴极区,阴极区很窄,为$10^{-6} \sim 10^{-5}$cm,在阴极区的阴极表面有一个明显的光斑点,它是电弧放电时负极表面上集中发射电子的区域,称为阴极斑点。阴极区的温度一般为2130~3230℃,放出的热量占总热量的36%左右。

②阳极区。电弧紧靠正电极的区域称为阳极区。阳极区较阴极区宽,为$10^{-4} \sim 10^{-3}$cm。在阳极区的阳极表面也有光亮的斑点,它是电弧放电时正电极表面集中接收电子的区域,称为阳极斑点。阴极发射电子时需消耗一定的能量,而阳极不发射电子,因此,当两极材料相同时,阳极区温度略高于阴极区。

③弧柱区。电弧阴极区与阳极区之间的部分称为弧柱区。阴极区和阳极区都很窄,因此,弧柱区的长度基本上等于电弧长度。弧柱区的中心温度高达5730~7730℃,与电极材料无关,主要取决于弧柱区气体介质和焊接电流的大小。焊接电流越大,弧柱区温度越高。

2. 焊接电弧的静特性

(1)电弧静特性曲线。电弧稳定燃烧时,在电极材料、气体介质和弧长一定的情况下,电弧电压随焊接电流的变化关系称为电弧静特性(又称伏安特性),表示它们关系的曲线叫做电弧静特性曲线,如图1-44所示。

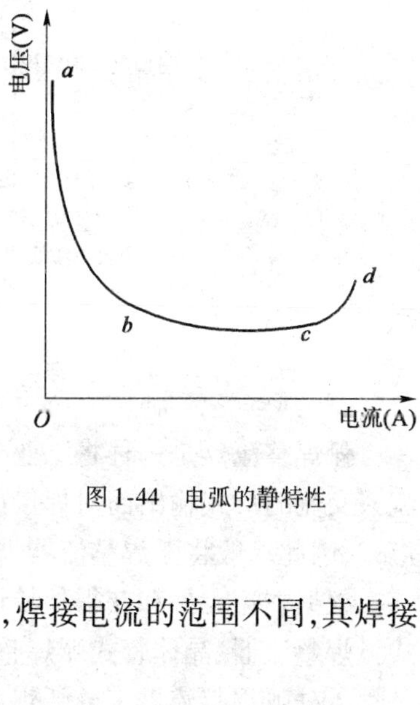

图1-44 电弧的静特性

从图1-40可看出,电弧静特性曲线呈U形,可分为以下3个区域。

①下降特性区。当电流较小时(图1-40中ab段),随着电流的增大,电压降低,所以称为下降特性区。

②平特性区。当电流稍大时,随着电流增大,电压几乎不变,因此称为平特性区(图1-40中bc段)。

③上升特性区。当电流较大时,随着电流增大,电压升高,因此称为上升特性区(图1-40中cd段)。

(2)不同焊接方法的电弧静特性采用不同的电弧焊方法,焊接电流的范围不同,其焊接电弧的静特性只是曲线的某一区域。

3. 焊接电弧的稳定性

焊接电弧的稳定性是指电弧保持稳定燃烧而不产生断弧、漂移和磁偏吹等的程度。焊接电弧燃烧是否稳定,直接影响到焊接质量的好坏,焊接过程能否正常进行。

4. 焊接电弧的偏吹

焊接电弧的偏吹在正常情况下,电弧有一定的刚直性,即其中心轴线总是和焊条电极轴线一致,且随焊条轴线的变化而改变,我们常利用电弧的这一特性来控制焊缝的成形。但在焊接中,有时会因气流干扰、焊条偏心、磁场的作用等原因,电弧中心偏离电极轴线,这种现象称为电弧偏吹。

在焊接时,磁场由电流所产生的。因此,焊接电流越大,磁场就越强,磁偏吹现象就越明显。需要说明的是使用直流弧焊电源时,才产生磁偏吹现象,而在使用交流电源时,且变化频率很快(50Hz),一般看不到明显的磁偏吹现象。

(二)常用弧焊设备与使用

1. 常用的弧焊设备

(1)弧焊变压器

弧焊变压器又称交流弧焊机,俗称交流电焊机,是以交流电形式向焊接电弧供电的设备。弧焊变压器实际上是一台具有陡降外特性的变压器。按获得陡降外特性方式的不同,弧焊变压器可分为串联电抗器式弧焊变压器和增强漏磁式弧焊变压器两大类。串联电抗器式弧焊变压器按结构不同可分为同体式和分体式两类;增强漏磁式弧焊变速器可分为动铁芯式(BX1 系列)、动圈式(BX3 系列)和抽头式(BX6 系列)等 3 类。动铁芯式弧焊变压器是目前应用较广泛的交流弧焊电源,属于 BXI 系列,常用的型号有 BX1 - 160、BX1 - 330、BXI - 400、BX1 - 630 等。这种电源结构简单,维护方便。如图 1-45 所示。

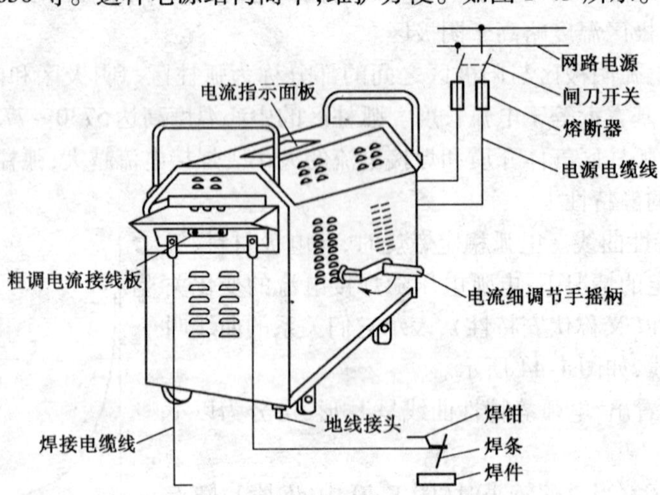

图 1-45　BX1 - 330 弧焊变压器的外形及外部接线

(2)弧焊整流器

弧焊整流器是一种将工业交流电经变压器降压,并经整流元件整流变为直流电,再以直流或交流的形式输出而对焊接回路供电的一种弧焊电源。在焊条电弧焊中多为直流输出的形式,因此一般将弧焊整流器划归为直流弧焊电源。

根据整流元件和获得外特性的控制方式不同,弧焊整流器可分为硅弧焊整流器、晶闸管式弧焊整流器、晶体管式弧焊整流器和逆变式弧焊整流器 4 种基本类型。

①硅弧焊整流器。硅弧焊整流器以硅二极管作为弧焊整流器的整流元件,基本组成和原理如图 1-46 所示。硅弧焊整流器一般由降压变压器、硅整流器、输出电抗器和外特性调节机构等组成。它利用降压变压器将 50Hz 的单相或三相工业交流电降为几十伏的电压,并经硅整流器整流,由输出电抗器滤波,从而获得直流电,再由外特性调节机构调节,得到所需的外特性,对焊接电弧供电。

图 1-47 所示为 ZXG - 300 型硅弧焊整流器的外形及外部接线。与直流弧焊发电机比较,硅弧焊整流器的主要优点是结构简单、坚固、耐用、工作可靠、噪声小、维修方便、效率高。

但与电子控制的弧焊电源比较，由于它不是采用电子电路进行控制和调节，可调节的焊接工艺参数少，调节不够灵活，也不够精确，焊接电流网路电压波动影响较大，功率因数低，因此，只能用在一般质量产品的焊接中。

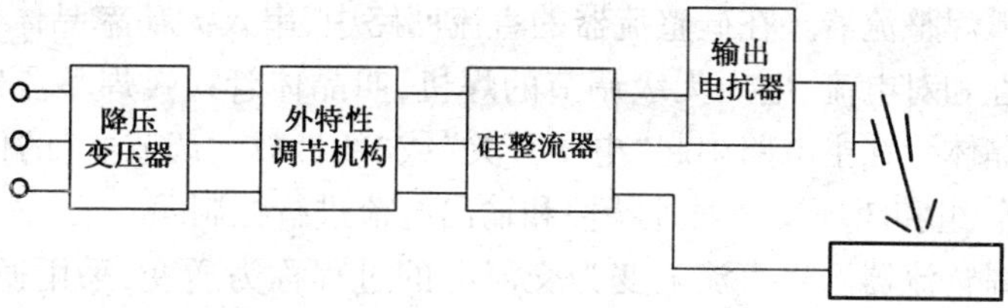

图 1-46　硅弧焊整流器的基本组成和原理图

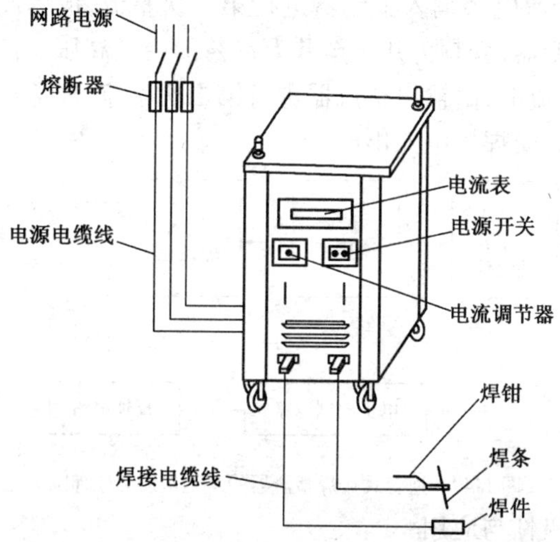

图 1-47　ZXG－300 型硅弧焊整流器的外形及外部接线

②晶闸管式弧焊整流器。

如图 1-48 所示，晶闸管式弧焊整流器主要由三相降压变压器、晶闸管整流器、输出电抗器、触发控制电路和电流、电压反馈电路等组成。

三相工频网路电压经三相降压变压器降压后变为几十伏的低压交流电，然后经晶闸管整流器整流变为脉动直流电，再经输出电抗器滤波变为波形较平滑的直流电输出。触发控制电路产生与三相交流电同步的一个电压脉冲信号，然后提供给晶闸管的控制极，使晶闸管导通，并且它接收由电流、电压电路提供的电流、电压变化的信号，经过处理后改变晶闸管导通角，以获得所需电源外特性。

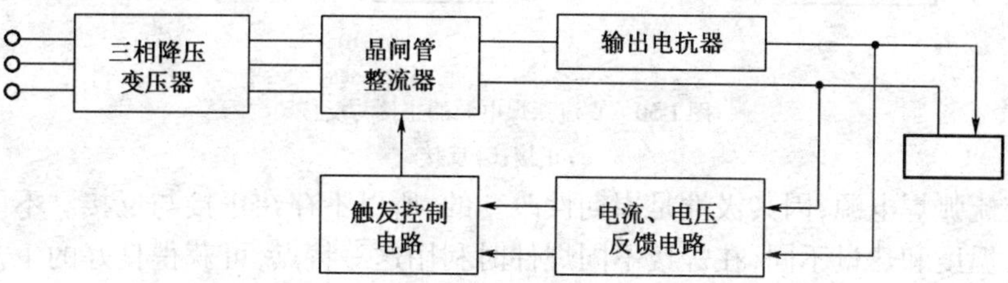

图 1-48　晶闸管式弧焊整流器的基本组成和原理图

晶闸管既起整流作用，又能够调节电源的外特性和控制电源的通断，从而使结构大为简化；可以用较小的触发功率信号来控制整流器的输出电流（电压），易于控制；利用不同的反馈方式可获得各种外特性，而且易于进行无级调节；采用电子线路进行控制，反应速度快，与磁放大器式控制的硅弧焊电源相比，其动态反应速度提高了十几倍。晶闸管式弧焊整流器空载功率损失较小，功率因数较大、效率高；焊接工艺参数稳定。

③晶体管式弧焊整流器。在硅整流器的直流回路中，串入大功率晶体管组，以获得所需任意类型的外特性和对电流、电压无级调节的焊机，叫晶体管式弧焊整流器，它是由电子控制的弧焊电源。晶体管在主电路中起“电子开关”或“线性放大调节器”的作用，以“开关式”或“模拟式”晶体管组和闭环反馈对外特性和输出电流进行控制。

④逆变式弧焊整流器。将直流电变为交流电的过程称为逆变，采用逆变技术制造的弧焊电源称为逆变式弧焊整流器，其基本组成和工作原理如图1-49所示。

单相或三相50Hz交流电经输入整流器进行第一次整流，成为高压直流电，通过大功率电子开关元件构件的逆变器，变频为几千至几万赫兹的中频高压交流电，再由中频变压器降低电压，成为中频低压交流电，由输出整流器进行第二次整流，经输出电抗器滤波，得到焊接所需的低、大直流电输出，向焊接电弧供电。

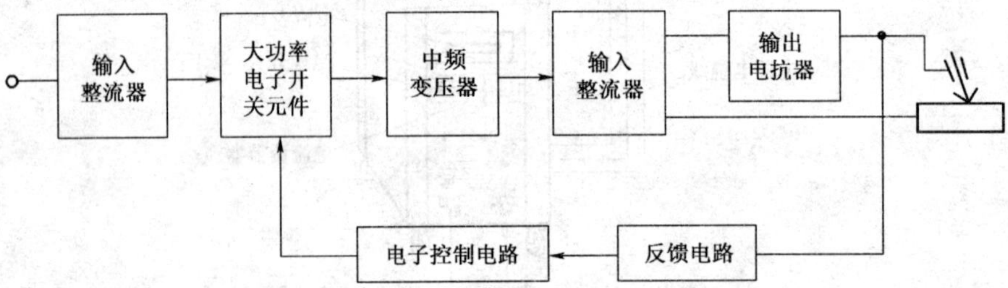

图1-49　逆变式弧焊整流器的基本组成和原理图

2. 直流弧焊电源的极性与应用

使用直流弧焊电源焊接时，工件与电源输出端正、负极的接法，称为电源的极性。直流弧焊电源（如弧焊整流器）有两个极，正极和负极，分别接工件和焊钳。由直流电弧的温度分布和热量分布知，正极区比负极区温度高，产生的热量也多，因此工件与电源接法不同，对电弧燃烧的稳定性和焊接质量的影响不同，所以有正接和反接两种接法，如图1-50所示。

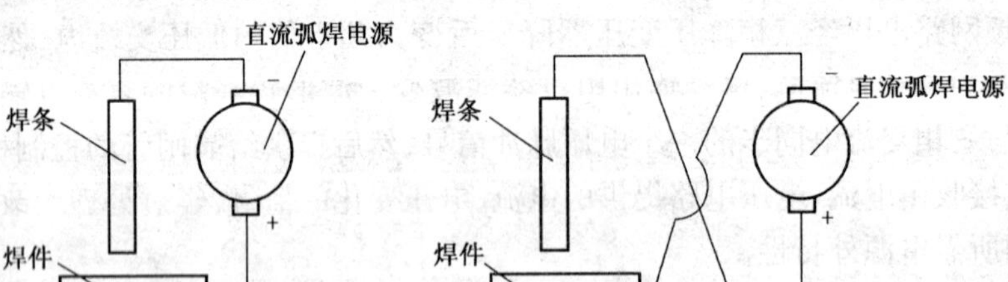

图1-50　直流弧焊电源的正接与反接

a）正接；b）反接

对于交流弧焊电源，因其极性是周期性改变的，所以不存在正接与反接。不同接法在工件处的焊接温度和热量不同，在焊接不同焊件时利用这一特点，可获得良好的工艺性和焊接质量。例如，使用酸性焊条焊接较厚工件时，采用正接，以获得较大熔深，提高生产率，减少电力消耗；焊接薄板时采用反接，以防止烧穿，获得良好的工艺性。

在使用碱性低氢钠型焊条焊接重要结构时，无论焊接厚板或薄板，必须使用直流弧焊电源，并且采用反接，以减少飞溅现象和减小气孔倾向，并能使电弧稳定性良好。

3. 弧焊电源的使用与维护

对弧焊电源的正确使用和合理维护，不仅能保证工作性能稳定，而且可延长其使用寿命。弧焊电源在使用中应注意下列事项：

(1)尽可能将弧焊电源放在通风良好、干燥、不靠近高温和粉尘多的地方。

(2)接线和安装应由专门的电工负责，焊工不应自行动手。

(3)焊机接入电网时，应注意电网电压、相数与焊机铭牌标示相符，以防烧坏设备。

(4)若电网为不接地的三相制时，焊机外壳接地；电网电源为三相四线制时，外壳接零。

(5)电源线和焊接电缆线的导线截面积和长度要合适，以保证在额定负载下电源线压降不大于网路电压的5%，焊接电缆线压降不大于4V，电源线与焊接电缆绝缘良好。

(6)焊机应尽可能放在通风良好而又干燥的地方，远离热源，并应保持平稳。

(7)焊前要仔细检查各部接线是否正确，特别是焊接电缆接头是否紧固，以防止因接触不良而造成过热烧损。

(8)在焊接过程中，不得随意打开机壳顶盖。焊接回路的短路时间不宜过长，应按照焊机规定的工作电流、额定负载持续率使用，防止因过载而烧损。

(9)改变焊接接法时应在切断电源的情况下进行，调节电流时应在空载时进行。

(10)防止焊机受潮。保持机内干燥、清洁，定期用干燥的压缩空气吹净内部灰尘，特别是弧焊整流器。

(11)发生故障、工作完毕及临时离开工作场地，都应及时切断焊机电源。

(三)电焊条

焊条就是带有涂层的供焊条电弧焊使用的熔化电极(如图1-51)。焊条由焊芯和涂层(药皮)两部分组成。在焊条电弧焊焊接时，焊条既作为电极，用来引燃和维持电弧，熔化后又作为填充金属，与被熔化的母材熔合在一起形成焊缝。因此，焊条不但能够使焊接正常进行，而且直接影响焊缝金属的化学成分和力学性能。

图1-51　电焊条

1. 焊条的组成与作用

如图1-52所示，焊条由焊芯和涂层组成，头部为引弧端，尾部为夹持端，有一段无涂层覆盖的裸焊芯，便于焊钳夹持和利于导电。

在靠近夹持端的涂层上印有焊条型号。焊条规格以焊芯直径来表示，通常有2mm、2.5mm、3mm、3.2mm、4mm、5mm、5.8mm或6mm、10mm等几种，常用的有2.5mm、3.2mm、4mm、5mm，其长度依焊条规格材料、涂层类型等不同而不同，通常在200~500mm之间。

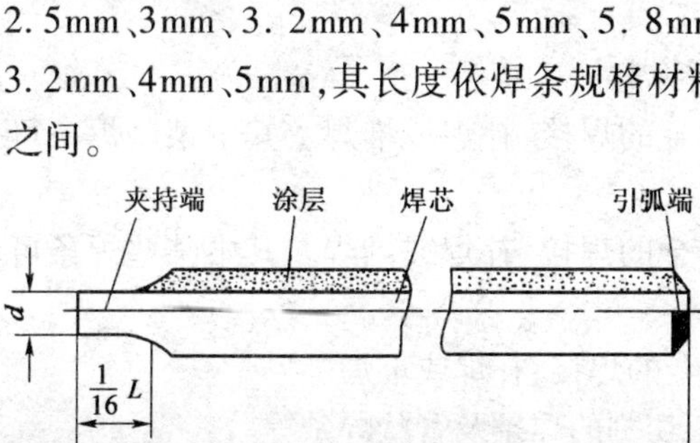

图1-52　焊条的组成

(1)焊芯

焊芯就是被涂层覆盖的金属芯，其作用是传导电流，产生电弧，并且在熔化后作为填充金属与被熔化的母材熔合形成焊缝。焊芯金属约占整个焊缝金属的50%~70%，因此焊芯的化学成分直接影响焊缝质量。焊芯为焊接专用钢丝，经特殊冶炼制成，单独规定了其牌号和化学成分。当用于埋弧焊、电渣焊、气体保护焊、气焊等熔焊方法中作为填充金属时,称为焊丝。

①焊芯的化学成分。

焊芯中通常含有碳(C)、锰(Mn)、硅(Si)、铬(Cr)、镍(Ni)、硫(S)、磷(P)等合金元素,其中硫(S)、磷(P)元素为有害杂质,会降低焊缝的力学性能,因此其含量越少越好,通常不超过0.04%,在焊接重要结构时,不得超过0.03%。其他几种成分如含量适当,一般来说是对钢有益的合金元素,可提高焊缝的力学性能;但含量过高时则会带来不利影响,降低焊接质量。

②焊芯的分类及牌号。

根据焊芯的成分不同,《碳钢电焊条用焊芯》(GB/T 14957—94)将用于焊芯的专用钢丝分为碳素结构钢、合金结构钢和不锈钢3类。

焊芯的牌号,采用所含成分的化学元素符号和表示其含量的数字相结合的方法表示。与钢号表示方法相似,牌号前第一个符号为"H",表示焊接用钢丝,即"焊"字汉语拼音的第一个字母;H之后是2位或1位数字,表示含碳量;其后是所含合金成分的化学元素符号及含量(数字);最后如有字母"A",表示是高级优质钢,如有字母"E",表示是特级钢材,未注明的,表示一般钢材。举例如下:

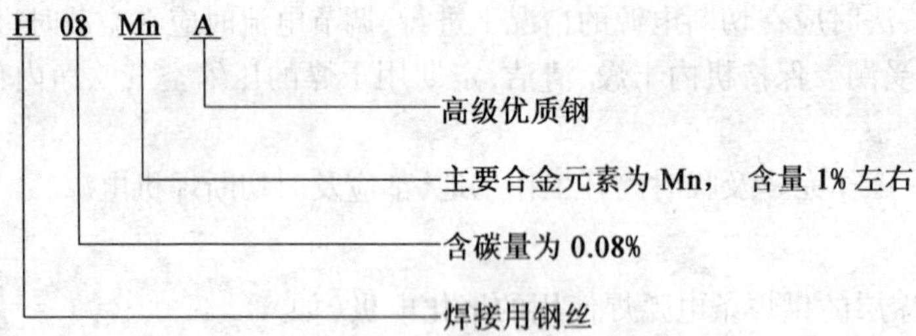

(2)涂层

压涂在焊芯表面上的涂料层称为涂层(又称药皮)。焊条涂层在焊接过程中起着复杂的冶金反应,发生物理、化学变化,因此,涂层也是决定焊缝金属性能的主要因素。

2.焊条的分类与型号

(1)焊条的分类根据焊条的用途不同,按国家标准划分如下:

①碳素钢焊条。此类焊条主要用于强度等级较低的低碳钢和低合金钢的焊接。

②低合金钢焊条。此类焊条主要用于低合金高强度钢、含合金元素较低的钼和铬铝耐热钢及低温钢的焊接。

③不锈钢焊条。此类焊条主要用于含合金元素较高的钼和铬钼耐热钢及各类不锈钢的焊接。

④堆焊焊条。此类焊条用于金属表面层堆焊,其熔敷金属在常温或高温中具有较好的耐磨性和耐腐蚀性。

⑤铸铁焊条。此类焊条专用于铸铁的焊接和补焊。

⑥镍及镍合金焊条。此类焊条用于镍及镍合金的焊接、补焊或堆焊。其中某些焊条可用于铸铁补焊或异种金属的焊接。

⑦铜及铜合金焊条。此类焊条用于铜及铜合金的焊接、补焊或堆焊。其中某些焊条可用于铸铁补焊或异种金属的焊接。

⑧铝及铝合金焊条。此类焊条用于铝及铝合金的焊接、补焊或堆焊。

⑨特殊用途焊条。此类焊条指用于水下焊接、切割的焊条及管状焊条等。

(2)焊条型号编制方法

焊条型号一般都由焊条类型代号,加上表征焊条熔敷金属的力学性能或化学成分、涂层类型、焊接位置和焊接电路的分类代号组成。各类焊条的代号如表 1-6 所示。

①碳素钢焊条型号的编制方法。

碳素钢焊条型号根据熔敷金属的力学性能、涂层类型、焊接位置和焊接电流划分。

按照熔敷金属抗拉强度不同，碳素钢焊条分为两个系列，即 FA3 系列（熔敷金属抗拉强度为 420MPa）和 E50 系列（熔敷金属抗拉强度为 490MPa）。

焊条的分类及代号 表 1-6

类　别	代　号	类　别	代　号
碳素钢焊条	E	铜及铜合金焊条	ECU
低合金钢焊条	E	铸铁焊条	EZ
不锈钢焊条	E	铝及铝合金焊条	TAI
堆焊焊条	ED	特殊用途焊条	TS

按《碳钢焊条》（GB/T 5117—1995）规定，碳素钢焊条型号编制方法如下：

首字母“E”表示焊条；前两位数字表示熔敷金属抗拉强度的最小值，其单位为 X9. 8MPa；第 3 位数字表示焊条的焊接位置。

“0”和“1”表示焊条适用于全位置焊接（平焊、立焊、仰焊、横焊）。“2”表示焊条适用于平焊和平角焊。“4”表示焊条适用于向下立焊。当第 3 位和 4 位数字组合使用时，表示涂层类型和焊接电流的种类。

如表 1-7 所示，在第 4 位数字后附加“R”表示耐吸潮焊条，附加“M”表示耐吸潮和力学性能有特殊规定的焊条，附加“ -1”表示冲击性能有特殊规定的焊条。

碳素钢和低合金钢的涂层类型 表 1-7

<table>
<tr><th>焊条型号</th><th>涂层类型</th><th>焊接位置</th><th>电流种类</th></tr>
<tr><td>E××00</td><td>特殊型</td><td rowspan="3">平焊、立焊、横焊、仰焊</td><td rowspan="3">交流或直流正、反接</td></tr>
<tr><td>E××01</td><td>钛铁矿型</td></tr>
<tr><td>E××03</td><td>钛钙型</td></tr>
<tr><td>E××10</td><td>高纤维钠型</td><td rowspan="8">平焊、立焊、横焊、仰焊</td><td>直流反接</td></tr>
<tr><td>E××11</td><td>高纤维钾型</td><td>交流或直流反接</td></tr>
<tr><td>E××12</td><td>高钛钠型</td><td>交流或直流正接</td></tr>
<tr><td>E××13</td><td>高钛钾型</td><td rowspan="2">交流或直流正、反接</td></tr>
<tr><td>E××14</td><td>铁粉钛型</td></tr>
<tr><td>E××15</td><td>低氢钠型</td><td>直流反接</td></tr>
<tr><td>E××16</td><td>低氢钾型</td><td rowspan="2">交流或直流反接</td></tr>
<tr><td>E××18</td><td>铁粉低氢型</td></tr>
<tr><td>E××20</td><td rowspan="2">氧化铁型</td><td rowspan="6">平焊、平角焊</td><td rowspan="4">交流或直流正接</td></tr>
<tr><td>E××22</td></tr>
<tr><td>E××23</td><td>铁粉钛钙型</td></tr>
<tr><td>E××24</td><td>铁粉钛型</td></tr>
<tr><td>E××27</td><td>铁粉氧化铁型</td><td>交流或直流正接</td></tr>
<tr><td>E××28</td><td rowspan="2">铁粉低氢型</td><td rowspan="2">交流或直流反接</td></tr>
<tr><td>E××48</td><td>平焊、立焊、横焊、仰焊</td></tr>
</table>

低碳钢焊条 E4315 的含义如下：

②低合金钢焊条型号的编制方法。低合金钢焊条的型号根据熔敷金属的力学性能、化学成分、涂层类型、焊接位置和焊接电流划分。

型号的前一部分 E××××与碳素钢焊条相同,但后一部分有短划“-”与前面数字分开,后缀字母为熔敷金属的化学成分分类代号。

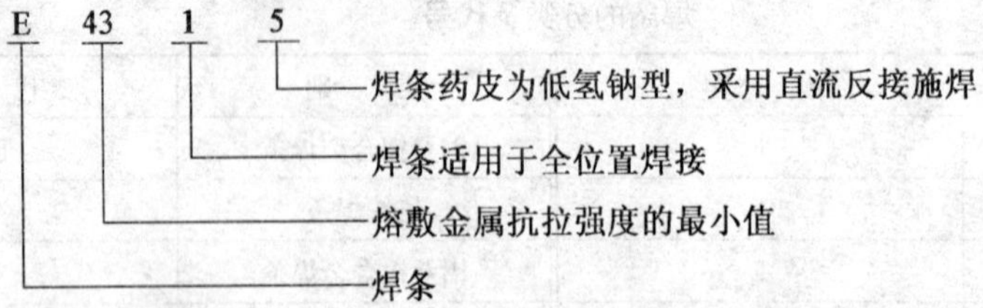

其中 A 表示碳-钼钢焊条;B 表示铬-钼钢焊条;C 表示镍-钢焊条;NM 表示镍-铂钢焊条;D 表示锰-铝钢焊条;C、M 或 W 表示其他低合金钢焊条,字母后的数字表示同一等级焊条中的编号。如还附加化学成分时,附加化学成分直接用元素符号表示,并以短划“-”与前面后缀字母分开。焊条型号举例如下：

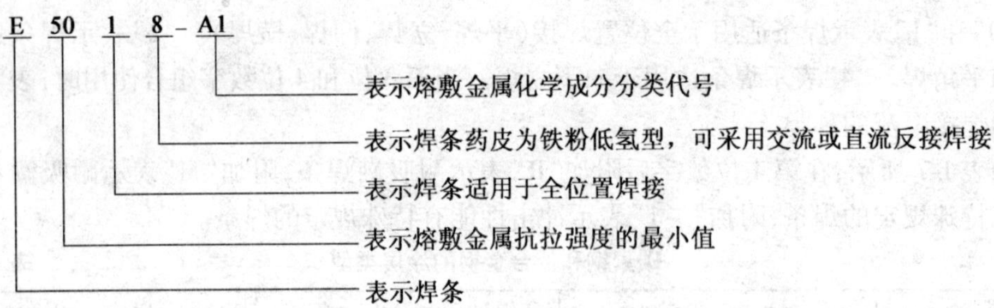

3. 焊条的使用

(1)焊条涂层的类型与适用范围

焊条电弧焊焊条涂层分为 8 种类型,各类型的主要成分、工艺性能特点和适用范围如表 1-8所示。

各类型的主要成分、工艺性能特点和适用范围 表 1-8

涂层类型	主要组成物质	工艺性能及焊缝力学性能	焊接位置、电源种类及适用
钛型	TiO_2	焊接工艺性良好,熔深较浅,电弧稳定,飞溅少,脱渣容易,焊波美观,但焊缝金属塑性及抗裂性差	全位置; 交流、直流; 适宜薄板焊接
钛钙型	TiO_2、$CaCO_3$ 或 $MgCO_3$	焊接工艺性能与钛型相似,焊缝金属塑性和韧性比钛型好	全位置; 交流、直流
钛铁矿型	钛镁矿	熔深一般,电弧稳定,飞溅一般,焊波整齐	全位置; 交流、直流
氧化铁型	氧化铁、多量锰铁	焊接工艺性能较差,飞溅稍多,电弧稳定,熔深大,生产率高,焊缝金属抗裂性好	平焊; 交流、直流; 适宜中厚钢板焊接
纤维素型	TiO_2 有机物	工艺性一般,飞溅一般,熔深大,熔化速度快,熔渣少,脱渣容易	全位置; 交流、直流

续上表

涂层类型	主要组成物质	工艺性能及焊缝力学性能	焊接位置、电源种类及适用
低氢型	$CaCO_3$ 萤石	工艺性一般，焊波粗糙，飞溅大，脱渣较难；焊时要求涂层干燥，焊接表面清理干净，短弧操作；焊缝金属含氢低，抗裂性，力学性能良好	全位置； 低氢钠型为直流反接，低氢钾型可交流、直流
石墨型	多量石墨	工艺性差，飞溅多，烟雾大，熔渣少，抗裂性差	平焊； 交流、直流； 适宜焊接铸铁或堆焊
盐基型	氯化物、氟化物	工艺性较差，熔渣有一定腐蚀性，宜短弧操作	直流； 用于焊接铝及其合金

对钢焊条来说，由于在钛型、钛钙型、钛铁矿型、氧化铁型和纤维素型的焊条涂层中，强碱性氧化物较少，而酸性氧化物较多，故一般将这5种类型涂层的焊条称为酸性焊条。

酸性焊条具有良好的工艺性能，广泛用于一般性结构的焊接，尤其是低碳钢和强度级别不高的低合金结构钢焊件。

低氢钠型和低氢钾型焊条涂层中含有较多的大理石和萤石，碱性较强，故称为碱性焊条。

碱性焊条具有低的氧化性和高的抗裂性及塑性、韧性，用于焊接重要结构（如压力容器、承受动载荷的构件）和低温钢、耐热钢、铬不锈钢、低合金高强度钢等。

酸性焊条和碱性焊条的比较见表1-9。酸性焊条多用于焊接一般碳素钢结构，碱性焊条多用于焊接锅炉和低合金高强度结构钢。

酸性焊条与碱性焊条的性能比较 表1-9

酸性焊条	碱性焊条
1. 药皮氧化性强，合金烧损多，合金元素过渡效果差； 2. 对水、锈产生气孔的敏感性不大，包装完好的焊条拆封后可不经烘干直接用于焊接，受潮后焊前经150～200℃烘干1h； 3. 电弧稳定，可用交流或直流施焊； 4. 可用大电流施焊，焊缝成形好，熔深较小，生产率高； 5. 可长弧施焊，要求不严格； 6. 熔渣呈酸性、玻璃状，脱渣容易； 7. 焊缝室温、低温冲击韧性一般； 8. 脱硫、脱磷效果差，抗裂性差； 9. 焊缝中含氢量高，易出现"白点"，影响塑性； 10. 焊接时烟尘较少	1. 药皮还原性强，合金烧损少，合金元素过渡效果好； 2. 对水、锈产生气孔的敏感性较大，焊前必须经150～200℃烘干1h，并置于保温筒内，随用随取； 3. 药皮中萤石恶化电弧稳定性，需要用直流施焊，药皮中加入稳弧剂后方可交直两用； 4. 焊接电流较小，较同规格的酸性焊条约小10%，焊缝成形稍差，易堆高，熔深较大； 5. 须短弧施焊，否则易出现气孔； 6. 熔渣呈碱性，结晶状，坡口第一层脱渣较困难； 7. 焊缝室温、低温冲击韧性较高； 8. 脱硫、脱磷能力强，抗裂性较强； 9. 焊缝含氢量低； 10. 焊接时烟尘较多，产生HF有毒气体，应加强通风

（2）焊条的选用原则

焊条的选用一般应考虑以下原则：

低碳钢、中碳钢和低合金钢，通常要求焊缝金属与母材等强度，应选用抗拉强度等于或稍高于母材的焊条。合金结构钢，通常要求焊缝金属的主要合金成分与母材金属相同或相近。在焊接结构刚性大、接头应力高、焊缝容易产生裂纹的情况下，应选用比母材强度低一级的焊条，避免因结构刚性过大而使焊缝撕裂。

自我测试

一、选择题

1. 焊接时，产生和维持电弧燃烧的必要条件是______。

A. 碰撞电离和热电离　　B. 一定的电流强度
C. 阴极电子发射和气体电离　　D. 较高的空载电压

2. 一般电弧焊的焊接电弧中温度最高的是______。

A. 阴极区　　B. 阳极区　　C. 弧柱区　　D. 无法确定

3. 焊接电弧静特性曲线的形状类似______。

A. U 形　　B. 直线形　　C. 正弦曲线　　D. L 形

4. 减少或防止焊接电弧磁偏吹不正确的方法是______。

A. 采用短弧焊　　B. 适当调整焊条角度
C. 采用较小的焊接电流　　D. 采用直流电源

5. 当填充金属材料一定时，______的大小决定了焊缝的化学成分。

A. 熔合比　　B. 焊缝厚度　　C. 焊缝余高　　D. 焊缝宽度

6. 在焊缝截面中，从焊缝正面到焊缝背面的距离叫______。

A. 焊缝熔深　　B. 焊缝余高　　C. 焊缝宽度　　D. 焊缝厚度

7. ______区对焊条或母材的加热和熔化起主要作用。

A. 阴极　　B. 弧柱　　C. 阳极　　D. 阴极或阳极

8. 电弧焊直流反接时，加热工件的热量主要是______。

A. 电弧热　　B. 阳极斑点热　　C. 阴极斑点热　　D. 化学反应热

9. 两电极的电压越高，金属的逸出功越小，则场致发射作用______。

A. 越大　　B. 越小　　C. 无影响　　D. 波动

10. 随着焊接电流的增大，电弧燃烧______。

A. 越稳定　　B. 越不稳定　　C. 无影响　　D. 稳定性不变

11. 焊机铭牌上负载持续率是表明______的。

A. 焊机的极性　　B. 焊机的功率
C. 焊接电流和时间的关系　　D. 焊机的使用时间

12. 不允许使用交流焊接电源的焊条是______。

A. E4303　　B. E5016　　C. E4315　　D. E4301

13. 焊芯牌号末尾注有字母“A”，表示焊芯含硫、磷均小于______。

A. 0.025%　　B. 0.03%　　C. 0.04%　　D. 0.3%

14. 偏心过度的焊条，焊接时产生的缺陷不正确的是______。

A. 电弧偏吹　　B. 焊接过程不稳定　　C. 熔池保护不好　　D. 烧穿

15. 焊条的直径是以______来表示的。

A. 焊芯直径　　B. 焊条外径
C. 药皮厚度　　D. 焊芯直径与药皮厚度之和

二、判断题（对的打“√”，错的打“×”）

1. 电弧是各种熔焊方法的热源。（　）

2. 焊接电弧中，阴极斑点的温度总是高于阳极斑点的温度。（　）

3. 电弧静特性曲线反映的是阳极压降、弧柱压降和阴极压降的总和与焊接电流间的关系。 ( )

4. 电弧的磁偏吹是由焊条药皮偏心引起的。 ( )

5. 对于长和大的工件，常采用两边接地线方法来消除或减少磁偏吹。 ( )

6. 焊接时为使电弧容易引燃和稳定燃烧，常在焊条中加入一些电离电位较高的物质。 ( )

7. 焊缝成形系数中焊缝宽度值过大时，焊缝形状窄而深，容易产生气孔、夹渣、裂纹等缺陷。 ( )

8. 电弧电压增加时，焊缝厚度和余高略有减小。 ( )

9. 酸性焊条都是交、直流两用焊条；碱性焊条则仅限采用直流电源。 ( )

10. 可以采用交流电源进行焊接的焊条，一定也可以采用直流电源进行焊接。 ( )

项目小结

焊条电弧焊（简称手弧焊）是以手工操作的焊条和被焊接工件作为两个电极，利用焊条与焊件之间的电弧热量熔化金属进行焊接的方法。焊条电弧焊不仅可以焊接各种碳钢、低合金结构钢、不锈钢、铸铁以及部分高合金钢，还能焊接多种有色金属，如铝、铜、镍及其合金等。焊条电弧焊焊接时应考虑焊条直径、焊接电流、焊接电压、焊接速度、焊接层数等因素。

选择直径较大的焊条，有利于提高生产率，但焊条直径过大，会引起未焊透和焊缝成形不良等缺陷。焊接电流较大的焊接电流可提高生产率，若焊接电流过大，易造成咬边、烧穿、飞溅变大等缺陷，焊接电流过小，容易产生夹渣、未焊透等缺陷。

焊接电压电弧电压取决于电弧长度。电弧越长，电弧电压越高，反之电弧电压越低。在焊接过程中，电弧过长，将造成电弧燃烧不稳定，焊缝表面焊波不均匀，周围空气易侵入电弧区，使焊缝易产生气孔，且由于熔化金属被氮化、焊缝金属塑性、韧性降低，熔深小，熔化金属飞溅严重等恶劣影响，所以焊接时应尽可能采用短弧。

焊接速度即焊条沿焊接方向移动的速度。焊速过大，焊缝截面小，容易造成未焊透缺陷，焊速过小，焊缝截面过大，易出现烧穿现象。焊接层数中厚钢板焊条电弧焊时应采用多层焊或多层多道焊。对于同一厚度钢板，其他条件不变时，焊接层数增加，有利于提高焊接接头的塑性和韧性。

焊条电弧焊最容易引起的事故是触电、眼睛被弧光伤害、烧伤或烫伤、有害气体的危害以及爆炸、火灾等。在焊接车间或焊接工位必须配备消防栓、灭火器等防火器材。焊接操作人员必须严格遵守安全制度。

项目二　气焊与气割

技能点

1. 能够根据气焊的特点合理选择焊接工艺参数；
2. 能够正确使用气焊机、气割机及工具进行气焊与气割的操作；
3. 能够培养良好的安全与卫生习惯。

知识点

1. 掌握气焊、气割的实质、特点和应用场合；
2. 掌握气焊、气割的工艺过程，工艺参数、措施及其合理选用。

任务描述

某油箱在使用过程中，由于各种原因造成变形及裂纹，产生了漏油现象，要求采用气焊方法进行焊补修复，焊接质量应达到设计要求。

任务导入

气焊与气割焊是目前较为常用的一类焊接方法。气焊是利用可燃气体与助燃气体混燃烧所释放的热量作热源进行金属材料的焊接。

油箱在进行焊接时一定要进行清洗，处理干净后，再采用气焊的方法进行焊接。

任务分析

气焊是利用气体燃烧所产生的高温火焰来进行焊接的，如图 2-1 所示。火焰一方面把工件接头的表层金属熔化，同时把金属焊丝熔入接头的空隙中，形成金属熔池。当焊炬向前移动，熔池金属随即凝固成为焊缝，使工件的两部分牢固地连接成为一体。

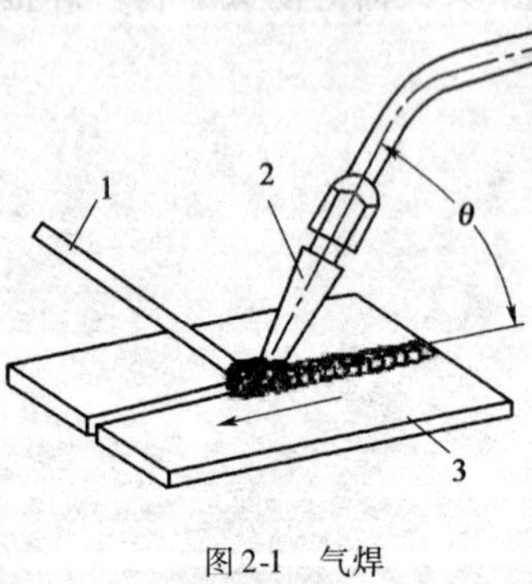

图 2-1　气焊

1-焊丝；2-焊嘴；3-工件

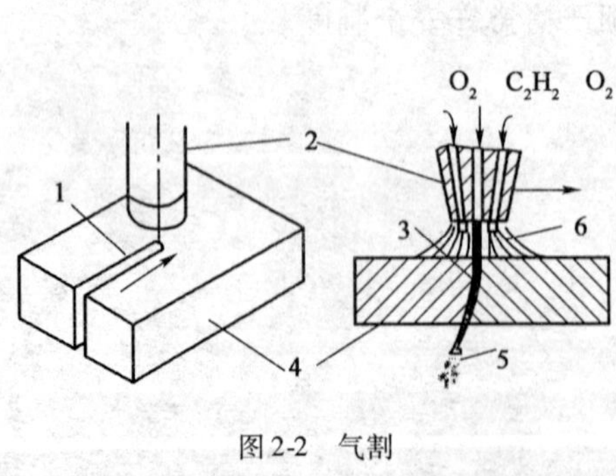

图 2-2　气割

1-割缝；2-割嘴；3-氧气流；4-工件；5-氧气物；6-预热火焰

由于气焊所用储存气体的气瓶为压力容器、气体为易燃易爆气体,所以该方法是所有焊接方法中危险性最高的一种方法,因此在对油箱的焊接时一定要注意安全。

气割是一种切割金属的常用方法,如图 2-2 所示。气割时,先把工件切割处的金属预热到它的燃烧点,然后以高速纯氧气流猛吹。这时金属就发生剧烈氧化,所产生的热量把金属氧化物熔化成液体。同时,氧气气流又把氧化物的熔液吹走,工件就被切出了整齐的缺口。只要把割炬向前移动,就能把工件连续切开。

任务一　气　　焊

学习目标

1. 能够根据气焊的特点合理选择焊接工艺参数;
2. 能够正确使用气焊设备进行气焊的焊接操作;
3. 能够培养良好的安全与卫生习惯。

一、任务分析

气焊是利用可燃气体与助燃气体混合燃烧生成的火焰为热源,熔化焊件和焊接材料使之达到原子间结合的一种焊接方法。

气焊所使用的助燃气体主要为氧气,可燃气体主要采用乙炔、液化石油气等。所使用的焊接材料主要包括可燃气体、助燃气体、焊丝、气焊熔剂等。其特点是设备简单不需用电。其设备主要包括氧气瓶、乙炔瓶(如采用乙炔作为可燃气体)、减压器、焊枪、胶管等。

气焊适用于多种金属材料的焊接,设备简单、成本低廉、焊炬操作灵便,在小批量薄件(最薄 0.5mm)焊接、全位置安装焊(如锅炉低压管安装)和修补焊等方面应用较普遍。气焊操作,如图 2-3 所示。

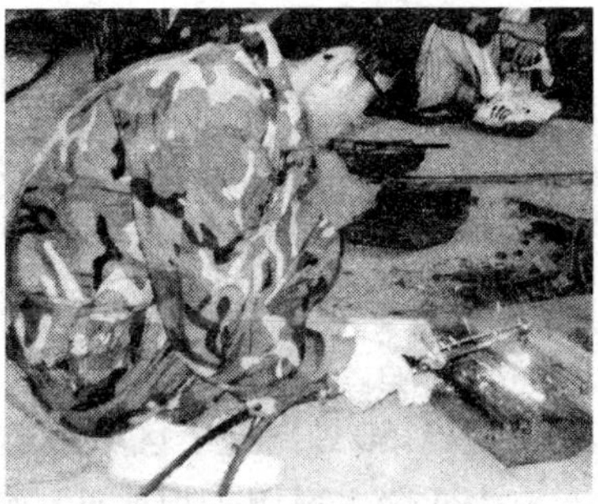

图 2-3　气焊操作示意图

二、相关知识

(一)气焊的特点及应用范围

1. 气焊的特点

(1)优点

①由于填充金属的焊丝是与焊接热源分离的,所以焊工能够控制热输入量、焊接区温度、焊缝的尺寸和形状及熔池黏度。

②由于气焊火焰种类是可调的,因此,焊接气氛的氧化性或还原性是可控制的。

③设备简单、价格低廉、移动方便,在无电力供应的地区可以方便地进行焊接。

(2)缺点

①热量分散,热影响区及变形大。

②生产率较低,除修理外不宜焊接较厚的工件。

③因气焊火焰中氧、氢等气体熔化与金属发生作用,会降低焊缝性能。

④不适于焊难熔金属和“活泼”金属。

⑤难以实现自动化。

2. 气焊的应用范围

气焊目前主要应用于有色金属及铸铁的焊接和修复，碳钢薄板的焊接及小直径管道的制造和安装。另外，由于气焊火焰调节方便灵活，因此在弯曲、矫直、预热、后热、堆焊、淬火及火焰钎焊等各种工艺操作中得到应用。

(二)气焊工艺及操作要领

(1)焊丝直径的选择

焊丝直径一般根据工件厚度选择。

(2)气焊火焰的选择

气焊火焰是可燃性气体(或可燃性液体蒸气)与氧气混合燃烧而形成的。它包括氧乙炔焰、氢氧焰及液化石油气燃烧的火焰。

乙炔与氧混合燃烧所形成的火焰，一般称为氧乙炔焰。氧乙炔焰具有很高的温度(约3200℃)，加热集中，这是目前气焊中采用的主要火焰。

氧乙炔焰由于混合比不同有三种火焰，即中性焰、氧化焰和碳化焰，如图2-4所示。

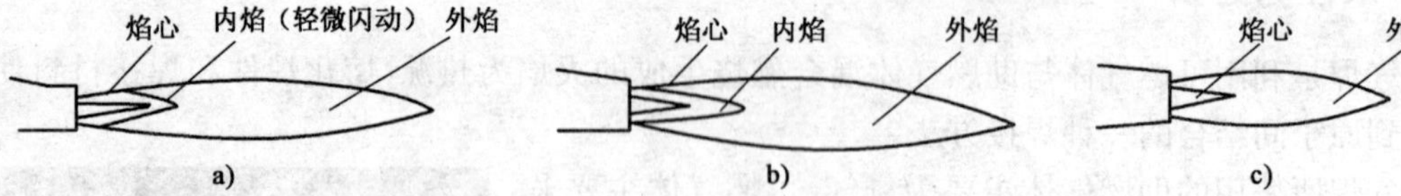

图2-4　氧乙炔焰三种火焰

a)中性焰；b)碳化焰；c)氧化焰

①中性焰。当氧气与乙炔的混合比(体积)为1.1~1.2时，可获得此火焰。其特征为亮白色的焰心端部有淡白色火焰闪动。中性焰热量集中，温度可达3050~3150℃，是由焰心、内焰和外焰三部分组成的。其中内焰处在焰心前2~4mm部位，燃烧最激烈，温度最高(3100~3150℃)，这个区域最适合焊接。

中性焰主要用于焊接低碳钢、低合金钢、高铬钢、不锈钢、紫铜、锡青铜、铝及其合金等。

②碳化焰。它是氧气与乙炔的混合比小于1.1时的火焰。其特征是内焰呈淡白色。碳化焰由焰心、内焰和外焰三部分组成，最高温度可达到2700~3000℃。

碳化焰不能用于焊接低碳钢及低合金钢。但轻微的碳化焰应用较广，可用于焊接高碳钢、中合金钢、高合金钢、铸铁、铝及铝合金等材料。

③氧化焰。它是氧气与乙炔的混合比大于1.2时的火焰。其特征是焰心端部无淡白色火焰闪动，内焰、外焰分不清。其最高温度可达到3100~3400℃。

氧化焰有过量的氧，因此氧化焰有氧化性，除黄铜外(因氧化焰会使熔化金属表面覆盖一层硅的氧化膜可阻止黄铜中锌的挥发，故可用氧化焰)，一般材料的焊接，绝不能采用氧化焰。气割时可以使用。

氧化焰主要用于焊接黄铜、锰黄铜、镀锌铁皮等。不论采用何种火焰气焊时，喷射出来的火焰(焰心)形状应该整齐垂直，不允许有歪斜、分叉或发生“吱吱”的声音。只有这样才能使焊缝两边的金属均匀加热，并正确形成熔池，从而保证焊缝质量。否则不管焊接操作技术多好，焊接质量也要受到影响。所以，当发现火焰不正常时，要及时使用专用的通针把焊嘴口处附着的杂质消除掉，待火焰形状正常后再进行焊接。

以上各种火焰，因其性质不同，适用焊接不同的材料。

三、任务实施步骤

（一）准备工作

1. 工艺参数的选择

（1）焊丝的选择

一般要求焊丝的熔点应等于或略低于被焊金属的熔点。

焊丝的化学成分应基本上与焊件相同。焊丝所焊得的焊缝应具有良好的机械性能。焊缝内部质量要好，无裂纹、气孔、夹渣等缺陷。焊丝熔化时要平衡，不应有强烈的飞溅或蒸发。焊丝表面应洁净，无油脂、油漆和锈蚀等污物。

碳素结构钢焊丝、合金结构钢焊丝、不锈钢焊丝的牌号及用途，如表2-1所示。铜及铜合金焊丝的牌号及用途，如表2-2所示。铝及铝合金焊丝的牌号及用途，如表2-3所示。

不锈钢焊丝的牌号及用途 表2-1

碳素结构钢焊线			合金结构钢焊丝			不锈钢焊丝		
牌号	代号	用途	牌号	代号	用途	牌号	代号	用途
焊08	H08	焊接一般低碳钢结构	焊10锰2	H10Mn2	用途与H08Mn相同	焊00铬19镍9	H00Cr19Ni9	焊接超低碳不锈钢
			焊08锰2硅	H08Mn2Si				
焊08	H08A	焊接较重要的低、中碳钢及某些低合金钢结构	焊10锰2钼高	H10Mn2MoA	焊接普通低合金钢	焊0铬19镍9	H0Cr19Ni9	焊接18-8型不锈钢
焊08特	H08E	用途与H08A相同，工艺性能较好	焊10锰2钼钒高	H10Mn2MoVA	焊接普通低合金钢	焊1铬19镍9	H1Cr19Ni9	焊接18-8型不锈钢
焊08锰	H08Mn	焊接较重要的碳素钢及普通低合金钢结构，如锅炉、受压容器等	焊08铬钼高	H08CrMoA	焊接铬钼钢等	焊1铬19镍9钛	H1Cr19Ni9Ti	焊接18-8型不锈钢
焊08锰高	H08MnA	用途与H08Mn相同，但工艺性能较好	焊18铬钼高	H18CrMoA	焊接结构钢，如铬钼钢、铬锰硅钢等	焊1铬25镍13	H1Cr25Ni13	焊接高强度结构钢和耐热合金钢等
焊15高	H15A	焊接中等强度工件	焊30铬锰硅高	H30CrMnSiA	焊接铬锰硅钢	焊1铬25镍20	H1Cr25Ni20	焊接高强度结构钢和耐热合金钢
焊15锰	H15Mn	焊接高强度焊件	焊10钼铬高	H10MoCrA	焊接耐热合金钢			

铜及铜合金焊丝的牌号及用途 表 2-2

焊丝牌号	名　　称	主要化学成分(%)	熔点(℃)	用　　途
丝 201	特制紫铜焊丝	Sn(1.0~1.1)、Si(0.35~0.5),其余为 Cu	1050	紫铜的氩弧焊及气焊
丝 202	低磷铜焊丝	P(0.2~0.4),其余为 Cu	1060	紫铜的气焊及碳弧焊
丝 221	锡黄铜焊丝	Cu(59~61)、Sn(0.8~1.2)、Si(0.15~0.35),其余为 Zn	890	黄铜的气焊及碳弧焊,也可用于钎焊铜、钢、铜镍合金、灰铸铁以及镶嵌硬质合金刀具等,其中丝 222 流动性较好,丝 224 能获得较好的机械性能
丝 222	铁黄铜焊丝	Cu(57~59)、Sn(0.7~1.0)、Si(0.05~0.15)、Fe(0.35~1.2)、Mn(0.03~0.09),其余为 Zn	860	
丝 224	硅黄铜焊丝	Cu(61~69)、Si(0.3~0.7),其余为 Zn	905	

铝及铝合金焊丝的牌号及用途 表 2-3

焊丝牌号	名　　称	主要化学成分(%)	熔点(℃)	用　　途
丝 301	纯铝焊丝	Al≥99.6	660	纯铝的氩弧焊及气焊
丝 311	铝硅合金焊丝	Si(4~6),其余为 Al	580~610	焊接除铝镁合金外的铝合金
丝 321	铝锰合金焊丝	Mn(1.0~1.6),其余为 Al	643~654	铝锰合金的氩弧焊及气焊
丝 331	铝镁合金焊丝	Mg(4.7~5.7)、Mn(0.2~0.6)、Si(0.2~0.5),其余为 Al	638~660	焊接铝镁合金及铝锌镁合金

焊丝直径由工件厚度、接头和坡口形式决定,焊开坡口时第一层应选较细的焊丝。焊丝直径的选用可参考表 2-4。

焊丝直径的选用 表 2-4

工作厚度(mm)	1.0~2.0	2.0~3.0	3.0~5.0	5.0~10	10~15
焊丝直径(mm)	1.0~2.0	2.0~3.0	3.0~4.0	3.0~5.0	4.0~6.0

(2)气焊熔剂的选择

气焊过程中,被加热后的熔化金属极易与周围空气中的氧或火焰中的氧化合生成氧化物,使焊缝产生气孔和夹渣等缺陷。为了防止金属的氧化,消除已形成的氧化物,通常必须采用气焊熔剂。气焊熔剂要根据焊件的成分及其性质进行选择,一般碳素结构钢气焊时不需要气焊熔剂,而不锈钢、耐热钢、铸铁、铜及铜合金、铝及铝合金气焊时,则必须采用气焊熔剂,才能保证气焊质量。

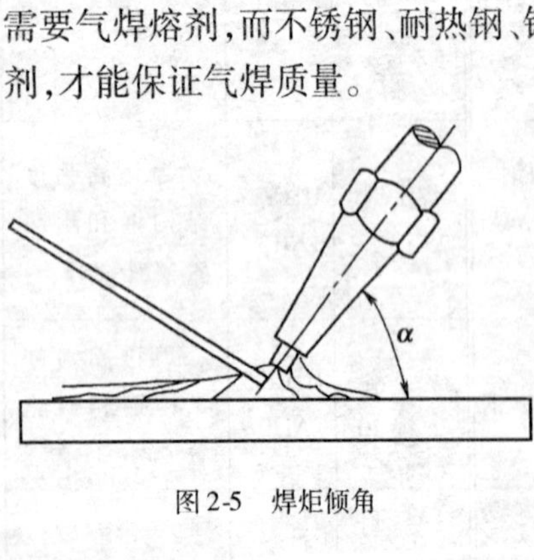

图 2-5 焊炬倾角

(3)焊炬倾角的选择

焊炬倾角(图 2-5)是指焊炬中心线与焊件平面之间的夹角 α。焊炬倾角大,热量散失小,焊件得到的热量多,升温快;焊炬倾角小,热量散失多,焊件受热少、升温慢。因此,在焊接厚度大、熔点较高或导热性较好的焊件时,或开始焊接时,为了较快地加热焊件和迅速形成熔池,焊炬的倾角要大些;反之,可以小些。如图 2-6 所示。

在焊接厚度较大、熔点较高、导热性好的工件时,焊嘴倾角就要大些,而焊接厚度较小、熔点较低、导热性较差的工件时,焊嘴倾角就要相应地减小。在焊接一般低碳钢时,焊嘴倾角与工件厚度的基本关系,如图 2-7 所示。

(4)焊丝倾角的选择

焊丝倾角是指在焊接过程中,焊丝与工件表面的夹角。一般这个倾角为30°~40°,而焊丝相对焊嘴的角度为90°~100°,如图2-6所示。

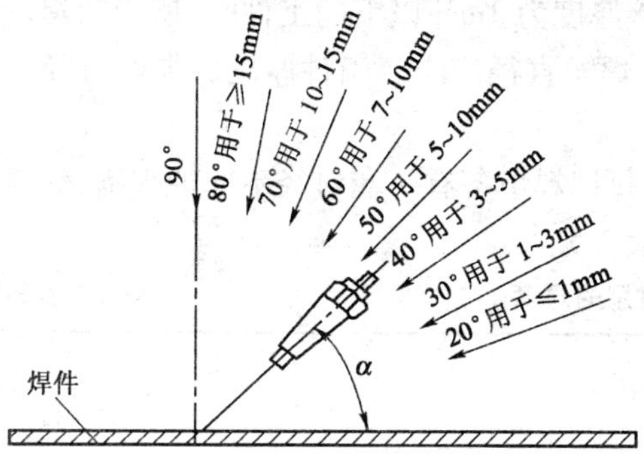

图2-6 焊炬倾角与焊件厚度的关系

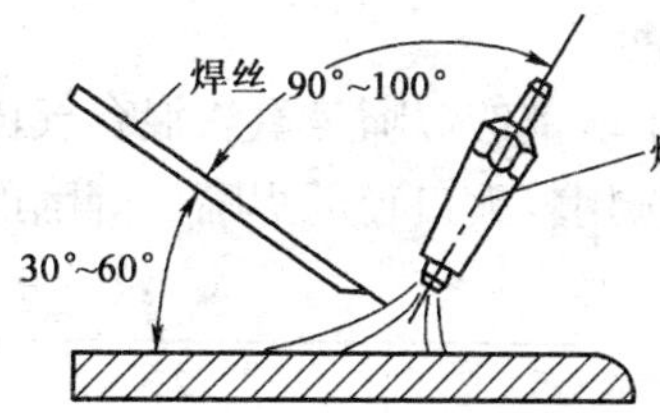

图2-7 焊炬与焊丝的位置

(5)焊接方向的选择

左向焊适用于焊接薄板;右向焊适用于焊接厚度较大的工件。

(6)焊接速度的选择

对于厚度大、熔点高的焊件,焊接速度要慢些,以免发生未熔合的缺陷;而对于厚度小、熔点低的焊件,焊接速度要快些,以免烧穿或使焊件过热,降低焊缝质量。

焊接速度的快慢,应根据焊工操作的熟练程度与焊缝位置等具体情况而定。在保证焊接质量的前提下应尽量加快焊接速度,以提高生产率。

(7)接头形式的选择

气焊可以在平、立、横、仰各种空间位置进行焊接。其接头形式如图2-8所示,主要采用有对接接头、角接接头、卷边对接接头、卷边角接接头四种。

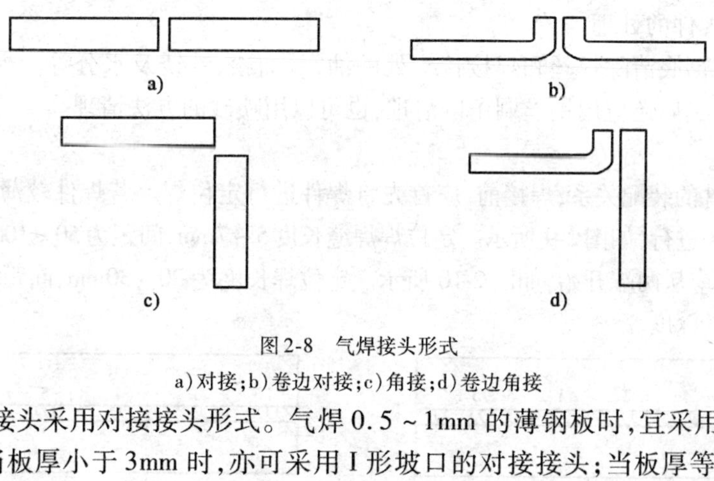

图2-8 气焊接头形式

a)对接;b)卷边对接;c)角接;d)卷边角接

一般气焊接头采用对接接头形式。气焊0.5~1mm的薄钢板时,宜采用卷边对接接头及角接接头;当板厚小于3mm时,亦可采用I形坡口的对接接头;当板厚等于或大于4mm时,可采用Y形坡口。

(8)火焰能率的选择

火焰能率是以每小时混合气体的消耗量(L/h)来表示的。火焰能率的大小要根据工件的厚度、材料的性质(熔点及导热性等),以及焊件的空间位置来选择。在实际工作中,视具体情况在允许范围内尽量采取较大一些的火焰能率,以提高生产率。

2. 焊接规范

气焊的接头类型和焊接空间位置等工艺问题的考虑，与焊条电弧焊基本相同。气焊的焊接规范则主要是确定焊丝的直径、焊嘴的大小以及焊嘴对工件的倾斜角度。

焊丝的直径是根据工件的厚度而定。焊接厚度为3mm以下的工件时，所用的焊丝直径与工件的厚度基本相同。焊接较厚的工件时，焊丝直径应小于工件厚度。焊丝直径一般不超过6mm。

焊炬端部的焊嘴是氧炔混合气体的喷口，每把焊炬备有一套口径不同的焊嘴，焊接厚的工件应选用较大口径的焊嘴。焊嘴的选择见表2-5。

焊接钢材用的焊嘴　　表2-5

焊嘴号	2	3	4	5
工件厚度(mm)	1~3	2~4	4~7	7~11

3. 劳动保护的准备

(1)在气焊和气割时应具备下列劳动保护用品：工作服、工作帽、手套、鞋、有色眼镜、口罩、毛巾等，以防止高温的火焰刺伤眼睛，防止飞溅的金属氧化物和炽热的工件烫伤人，避免扬起的灰尘及有害烟气吸进入体内。

(2)气焊和气割场地要求有良好的通风条件，以减小操作过程中产生的有害气体对人体的伤害。

(3)修理各种容器或管道时，在焊割前，应了解管道或容器内装的是什么液体或气体，应清除干净残存的液体或气体，并将所有的阀门全部打开，否则不能进行焊、割操作。

(4)若焊、割存储过原油、汽油、煤油或其他易燃容器时，需将容器孔、盖全部打开，用碱水将容器内壁清洗干净，并用压缩空气吹干后，方可进行焊、割操作。

(5)在高空焊割操作时，必须使用安全带。工具要放在工具袋内，并设置接火盘，以防火花溅落引起火灾或切掉的余料落下砸伤人。

4. 焊丝与焊件的处理

焊接前，应彻底清除焊丝和焊接接头处的油污、油漆、铁锈及水分等。焊件可用焊炬火焰烘烤，但在加热后还应用钢丝刷予以清理，也可以用喷砂的方法清理。

5. 定位焊

为保证焊件的装配关系，焊接前，应首先将焊件进行定位焊。若焊件较薄时，定位焊可由中间开始向两头进行，如图2-9所示。定位焊焊缝长度5~7mm，间距为50~100mm。若焊件较厚时，定位焊则应从两端开始，如图2-10所示。定位焊长度为20~30mm，间距为200~300mm，焊点要有一定的深度。

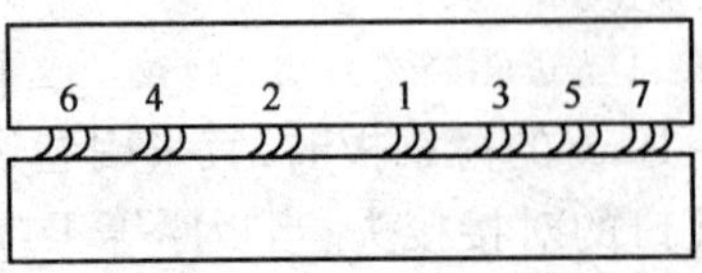

图2-9　薄板定位焊接顺序

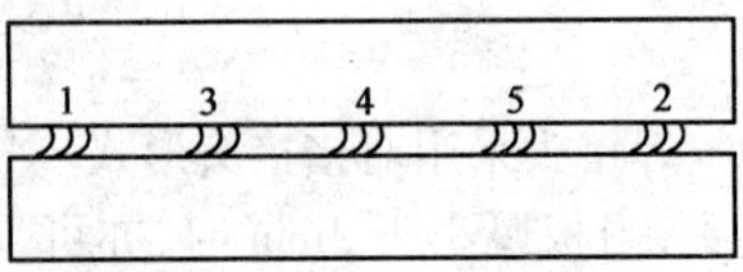

图2-10　较厚板定位焊接顺序

气焊管子时，则应根据管径的大小，采用不同数量的定位焊点。管径小于70mm时，需定位2处即可；管径在100~300mm时，需定位3~5处焊点；管径在300~500mm时，需定位5~7处焊点。气焊开始的起焊点应在两定位焊点的中间，如图2-11所示。

（二）气焊工艺及操作

1. 点火、调节火焰与灭火

点火时，先微开氧气阀门，再开乙炔阀门，随后用明火点燃。调节火焰，先根据焊件材料确定应采用哪种氧乙炔焰，并调整到所需的那种火焰；再根据焊件厚度，调整火焰大小。灭火时，应先关乙炔，再关氧气。

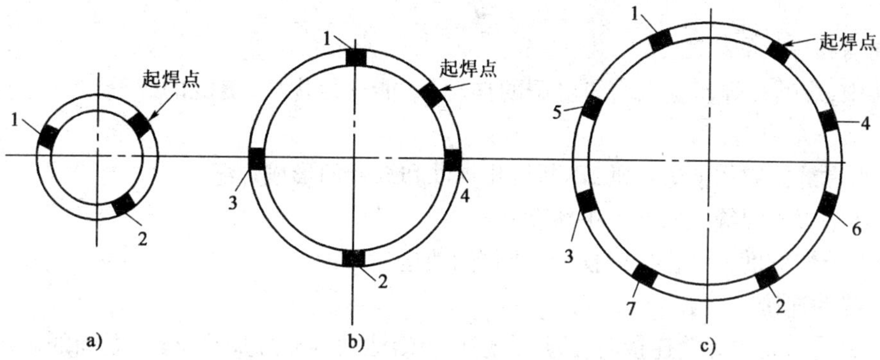

图 2-11 不同管径的定位焊和起焊点

a）管径小于 70mm；b）管径为 100～300mm；c）管径为 300～500mm

2. 基本焊法

气焊时，一般用左手拿焊丝，右手拿焊炬，两手的动作要协调，沿焊缝向左或向右焊接。

焊接热源从接头左端向右端移动并指向已焊部分的操作法，称之为右焊法，如图2-12a）所示。这种焊法适用于焊接厚度较大、熔点较高的焊件。

焊接热源从接头右端向左端移动，并指向待焊部分的操作法，称为左焊法，如图 2-12b）所示。焊嘴轴线的投影应与焊缝重合，与焊缝一般保持 30°～50°的夹角。左焊法主要适用于焊接厚度 3mm 以下的薄板和低熔点的金属。这种焊法容易掌握，应用最普遍。

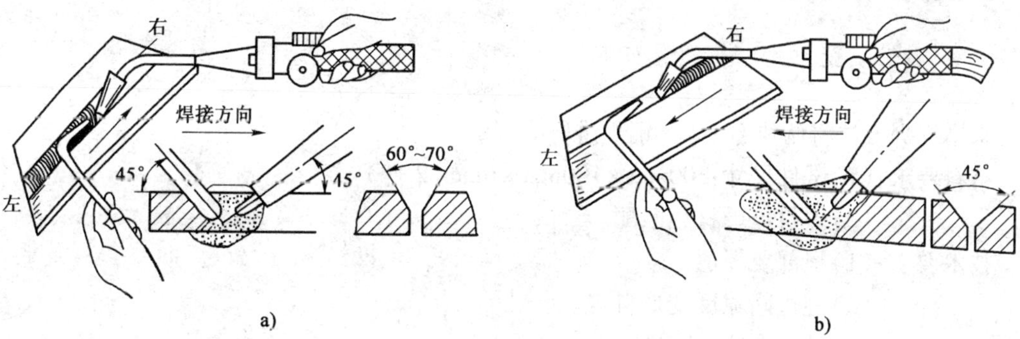

图 2-12 气焊的焊接方向

a）右焊法；b）左焊法

3. 焊丝的填充

气焊时，不但要注意熔池的形成情况，还要将焊丝末端置于外层火焰下进行预热。当熔池形成后，才可将焊丝送入熔池，接着将焊丝迅速提起；同时，火焰向前动，以便形成新的熔池。待新的熔池形成后，再将被火焰预热的焊丝送入熔池，如此循环，就形成了焊缝。在操作过程中，应掌握好焊炬向前移动的速度，使熔池的形状和大小始终保持一致。气焊厚度≤1mm时，可不填充焊丝。

4. 焊嘴倾角的选择

焊接中,要注意掌握好焊嘴与工件的夹角 α。α 大,火焰热量散失小,工件加热快,温度高。当焊接厚度大、熔点较高或导热性较好的焊件时,α 要大一些。

焊接开始时,为了较快地加热工件和迅速形成熔池,α 应大些,可取 80°~90°;正常焊接时,一般保持在 30°~50°之间;当焊接结束时,α 应适当减小,以便更好地填满弧坑和避免焊穿。

5. 焊嘴和焊丝的摆动

焊接中,焊嘴和焊丝应作均匀协调的摆动,才能获得优质、美观的焊缝。焊嘴和焊丝的摆动有如下三个方向:

(1)沿焊缝方向作前进运动,不断熔化焊件和焊丝而形成焊缝;

(2)在垂直于焊缝方向作上下跳动;

(3)在焊缝宽度方向作横向摆动(或打圆圈运动)。

6. 焊缝的连接

后焊焊缝与先焊焊缝连接时,应用火焰将原熔池周围充分加热,待已凝固的熔池及附近的焊缝金属重新熔化又形成熔池后,方可熔入焊丝。焊接重要焊件时,接头处必须重叠 8~10mm。

7. 收尾

焊到焊缝终端时,结束焊接的过程称为收尾。收尾时,由于焊件温度较高,散热条件较差,故应减小焊嘴的倾角和加快焊接速度,并要多加焊丝,以防止熔池面积扩大或产生烧穿。收尾时,还要用温度较低的外焰保护熔池,直至熔池填满,方可使火焰慢慢地离开熔池。

总之,气焊收尾的要领是:倾角小,焊速增,送丝快,熔池满。

若出现熔池不清晰且有气泡、火花飞溅加大或熔池内金属沸腾的现象,说明火焰选择不当,此时应及时将火焰调节成中性焰。

任务布置

采用气焊方法将两块 Q-235 钢板进行立焊。

材料要求:(1)试件尺寸:300mm×100mm×6mm(2 件)。

(2)焊材与母材相匹配。

技术要求:(1)根部要焊透。

(2)钝边间隙反变形自定。

(3)试件离地面高度自定。

任务二　气　　割

学习目标

1. 能够根据气割的特点合理选择焊接工艺参数;
2. 能够正确使用气割设备进行气割操作;
3. 能够培养良好的安全与卫生习惯。

一、任务分析

气割是利用气体火焰的能量将金属分离的一种加工方法，是生产中钢材分离的重要手段。气割技术几乎是和焊接技术同时诞生的一对相互促进、相互发展的“孪生兄弟”，构成了钢铁的裁－缝。

气割是利用气体火焰的热能将工件切割处预热到一定温度后，喷出高速切割氧流，使金属燃烧并放出热量而实现切割的方法。

1. 低碳钢的气割过程

低碳钢的气割过程有以下三个阶段。

（1）预热

气割开始时，利用氧乙炔焰或氧丙烷焰将工件切割处预热到能发生剧烈氧化的温度。

（2）燃烧

喷出高速切割氧流，使已预热的金属燃烧，生成氧化物。

（3）熔化与吹除

金属燃烧生成的氧化物以及与反应表面相邻的一部分金属被燃烧热熔化后，再被气流吹掉，完成切割过程。

2. 气割的金属应符合的条件

（1）金属材料的燃点必须低于其熔点。

这是保证切割是在燃烧过程中进行的基本条件。否则，金属将先熔化，变为熔割过程，使割口过宽不整齐。

低碳钢燃点为1350℃，熔点为1500℃，很适合切割。随着含碳量的增加，燃点上升，熔点下降，大约含碳量超过0.7%后，燃点即高于熔点，所以，高碳钢不适合切割。铸铁燃点高于熔点，而且产生的SiO_2黏度大，流动性差，切割气流很难把它吹除，所以切割困难。

（2）燃烧生成的金属氧化物的熔点，应低于金属本身的熔点，同时流动性要好。

若不具备这一条件，就会在表面形成固态氧化物，阻碍氧流与下层金属的接触，使切割过程不能正常运行。例如，铝的熔点为660℃，而Al_2O_3的熔点高达2050℃；铬的熔点是1550℃，而Cr_2O_3的熔点则为1990℃。所以，对不锈钢、铝就不能用氧气切割。

（3）金属燃烧时能放出大量的热，而且金属本身的导热性要低。

这是为了保证下层金属有足够的预热程度，使切割过程能继续进行。

符合以上条件的有纯铁、低碳钢、中碳钢和普通低合金钢。而高碳钢、铸铁、高合金钢及铜、铝等有色金属及合金，均难以进行氧气切割，必须采用其他切割方法（如等离子弧切割）。

二、相关知识

（一）气割特点及应用范围

气割所用的可燃气体主要是乙炔、液化石油气和氢气。可燃气体与氧气的混合及切割氧的喷射是利用割炬来完成的。

1. 气割的特点

（1）优点

①切割钢铁的速度比刀片移动式机械切割工艺快。

②对于机械切割法难于产生的切割形状和达到的切割厚度，气割可以很经济地实现。

③设备费用比机械切割工具低。

④设备是便携式的,可在现场使用。

⑤切割过程中,可以在一个很小的半径范围内快速改变切割方向。

⑥通过移动切割器而不是移动金属块来现场快速切割大金属板。

⑦过程可以手动或自动操作。

(2)缺点

①尺寸公差要明显低于机械工具切割。

②尽管也能切割像钛这些易氧化金属,但该工艺在工业上基本限于切割钢铁和铸铁。

③预热火焰及发出的红热熔渣对操作人员可能造成着火和烧伤的危险。

④燃料燃烧和金属氧化需要适当的烟气控制和排风设施。

⑤切割高合金钢铁和铸铁需要对工艺流程进行改进。

⑥切割高硬度钢铁可能需要割前预热,割后继续加热,来控制割口边缘附近钢铁的金相结构和机械性能。

⑦气割不推荐用于大范围的远距离切割。

2. 气割的应用范围

气割的效率高,成本低,设备简单,并能在各种位置进行切割和在钢板上切割各种外形复杂的零件,因此,广泛地用于钢板下料、开焊接坡口和铸件浇冒口的切割,切割厚度可达300mm以上。

由于金属的切割性能,目前,气割主要用于各种碳钢和低合金钢的切割。其中淬火倾向大的高碳钢和强度等级较高的低合金钢气割时,为避免切口淬硬或产生裂纹,应采取适当加大预热火焰功率和放慢切割速度,甚至割前对钢材进行预热等措施。

(二)气割参数与选择

气割参数包括切割氧压力、切割速度、预热火焰的性质、割炬与工件间的倾角,以及割炬离开割件表面的距离等。

1. 切割氧压力

切割氧的压力与割件厚度、割嘴号码以及氧气纯度等因素有关。随着工件厚度的增加,选择的割嘴号码要增大,氧气压力也要相应增大。反之,则所需氧气的压力就可适当降低。

2. 切割速度

工件越厚,切割的速度越慢;反之,工件越薄,则切割速度应该越快。切割速度太慢,会使割缝边缘熔化;切割速度过快,则会产生很大的后拖量或割不穿。

3. 预热火焰的性质

气割时,预热火焰应采用中性焰或轻微的氧化焰而不能采用碳化焰,碳化焰会使割缝边缘增碳。

4. 割炬与工件间的倾角

割炬与工件间的倾角大小,主要根据工件的厚度来定。如果倾角选择不当,不但不能提高切割速度,反而使气割困难,而且还会增加氧气的消耗量。

5. 割炬离工件表面的距离

火焰焰心离开割件表面的距离应保持在3~5mm范围内。影响气割质量的因素还有钢材质量及表面状况、切口形状、可燃气体种类及供给方式和割炬形式等。

(三)气割操作技术

1. 气割前的准备

(1)工作场地、设备及工具检查

气割前要认真检查工作场地是否符合安全生产和气割工艺的要求,检查整个气割系统的设备和工具是否正常,检查乙炔瓶、回火防止器工作状态是否正常。使用射吸式割炬时,应将乙炔胶管拔下,检查割炬是否有射吸力,若无射吸力,不得使用。将气割设备连接好,开启乙炔瓶阀和氧气瓶阀,调节减压器,将乙炔和氧气压力调至需要的压力。

(2)工件的准备及其放置

去除工件表面污垢、油漆、氧化皮等。工件应垫平、垫高,距离地面一定高度,有利于熔渣吹除。工件下的地面应为非水泥地面,以防水泥爆溅伤人、烧毁地面,否则应在水泥地面上遮盖石棉板等。

(3)确定气割工艺参数

根据工件的厚度正确选择气割工艺参数、割炬和割嘴规格,准备好后,开始点火并调整好火焰性质(中性焰)及火焰长度。然后试开切割氧调节阀,观察切割氧气流(风线)的形状。切割氧气流应是挺直而清晰的圆柱体,并要有适当的长度,这样才能使切口表面光滑干净、宽窄一致。如风线形状不规则,应关闭所有的阀门,用通针修理割嘴内表面,使之光洁。

2. 气割操作技术

(1)操作姿势

气割时,先点燃割炬,调整好预热火焰,然后进行气割。气割操作姿势因个人习惯而不同。初学者可按基本的"抱切法"练习,如图 2-13 所示。

图 2-13 抱切法姿势

(2)手势

切割时的手挚,如图 2-14 所示。操作时,双脚里八字形蹲在工件一侧,右臂靠住右膝,左臂空在两脚之间,当回火时及时切断预热氧气。左手的拇指和食指把住开关切割氧调节阀,其余三指平稳以便在切割时移动方便,右手把住割炬手把,并以大拇指和食指把住预热调节阀,以便于调整预热火焰和托住射吸管,掌握方向。上身不要弯得太低,呼吸要有节奏,眼睛应注视割件和割嘴,并着重注视割口前面割线。一般从右向左切割。整个气割过程中,割炬运行要均匀,割炬与工件间的距离保持不变。每割一段移动身体时要暂时关闭切割氧调节阀。

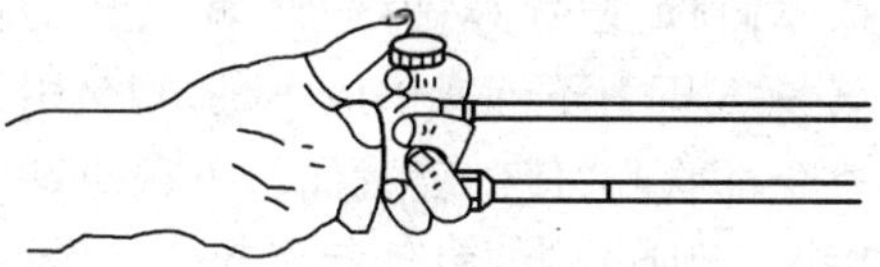

图 2-14 气割时的手势

(四)气割安全注意事项

(1)每个氧气减压器和乙炔减压器上只允许接一把割炬。

(2)必须分清氧气胶管和乙炔胶管,一般氧气胶管为黑色,乙炔胶管为红色。新胶管使用前应将管内杂质和灰尘吹尽,以免堵塞割嘴,影响气流流通。

(3)氧气管和乙炔管如果横跨通道和轨道,应从它们下面穿过(必要时加保护套管)或吊在空中。

(4)氧气瓶集中存放的地方,10m 之内不允许有明火,更不得有弧焊电缆从瓶下通过。

(5)气割操作前应检查气路是否有漏气现象。检查割嘴有无堵塞现象,必要时用通针修理割嘴。

(6)气割工必须穿戴规定的工作服、手套和护目镜。

(7)点火时可先开适量乙炔,后开少量氧气,避免产生丝状黑烟,点火严禁用烟蒂,避免烧伤手。

(8)气割储存过油类等介质的旧容器时,注意打开入孔盖,保持通风。在气割前做必要的清理处理工作,如清洗、空气吹干,检查化验缸内气体是否处于爆炸极限之内;同时做好防火、防爆以及救护工作。

(9)在容器内作业时,严防气路漏气;暂时停止工作时,应将割炬置于容器外,防止漏气发生爆炸、火灾等事故。

(10)气割过程中,发生回火时,应先关闭乙炔阀,再关闭氧气阀。因为氧气压力较高,回火到氧气管内的现象极少发生,绝大多数回火倒袭是向乙炔管方向蔓延。只有先关闭乙炔阀,切断可燃气源,再关闭氧气阀,回火才会很快熄灭。

(11)气割结束后,应将氧气瓶和乙炔瓶阀关紧,再将调压器调节螺钉拧松。冬季工作后应注意将回火防止器内的水放掉。

(12)工作时,氧气瓶、乙炔瓶间距应在3m以上。

(13)气割时,注意垫平、垫稳钢板等,避免工件割下时钢板突然倾斜,伤人以及碰坏割嘴。

三、任务实施步骤

(一)准备工作

1. 气割操作劳动保护

气割操作的劳动保护与气焊操作相同。

2. 气割工艺参数的选择

气割的工艺参数主要包括气割氧气压力与纯度、气割速度、预热火焰能率、割嘴与工件间的倾斜角、割嘴与工件表面的距离等。气割工艺参数选择的正确与否,直接影响到切口表面的质量;而气割工艺参数的选择主要取决于工件的厚度。

(1)气割氧气压力与纯度

气割氧气压力主要取决于工件的厚度。被割工件越厚,割炬型号、割嘴号码、氧气压力均应增大。如工件较薄,则气割氧气压力可适当降低。若氧气压力不够或供应不足,则会引起金属燃烧不完全,不仅降低气割速度,而且很难将熔渣全部吹除,使割缝背面留下很难清除干净的挂渣,甚至还会出现割不透的现象;若氧气压力过高,则过剩的氧气起冷却作用,不仅会影响气割速度,而且使割口表面粗糙,割缝过宽,氧气消耗量也增大。

氧气纯度对氧气消耗量、切口质量和气割速度也有很大影响。氧气纯度降低,会使金属氧化过程缓慢,切割速度降低,同时使氧气消耗量增加。

(2)气割速度

气割速度与工件厚度和割嘴形状有关。工件越厚,气割速度越慢;相反,工件越薄,则气割速度越快。气割速度太慢,会使割缝边缘熔化,割口粗糙不齐,割后清渣也较困难;若气割速度过快,会造成后拖量过大,使割缝不光洁,甚至造成割不穿。所谓后拖量,就是在氧气切割过程中,在切割面上切割氧气流轨迹的始点与终点在水平方向上的距离,如图2-15所示。气割速度选择的正确与否,主要根据割缝后拖量来判断。合适的气割速度应以使切口产生的后拖量尽量减小为原则，同时应尽可能降低氧气的消耗量。

(3)预热火焰能率

预热火焰的作用是把金属工件加热至燃烧温度，并始终保持这一温度；同时还使钢材表面的氧化皮剥离和熔化，便于切割氧气流与金属接触。

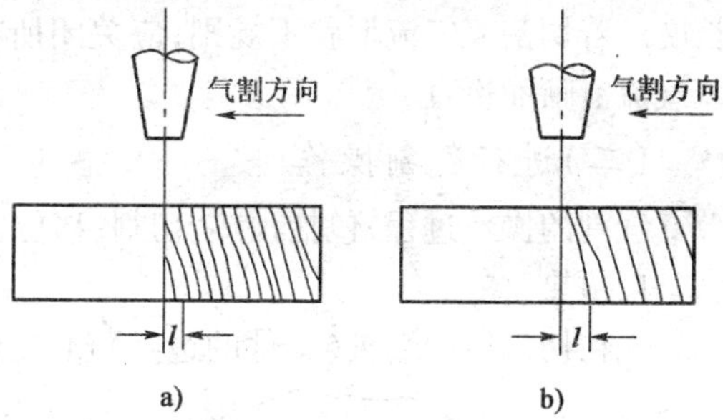

图 2-15 切割速度对后拖量的影响
a)速度正常；b)速度过快

气割时，预热火焰应采用中性焰或轻微氧化焰。碳化焰中有游离碳存在，会使割缝边缘增碳，使其组织、性能发生变化，所以不能采用。

气割前，必须先调整好火焰性质，而且在切割过程中，要随时防止火焰性质发生变化。预热火焰能率的大小与工件的厚度有关，工件越厚，火焰能率应越大；但当火焰能率过大时，会使割缝上缘连续产生珠状钢粒，甚至熔化成圆角，还会造成割缝背面粘附的熔渣增多而影响气割质量。

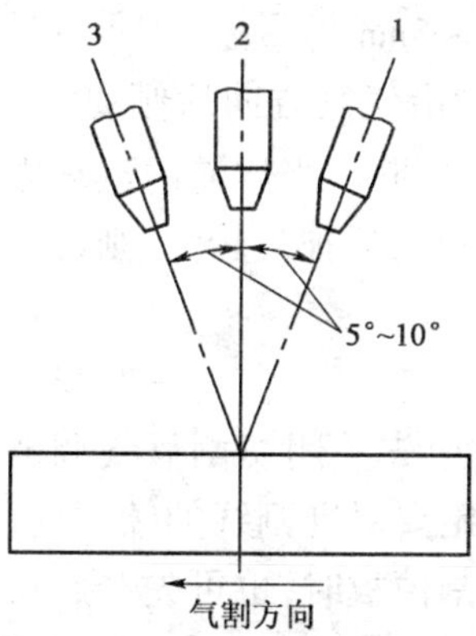

图 2-16 割嘴与工件间的倾斜角
1-割嘴沿气割相反方向倾斜嘴倾斜；2-割嘴垂直；3-割嘴沿气割相反倾斜

(4)割嘴与工件间的倾斜角

割嘴与工件间的倾斜角，如图 2-16 所示，直接影响气割速度和后拖量。当割嘴沿气割相反方向倾斜一定角度时，能使氧化燃烧过程产生的熔渣吹向切割线的前缘，这样可充分利用燃烧反应产生的热量来减小后拖量，从而可以提高气割速度。割嘴倾斜角的大小主要根据工件的厚度来确定。一般气割厚度为 4mm 以下的钢板时，割嘴后倾角为 25° ~ 45°；气割 4 ~ 20mm 厚的钢板时，割嘴后倾角为 20° ~ 30°；气割 20 ~ 30mm 厚的钢板时，割嘴应垂直于工件；气割大于 30mm 厚的钢板时，开始气割时应将割嘴前倾角为 20° ~ 30°，待割穿后再将割嘴垂直于工件进行正常切割，当快割完时，割嘴应逐渐向后倾斜 20° ~ 30°。

(5)割嘴与工件表面的距离

割嘴与工件表面的距离主要由工件的厚度而定。一般来说，气割薄板时，由于切割速度较快，火焰可以长一些，割嘴与工件表面的距离可大些；切割厚板时，由于气割速度慢，为了防止割缝上缘熔化，预热火焰应短一些，割嘴与距离不能过近，否则预热火焰将割缝上缘熔化，剥离的氧化皮会蹦起堵塞割嘴孔，造成回火现象，甚至烧坏割嘴。因此，一般选择火焰焰心离工件表面距离在 3 ~ 5mm 的范围。

3. 工件与设备准备

(1)气割前，应清除工件表面的污垢、油漆、氧化皮等。工件应垫高、垫平，距离地面保持一定高度，以利于氧化铁渣吹出。切勿在离水泥地面很近的位置气割，防止水泥爆溅伤人。

(2)仔细检查气割系统的设备及工具是否正常，检查工作场地是否符合安全生产要求，检查乙炔瓶和回火保险器的工作是否正常。检查射吸式割炬，应将乙炔皮管拔下；打开氧气调节阀和乙炔调节阀，用手指堵在乙炔接管口，检查割炬是否有射吸力。割炬若无射吸力，应修理后才能使用。连接气割设备，开启氧气瓶阀和乙炔瓶阀，调节氧气减压阀和乙炔减压阀，将氧气、乙炔调整到所需的工作压力。

(3)将火焰点燃并调节成适当的火焰成分(一般采用中性焰)，然后打开切割氧气调节阀，检查切割氧气流（又称风线）的形状。切割氧气流应为笔直而清晰的圆柱体，并要有适当长度。若切割氧气流形状不规则，应关闭所有的调节阀，用通针修正割嘴内表面，使出来的氧气流清晰而挺直。

（二）进行气割操作

气割的操作过程，包括预热、切割、移位气割、终割和回火处理。

1. 预热

先在切割线的端头（工件的边缘）预热，使其温度达到燃烧温度（呈红色）。

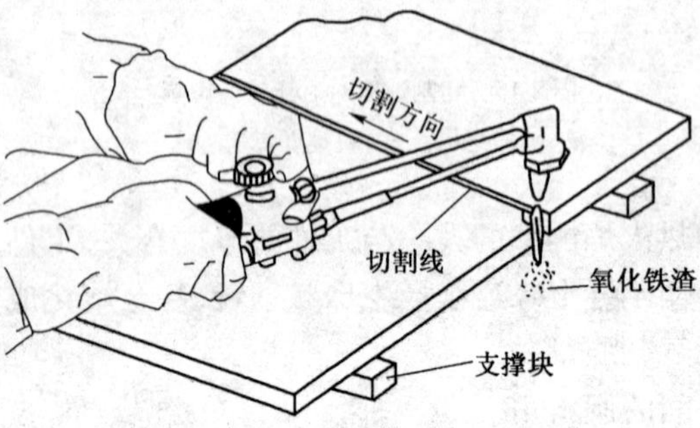

图 2-17　气割操作示意图

2. 切割

慢慢开启切割氧气调节阀，当看到氧化铁渣被切割氧气流吹掉，便逐渐加大切割氧气流，待听到工件下面“啪啪”的声响，说明工件已被割穿。这时应按工件的厚度灵活掌握切割速度，沿着割样线向前切割，如图 2-17 所示。在切割过程中，割炬移动要均匀，割嘴与工件的距离应保持不变（3 ~ 5mm）。

手工气割时，割嘴沿气割方向后倾 20° ~ 30°，以提高气割速度。气割速度是否正常，可根据熔渣流动方向来判断。当熔渣的流动方向基本与工件表面垂直时，说明气割速度正常；若熔渣成一定角度流出，后拖量较大，则说明气割速度过快。

3. 移位气割

较长割线时，一次割 300 ~ 500mm 后，需移动操作位置。此时应先关闭切割氧气调节阀，将割炬火焰离开工件后再移动身体位置。接着切割时，割嘴一定要对准割线的续割处，并预热到燃烧温度，再缓慢开启切割氧气调节阀，继续切割。若续割薄板时，也可先开启切割氧气流，再将割炬的火焰对准续割处切割。

4. 终割

气割临近终点时，割嘴应向气割方向后倾一定角度，使钢板下部提前割穿，并注意余料下落位置，然后将钢板全部割穿，这样，收尾的割缝较平整。气割完毕后，应迅速关闭切割氧气调节阀，并将割炬拿起，再关闭乙炔调节阀，最后关闭预热氧气调节阀。

5. 回火处理

在气割过程中，若发现鸣爆及回火，应迅速关闭切割氧气调节阀和预热氧气调节阀，防止氧气倒流入乙炔管内，并使回火熄灭。如果此时在割炬内还在发生“嘘嘘”的声响，说明割炬内回火尚未熄灭，应立即将乙炔调节阀关闭，使回火熄灭。经过几秒钟后，再打开预热氧气调节阀，将混合气管内的碳粒和余焰吹尽，然后重新点燃，继续切割。鸣爆和回火现象是由割嘴过热或者氧化铁熔渣飞溅物堵住割嘴导致的。因此在终止回火后，应去除粘在割嘴上的熔渣，并用通针捅通切割氧气射流孔；也可将割嘴放在冷水中冷却后再继续切割。

任务布置

采用气割方法将一块 Q－235 钢板进行立焊。

材料要求：试件尺寸为 300mm × 200mm × 6mm（1 件）。

技术要求:(1)注意垫平、垫稳钢板。

(2)割口应平整。

知识与能力拓展

(一)气焊方法

气焊操作分左焊法和右焊法两种,如图 2-18 所示。

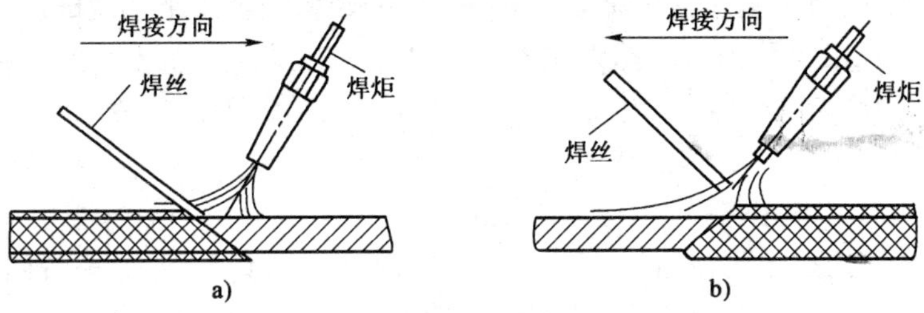

图 2-18 右焊法和左焊法

a)右焊法;b)左焊法

1. 左焊法

焊丝和焊炬都是从焊缝的右端向左端移动,焊丝在焊炬的前方,火焰指向焊件金属的待焊部分,这种操作方法叫左焊法。

左焊法操作简单方便,易于掌握,适用于焊接较薄和熔点较低的工件。左焊法是应用最普遍的气焊方法。

2. 右焊法

焊丝与焊炬从焊缝的左端向右端移动,焊丝在焊炬后面,火焰指向金属已焊部分,这种操作方法叫右焊法。

右焊法的特点是:在焊接过程中火焰始终笼罩着已焊的焊缝金属,使熔池冷却缓慢,有助于改善焊缝的金属组织,减少气孔夹渣的产生。另外,这种焊法还有热量集中、熔透深度大等优点,所以适合焊接厚度较大、熔点较高的工件。但是,这种方法掌握较难。

(二)气焊使用设备

气焊应用的设备包括氧气瓶、乙炔瓶以及回火防止器等。应用的工具包括焊炬、减压器以及胶管等。气焊所用设备及气路连接,如图 2-19 所示。

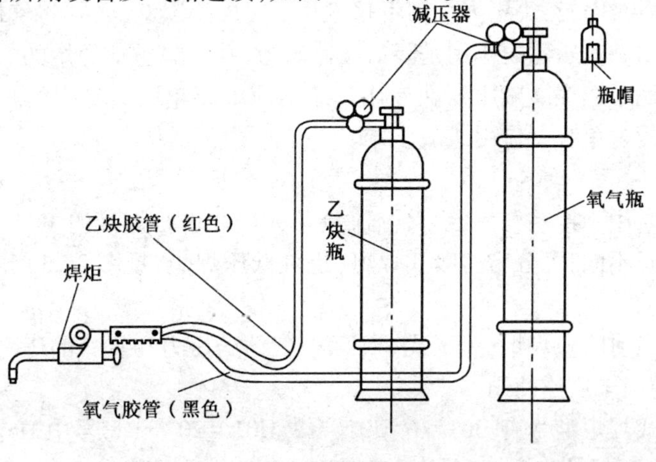

图 2-19 气焊设备及其连接

1. 气瓶

(1) 氧气瓶

氧气瓶是储存和运输氧气的一种高压容器。目前,工业中最常用的氧气瓶规格是:

瓶体外径为 219mm,瓶体高度约为 1370mm,容积为 40L,当工作压力为 15MPa 时,储存 $6m^3$ 氧气。

瓶阀是控制瓶内氧气进出的阀门。使用时,如将手轮逆时针方向旋转,则可开启瓶阀;顺时针旋转则关闭瓶阀。氧气瓶的安全是由瓶阀中的金属安全膜来实现的。一旦瓶内压力达 18 ~22.5MPa 时,安全膜即自行爆破泄压,确保瓶体安全。

氧气瓶外表面涂淡酞蓝漆,并用黑漆写上"氧"字(见图 2-20)。

(2) 乙炔瓶

乙炔瓶(图 2-21)是一种储存和运输乙炔的压力容器,其外形与氧气瓶相似,但比氧气瓶矮,且略粗一些。乙炔瓶主要由瓶体、多孔性填料、丙酮,瓶阀、石棉、瓶座等组成。使用时,溶解在丙酮内的乙炔就分解出来,而丙酮仍留在瓶内。目前,生产中最常用的乙炔瓶的规格为:瓶外径 250mm,容积为 40L,充装乙炔量为 6.2 ~7.4kg,约为 5.3 ~6.3m^3。乙炔瓶外表面涂白色漆,并用红漆写上"乙炔不可近火"字样。

图 2-20 氧气瓶

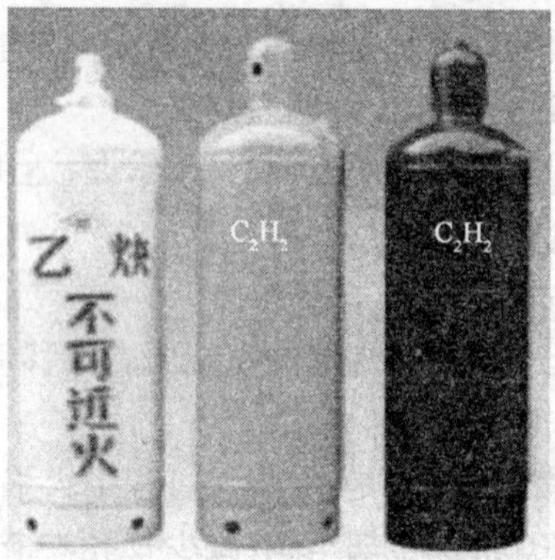

图 2-21 乙炔瓶

2. 减压器

如图 2-22 所示,减压器将高压气体降为低压气体的调节装置。对不同性质的气体,必须选用符合各自要求的专用减压器。通常,气焊时所需的工作压力一般都比较低,如氧气压力一般为 0.2 ~0.4MPa,乙炔压力最高不超过 0.15MPa。因此,必须将气瓶内输出的气体压力降压后才能使用。减压器的作用是降低气体压力,并使输送给焊炬的气体压力稳定不变,以保证火焰能够稳定燃烧。减压器在专用气瓶上应安装牢固。专用的减压器,禁止换用或替用。目前常用的是单级反作用式减压器。

3. 焊炬

焊炬是气焊时用于控制气体混合比、流量及火焰并进行焊接的工具。焊炬按可燃气体与氧气混合的方式不同,可分为射吸式焊炬(也称低压焊炬,见图 2-23)和等压式焊炬两类。焊炬是进行气焊的主要工具。

现在常用的是射吸式焊炬;等压式焊炬可燃气体的压力和氧气的压力相等,不能用于低压乙炔,所以目前尚未广泛使用。

常用的射吸式焊炬型号有 H01 -6、H01 -12、H01 -20 等(型号中 H 表示焊炬,0 表示手工,1 表示射吸式,后缀数字表示焊接低碳钢最大厚度,单位为 mm)。每个焊炬都配有不同规格的5个焊嘴，每个焊嘴上刻有不同数字1、2、3、4、5，数字小的焊嘴孔径小，数字大的孔径大，焊接时可根据材料、板厚选用所需的焊嘴。

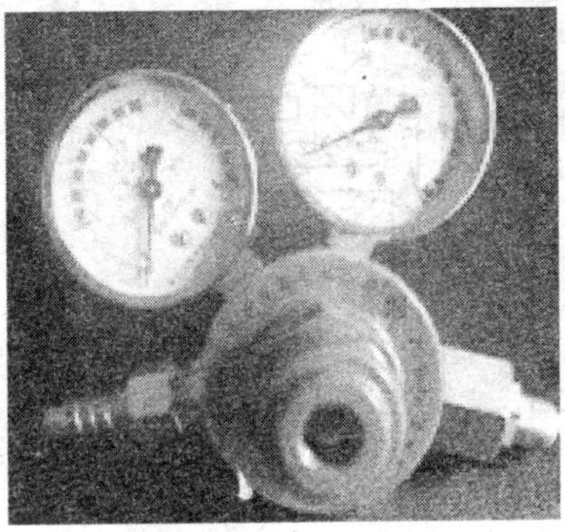
图2-22　减压器

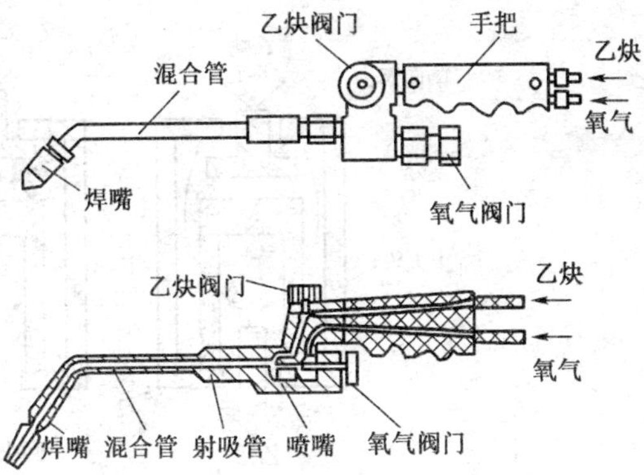

图2-23　射吸式焊炬(低压焊炬)

对于新使用的射吸式焊炬，必须检查其射吸情况。即接上氧气胶管，拧开氧气阀和乙炔阀，将手指轻轻按在乙炔进气管接头上，若感到有一股吸力，则表明射吸能力正常。两类焊炬的特点，如表2-6所示。

焊炬的工作原理及特点　　表2-6

焊炬种类	工作原理	特点
射吸式焊炬	射吸作用是利用高压氧从喷嘴口快速射出，并在喷嘴外围造成吸力吸出乙炔，从而调节乙炔、氧气的流量，保证乙炔与氧气按一定比例混合	工作压力在0.001MPa以上即可，通用性强，低、中压乙炔都可用。但较易回火
等压式焊炬	乙炔靠自己的压力与氧同时进入混合气管，自然混合后，从喷嘴喷出，因此乙炔与氧气的压力应相等或相近	结构简单，火焰燃烧稳定，回火可能性较射吸式焊炬小。但不能用于低压乙炔

4. 回火安全器

回火安全器又称回火防止器或回火保险器，它是装在乙炔减压器和焊炬之间，用来防止火焰沿乙炔管回烧的安全装置。正常气焊时，气体火焰在焊嘴外面燃烧。但当气体压力不足、焊嘴堵塞、焊嘴离焊件太近或焊嘴过热时，气体火焰会进入嘴内逆向燃烧，这种现象称为回火。发生回火时，焊嘴外面的火焰熄灭，同时伴有爆鸣声，随后有“吱吱”的声音。如果回火火陷蔓延到乙炔瓶，就会发生严重的爆炸事故。因此，发生回火时，回火安全器的作用是使回流的火焰在倒流至乙炔瓶以前被熄灭，同时应首先关闭乙炔开关，然后再关氧气开关。

图2-24所示为干式回火安全器的工作原理图。干式回火安全器的核心部件是粉末冶金制造的金属止火管。正常工作时，乙炔推开单向阀，经止火管、乙炔胶管输往焊炬。产生回火时，高温高压的燃烧气体倒流至回火安全器，带非直线微孔的止火管吸收了爆炸冲击波，使燃烧气体的扩张速度趋近于零，而透过止火管的混合气体流顶上单向阀，迅速切断乙炔源，有效地防止火焰继续回流，并在金属止火管中熄灭回火的火焰。

5. 橡胶软管

氧气瓶和乙炔瓶中的气体，须用橡皮管输送到焊炬或割炬中。根据《焊接与切割安全》(GB 9448—1999)标准规定，氧气管为黑色，乙炔管为红色。通常氧气管内径为8mm，乙炔管内径为10mm，氧气管与乙炔管强度不同，氧气管允许工作压力为1.5MPa，乙炔管为

0.3MPa。连接于焊炬胶管长度不能短于5m，但太长了会增加气体流动的阻力，一般在10～15m为宜。焊炬用橡皮管禁止油污及漏气，并严禁互换使用。

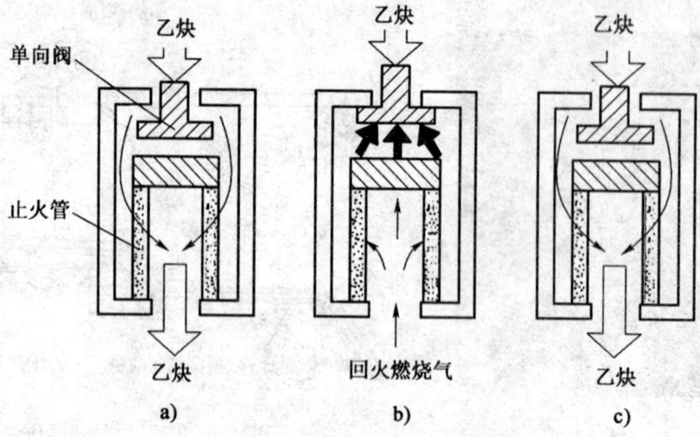

图2-24　回火安全器的工作原理

a）正常工作；b）发生回火；c）恢复正常

6. 辅助工具

（1）护目镜

气焊、气割时，焊工应戴护目眼镜操作，可保护焊工眼睛不受火焰亮光的刺激，以便在焊接过程中能仔细地观察熔池金属，又可防止飞溅金属伤害眼睛。在焊接一般材料时宜用黄绿色镜片，镜片的颜色要深浅合适，根据光度强弱可选用3～7号遮光玻璃。

（2）通针

通针用于清理发生堵塞的火焰孔道。一般由焊工用钢性好的钢丝或黄铜丝自制。

（3）打火机

使用手枪式打火机点火最为安全可靠。尽量避免使用火柴点火。当用火柴点火时，必须把划着的火柴从焊嘴或割嘴的后面送到焊嘴或割嘴上，以免手被烫伤。

（4）其他工具

其他工具有钢丝刷、锤子、锉刀、扳手、钳子等。

7. 气焊材料

（1）焊丝

焊丝是气焊时起填充作用的金属丝。焊丝的化学成分影响着焊缝质量。气焊时正确选择焊丝非常重要。焊接低碳钢时常用焊丝牌号有H08A、H08MnA等，其直径一般为2～4mm。除此以外，还有低合金钢焊丝、不锈钢焊丝、铸铁焊丝、铜及铜合金焊丝、铝及铝合金焊丝等。这些焊丝都有相应的国家标准。焊丝使用前应清除表面上的油、锈等污物，不允许使用不明牌号的焊丝进行焊接。

（2）熔剂

气焊熔剂是焊接时的辅助熔剂。其作用是：保护熔池；减少有害气体侵入；去除熔池中形成的氧化物杂质；增加熔池金属的流动性。一般低碳钢气焊不必用熔剂。但在焊接有色金属、铸铁以及不锈钢等材料时，必须采用气焊熔剂。

（三）气割使用设备

气割设备及工具主要有氧气瓶、乙炔瓶、液化石油气瓶、减压器、割炬（或气割机）等。氧气瓶、乙炔瓶、液化石油气瓶、减压器与气焊所用的相同。手工气割时使用的是手工割炬，机械化设备使用的是气割机。

1. 割炬

割炬是进行火焰气割的主要工具。同焊炬一样，割炬按可燃气体与氧气混合的方式不同也可分为射吸式割炬和等压式割炬两种，射吸式割炬应用最为普遍。射吸式割炬是在射吸式焊炬的基础上，增加了由切割氧调节阀、切割氧气管以及割嘴等组成的切割部分。乙炔是靠预热火焰的氧气射入射吸管而被吸入射吸管内。这种割炬低、中压乙炔都可用。

割嘴的构造与焊嘴不同，如图 2-25 所示。焊嘴上的喷射孔是小圆孔，所以气割火焰呈圆锥形；而射吸式割炬的割嘴按结构形式不同，混合气体的喷射孔有环形和梅花形两种。

割炬，“0”表示手工，“1”表示射吸式，“30”表示气割低碳钢的最大厚度（以 mm 计）。割炬的割嘴有环形（组合式）和梅花形（整体式）两种。常用割炬型号有 G01－30，“G”表示环形割嘴的混合气孔道呈环形，整个割嘴由内嘴和外嘴两部分组合而成，又称组合式割嘴。梅花形割嘴的混合气孔道，呈小圆孔均匀地分布在高压氧孔道周围，整个割嘴为一体，又称整体式割嘴。

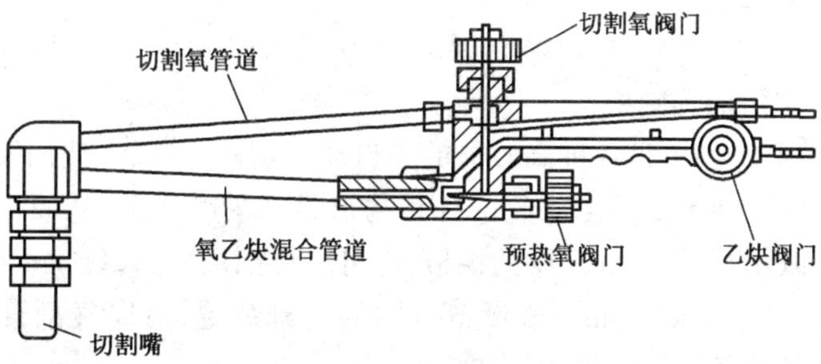

图 2-25　射吸式割炬的工作原理

等压式割炬的可燃气体、预热氧分别由单独的管路进入割嘴内混合。由于可燃气体是靠自己的压力进入割炬，所以它不适用低压乙炔，而须采用中压乙炔。等压式割炬具有气体调节方便、火焰燃烧稳定、回火可能性较射吸式割炬小等优点，其应用量越来越大，国外应用量比国内大。

2. 气割机

气割机是代替手工割炬进行气割的机械化设备。它比手工气割的生产率高，割口质量好，劳动强度和成本都较低。近年来，由于计算机技术发展，数控气割机也得到广泛应用。常用的气割机有半自动气割机、仿形气割机、光电跟踪气割机和数控自动气割机等。

（四）其他切割方法介绍

1. 机械化气割

机械化气割与手工气割相比，具有气割质量好，成批生产时效率高、劳动强度低、成本低等优点，因此机械化气割正在逐步代替手工气割。

（1）CGI－30 型半自动气割机

CGI－30 型半自动气割机是一种小车式车式半自动气割机，其结构外形如图 2-26 所示。

CGI－30 型半自动气割机能切割板厚为 5～60mm 的直线工件和直径为 200～2000mm 的圆弧工件，气割广泛用于机械制造、造船、锅炉等行业。气割速度为 50～750m/min（无级变速）。

CGI－30 型半自动气割机的割炬备有 3 个大小不同的割嘴，适用于气割不同厚度的钢板。

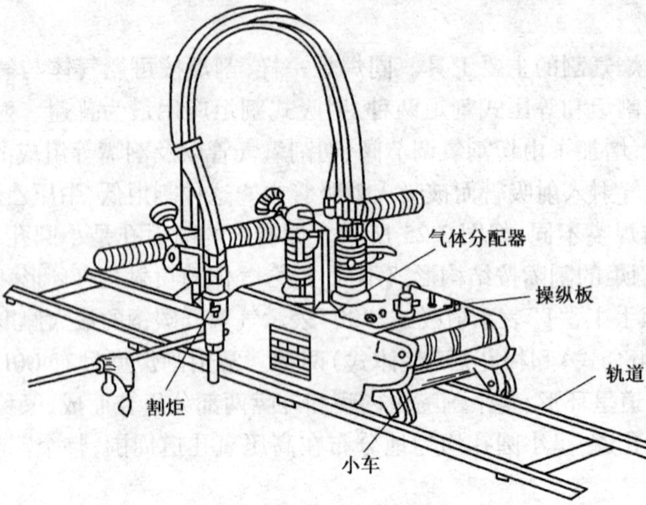

图 2-26　CGI-30 型半自动气割机

(2) CG2－150 型仿形气割机

CG2－150 型仿形气割机是一种高效能的半自动气割机，可以方便而又精确地气割各种形状的工件。其工作原理主要是由靠轮沿样板仿形带动割嘴运动，从而切割出与样板外形相同的割件。它可以切割 5～60mm 厚的钢板，也可以切割尺寸为 500mm×500mm 的正方形零件，切割尺寸公差可达 ±0.5mm。该设备有圆周气割装置，可以气割直径为 30～600mm 的圆形零件。该设备适用于气割批量生产零件。

使用 CG2－150 型仿形气割机必须事先制作样板。样板可用 2～5mm 的低碳钢板制成，形状与被割零件形状相同，尺寸根据割件的形状和尺寸设计计算而定。

CG2－150 型气割机备有 3 个割嘴，与 CG1－30 型半自动气割机的割嘴相同。

2. 数控自动气割机

随着电子计算机技术的迅速发展，数控自动气割已成为气割工艺中日益扩大使用的一项新技术，它的出现标志着自动化气割进入了一个新时代。数控自动气割机不需要放样、划线等工序，使工人劳动强度大大降低；同时切口质量好，生产效率高，技术先进。所谓数控是指用于控制机床或设备的工作指令（或程序），是以数字形式给定的一种新的控制方法。将这种指令提供给数控自动气割机的控制装置，气割机就能按照给定的程序，自动地进行切割。

(1) 中等厚度钢板的气割

气割 4～20mm 厚的钢板时，一般选用 G01－100 型割炬，1 号或 2 号割嘴，采用中性焰或轻微氧化焰，焰心与割件距离为 3～5mm，割嘴与割件后倾角为 20°～30°，切割钢板越厚，后倾角应越小。为了保证气割质量，在整个气割过程中割炬移动的速度要均匀，割嘴到工件表面的距离要保持恒定。

(2) 大厚度钢板的气割

气割大厚度钢板时，工件上下受热不一致，下层预热不好，下层金属燃烧比上层慢，切口形成很大后拖量，甚至产生割不透等缺陷，同时熔渣易堵塞切口下部，影响气割过程的顺利进行。所以在气割大厚度钢板时,应选用切割能力大(G01－300型)的割炬和大号割嘴,以提高火焰能率,并且要保证氧气和乙炔供应充足,避免在气割过程中因缺气而中断。

大厚度工件切割过程,如图2-27所示。

起割时,先在工件边缘棱角处开始预热,将工件预热到燃烧温度时,逐渐开大切割氧气调节阀,并将割嘴向气割方向倾斜5°～10°,如图2-27b)所示。将工件边缘全部割透时,再加大切割氧气流,并使割嘴垂直于工件,同时割嘴沿切割线向前移动,始终保持合适的速度;为使切割过程顺利进行,割嘴可作横向“月牙”形或“之字”形摆动,如图2-27c)所示,尽量不要中断气割,连续气割到终止,以防止割件降温。当气割将结束时,气割速度应适当减慢些,这样可减少后拖量;割嘴应向后倾斜一定角度,使切口下面先割通,然后使切口全部割断。

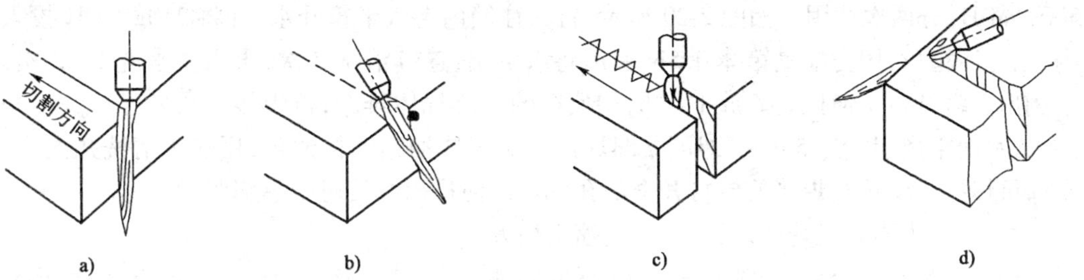

图2-27　大厚度工件气割过程示意图

a)预热;b)起割;c)正常气割;d)终端气割

气割过程中如遇到割不穿的情况,应立刻停止气割,避免产生气漩涡,防止割缝产生凹坑。重新气割时,应选择割样线的另一端作为起割点。气割速度要均匀一致,随时注意氧气和乙炔压力的变化,及时调整预热火焰,保持大的火焰能率。

(五)气焊应用实例

1. 汽车钣金件的气焊

汽车钣金件大多为低碳钢,厚度一般小于2mm,属于薄板件,可焊性较好,所以气焊时一般不必进行焊前预热及焊后热处理等特殊的工艺措施,但在焊接过程中应采取一定的防止变形措施。汽车钣金件气焊作业多采用H01－6型焊炬,1号焊嘴,中性火焰,氧气压力为0.2MPa,乙炔压力为0.025MPa;一般不用焊剂,通常采用H08、H08A、H08Mn、H15等焊丝,焊丝直径为2mm左右;根据焊件裂缝的不同位置,可平焊、横焊和立焊,仰焊很少用。气焊前应用砂纸、钢丝刷或气焊火焰清除焊丝和焊件接头处表面的油、油漆、铁锈、水及其他脏物,避免产生气孔、夹渣等缺陷。

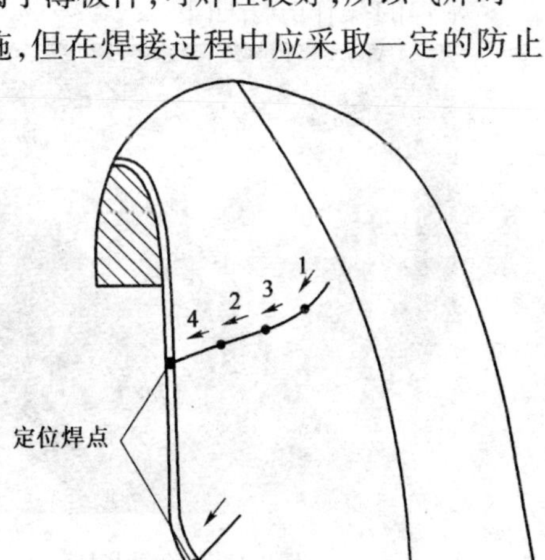

图2-28　钣金件裂纹的焊接

汽车钣金件是薄板件,在裂纹处不必开坡口,一般采用不卷边的对接接头。焊接时,应使裂纹两侧金属板面平整对齐。如图2-28所示,为防止变形、错位,应先在焊件边缘裂口处作定位焊点,再从裂缝终了处起焊,沿裂缝走向向外边缘方向施焊。若裂缝长度较长,则应从裂缝终了位置起间隔30mm左右增加定位焊点。通常采用左焊法,焊炬倾角为20°～30°焊嘴应不断地上下跳动来调整熔池温度。焊丝上下跳动并作送进运动。

为防止焊缝过热以及热收缩过大引起焊件翘曲变形，定位焊后，应采用分段跳焊法焊接。

2. 油箱的焊补

油箱在使用过程中，由于各种原因造成磨损、裂纹、撞伤等，产生漏油现象，一般可采用气焊焊补修复。其焊接方法与焊接薄板工件相同，但焊补前必须将燃油箱内的燃油及残余可燃气体清除干净，防止焊补过程中产生爆炸事故。因此，油箱内部的清洗是十分重要的工作。

在焊接前首先应将油箱内剩余汽油倒净，用80～90℃的5%的$NaHCO_3$水溶液，反复清洗油箱内部，然后用热水冲净，重复2～3次。也可用NaOH水溶液清洗，每只油箱用500gNaOH，分两次使用。如图2-29所示，首先往箱内倒入半箱开水，并将250gNaOH投入箱内，堵住油箱口，用力摇晃箱体0.5h，然后将水倒出，连续清洗2次，再用清水洗1～2次，将水倒出。敞开口于通风处静放1～2h，待残存的可燃气体排净，再焊接。或者经清洗干净后装水，水面距离焊缝处50mm，即可立即焊接。对于柴油箱和机油箱，用热水清洗几次后，装水即可焊接。油箱在焊接前应打开全部孔、盖，以便排出焊接时受热膨胀的气体。

焊接时，人不要对着孔口，避免燃气喷出伤人。

油箱上裂纹的焊补：若裂纹长度小于5mm时，可直接进行焊补；当裂纹长度大于5mm时，应先在裂纹两端用直径2～3mm的钻头打孔（止裂孔），然后再焊补，避免裂纹扩张。焊补时先把孔口边缘翻起1.2～2.5mm，卷边90°，然后制作和孔相配的补板，补板制成凹形卷边，再装配焊接。

（六）不同位置的气焊操作方法

1. 平焊

平焊是指焊缝朝上呈水平状态或稍有倾斜位置的焊接形式，是气焊中最常用的焊接方法。其操作方便、质量可靠、生产率高。焊接时，一般采用左焊法，如图2-30所示。

平焊的操作方法如下。

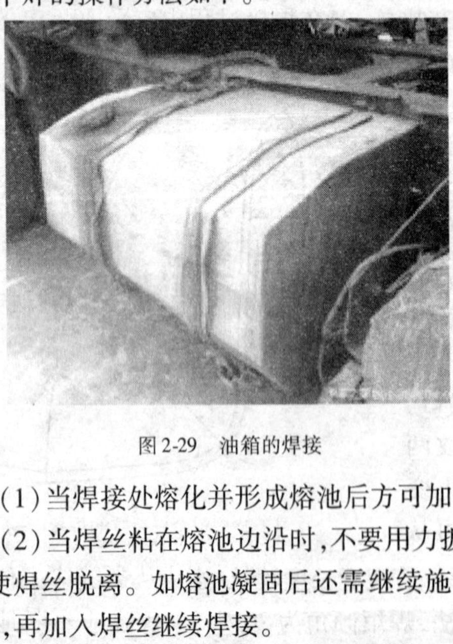

图2-29　油箱的焊接

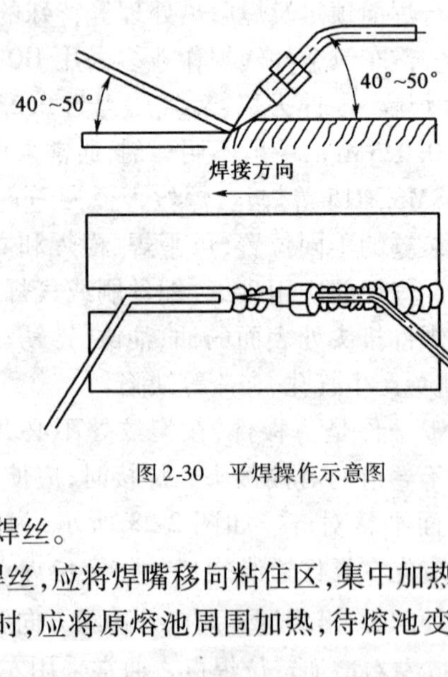

图2-30　平焊操作示意图

（1）当焊接处熔化并形成熔池后方可加入焊丝。

（2）当焊丝粘在熔池边沿时，不要用力扳焊丝，应将焊嘴移向粘住区，集中加热粘住的地方，使焊丝脱离。如熔池凝固后还需继续施焊时，应将原熔池周围加热，待熔池变得清晰明亮后，再加入焊丝继续焊接。

（3）在焊接过程中，如发现熔池突然变大，且没有流动金属时，说明焊件已被烧穿。此时应迅速抬高火焰,加大焊接速度,多加焊丝,将穿孔填满,再继续焊接。

(4)如发现熔池过小或不能形成熔池,焊丝熔滴凸起不能与焊件熔合,表明热量不足或焊接速度过快,应降低焊接速度,增大火焰能率或焊嘴倾斜角,待形成正常熔池后再向前焊接。

(5)如熔池不清晰,有气泡,出现火花飞溅或熔池沸腾现象时,表明火焰性质不对,应及时调整火焰性质,然后继续焊接。

(6)如熔池内液态金属被吹出,表明气体流量过大或焰心离熔池太近,此时应立即调整火焰能率,并调整焰心与熔池的距离。

2. 横焊

横焊是指在焊件的立面或倾斜面上横方向的焊接形式,如图2-31所示。横焊是一种比较困难的焊接形式,容易使熔池内液态金属往下淌,使焊缝上边形成咬边,而在下边形成焊瘤或未焊透等缺陷。

横焊的操作方法如下。

(1)使用较小的火焰能率控制熔池温度,既要保证焊透,又不能使熔池金属下淌。

(2)焊嘴应向上倾斜,与焊件的夹角应保持在65°~75°。利用火焰吹力托住熔池金属。

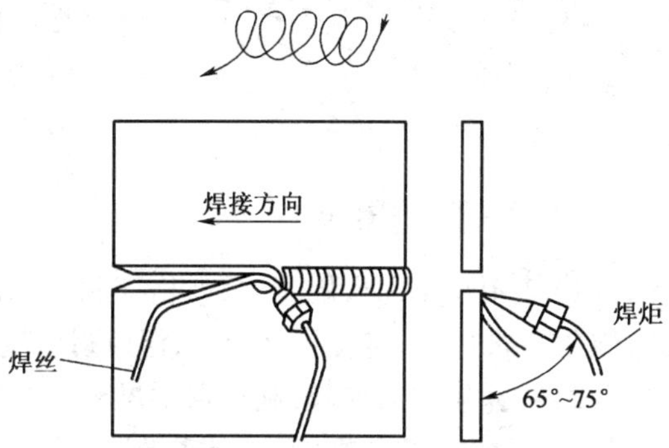

图2-31　横焊操作示意图

(3)焊接薄板时,焊嘴一般不作摆动,但焊丝要始终浸在熔池中。焊接较厚板时,焊嘴可作小环形运动,焊丝浸在熔池中,并作半圆形摆动,避免熔化金属堆积在熔池下面形成焊瘤等缺陷。

(4)防止火焰烧手,可将焊丝前端50~100mm处弯成45°~60°,手持的一端宜垂直向下。

3. 立焊

立焊是指焊缝竖直或倾斜状态的焊接形式。立焊比较困难,熔池内液态金属容易下淌,较难形成平整的焊缝,立焊大多采用自下而上的焊接法,如图2-32所示。立焊的操作方法如下。

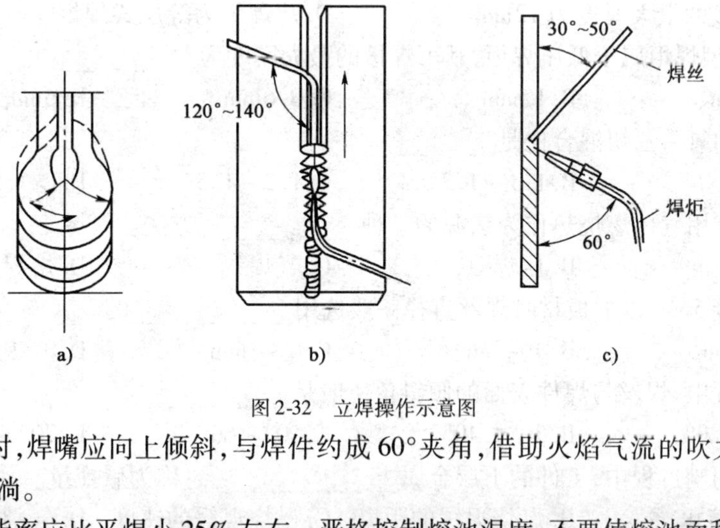

图2-32　立焊操作示意图

(1)立焊时,焊嘴应向上倾斜,与焊件约成60°夹角,借助火焰气流的吹力托住熔池,不使熔化金属下淌。

(2)火焰能率应比平焊小25%左右。严格控制熔池温度,不要使熔池面积过大、过深。

(3)一般情况下,焊嘴不作横向摆动,仅作上下跳动,使熔池有冷却的时间,便于控制熔池温度。焊丝则在火焰气流范围内作环形运动,将熔化金属一层层均匀地堆起来。

(4)若操作不当,造成熔池金属下淌,应立即将火焰向上提起,待熔池温度降低后,再继续进行焊接。

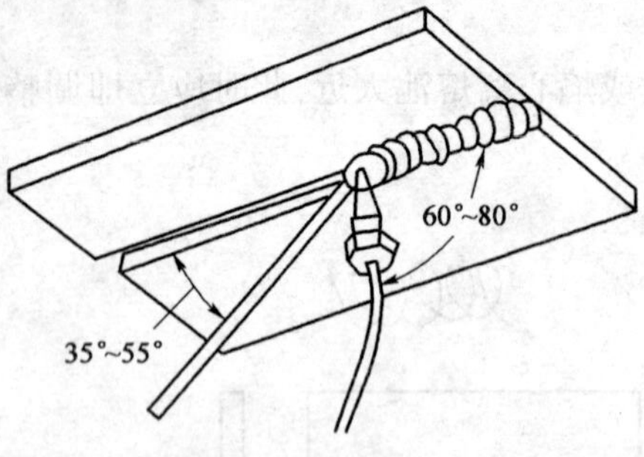

图 2-33　仰焊操作示意图

4. 仰焊

仰焊是指焊缝位于焊件下面,需仰视焊缝进行焊接的操作方法,如图 2-33 所示。

仰焊是各种不同位置的焊接中最困难的一种。熔池向下,熔池金属极易下坠而引起焊缝下凹、未焊透、垂瘤和咬边等缺陷。同时,劳动条件差,生产效率低,需要熟练的技术工人才能操作。仰焊可采用左焊法,也可采用右焊法,板料较厚时,采用多层焊较好。仰焊的操作方法如下。

(1)使用较小的火焰能率,严格控制熔池的温度和面积,使液态金属快速凝固。温度过高,熔化金属容易下坠,甚至滴落;温度过,就会出现未熔合或夹渣等缺陷。

(2)选择较细的焊丝,利用薄层堆敷。当焊接开坡口或较厚焊件时,宜采用多层焊。第一层焊的目的在于焊透,第二层或最后一层主要使焊缝两侧熔合良好,形成均匀整齐的波纹焊缝。多层焊是仰焊中防止熔池金属下坠的有效方法。

(3)对接接头仰焊时,焊嘴与焊件夹角为 60°~80°,焊丝与焊件夹角为 35°~55°。用焊丝挡住部分火焰,使熔池保持适当温度。

(4)仰焊时应特别注意操作姿势;防止飞溅的金属微粒和熔滴烫伤脸部及身体。

自我测试

一、选择题

1. H01-12 型气焊焊炬的正确说法是＿＿＿＿＿。
   A. 此焊炬为换管式　　B. 可焊接的厚度为 1~12mm
   C. 可焊接的最大厚度为 12mm　　D. 此焊炬为等压式焊炬
2. H01-6 型焊炬属于低压焊炬,其可焊接的最大厚度为＿＿＿＿＿。
   A. 1.6mm　　B. 12mm　　C. 0.6mm　　D. 6mm
3. 中性焰的氧-乙炔混合比是＿＿＿＿＿。
   A. <1.1　　B. 1.1~1.2　　C. 1.2~1.5　　D. >1.5
4. 气焊是利用气体燃烧热作为热源的一种＿＿＿＿＿方法。
   A. 锻焊　　B. 压焊　　C. 气焊　　D. 熔焊
5. 气焊焊接 5mm 以下板材时焊丝直径一般选用＿＿＿＿＿的。
   A. 3~4mm　　B. 4~5mm　　C. 6~7mm　　D. 8~9mm
6. 气焊过程中,焊丝与焊件表面的倾斜角一般是＿＿＿＿＿。
   A. 10°~20°　　B. 30°~40°　　C. 50°~60°　　D. 70°~80°
7. 在氧气切割过程中,工件的下层金属＿＿＿＿＿称为后拖量。
   A. 边缘熔化　　B. 燃烧迟缓的距离　　C. 燃烧迟缓的速度　　D. 气割速度太慢
8. 金属的气割过程实质上是铁在＿＿＿＿中的燃烧过程,而不是熔化过程。

A. 纯氦　　B. 纯氢　　C. 纯氮　　D. 纯氧

9. 钢材能被矫正的根本条件是钢材具有一定的＿＿＿＿＿＿。

A. 塑性　　B. 硬度　　C. 高温性能　　D. 强度

10. 气焊(　　)时,会产生有毒蒸气。

A. 紫铜　　B. 青铜　　C. 铅　　D. 镍

二、判断题(对的打"√"、错的打"×")

1. 气焊主要适宜于厚板结构的焊接。(　　)

2. 冬季,当乙炔发生器桶内冻结时,严禁采用热水或蒸汽解冻。(　　)

3. 乙炔瓶的使用压力不得超过0.15MPa,输出量不得小于1.5～2.5m^3/h,以免供气不足和带走过多的丙酮。(　　)

4. 中碳钢气焊过程中容易产生 CO 气孔。(　　)

5. 高碳钢气焊过程中易产生热裂纹。(　　)

6. 气焊奥氏体不锈钢为减少合金元素的烧损,应采用中性焰或轻微碳化焰,操作时采用左焊法。(　　)

7. 影响氧－乙炔切割变形的主要因素是工件厚度和切割速度。(　　)

8. 左焊法气焊时,火焰指向焊缝,使熔池和周围的空气隔离,可增加熔深,提高生产率。(　　)

9. 气割当发生回火时,应立即关闭乙炔和预热氧调节阀。(　　)

10. 氧气瓶阀、氧气减压器、焊炬、割炬氧气皮管等应严禁沾染上易燃物质和油脂。(　　)

项目小结

气焊与气割是利用可燃气体与氧气混合燃烧所释放出的热量作热源,进行金属材料焊接与切割的加工方法,是金属材料热加工中最常用的工艺方法之一。

在气焊与气割中,常用乙炔作为可燃气体。采用乙炔作为可燃气体的火焰称为氧乙炔焰。氧乙炔焰常常被用来焊接较薄的钢件、低熔点材料及铸铁等。氧乙炔焰的气割,在钢材的下料及坡口的制备方面,应用更为广泛。

在气焊与气割过程中,要使用高压气瓶、易燃易爆气体及高温火焰等,如果设备有缺陷或违章操作,可能引起火灾、爆炸、烧伤等事故,气焊与气割过程中要注意安全。

项目三　气体保护焊

技能点

1. 能够根据气体保护焊的特点合理选择焊接工艺参数；
2. 能够正确使用气体保护焊焊机及工具进行气体保护焊的焊接操作；
3. 能够培养良好的安全与卫生习惯。

知识点

1. 掌握气体保护焊的特点；
2. 掌握气体保护焊焊接操作方法。

任务描述

某货车因发生交通事故导致车厢挡板变形及断裂，经过钣金修复后，现要求将断裂处进行修补。请你采用气体保护焊的方法进行修复，焊接质量应达到设计要求。

任务导入

目前，电弧焊领域的机械化、自动化发展方向主要是最大限度地采用气体保护焊和埋弧焊代替涂料焊条手弧焊。随着现代化生产的发展，气体保护焊在焊接生产中将占据越来越重要的地位。利用气体作为电弧介质并保护电弧和焊接区的电弧焊称为气体保护电弧焊，简称气体保护焊。车厢挡板大多采用低碳钢材料，采用 CO_2 气体保护焊最为合适。

任务分析

气体保护焊通常按照电极是否熔化和保护气体不同，分为非熔化极（钨极）惰性气体保护焊（TIG 焊）和熔化极气体保护焊（GMAw）。熔化极气体保护焊包括熔化极惰性气体保护焊（MIG 焊）、氧化性混合气体保护焊（MAG 焊）、CO_2 气体保护焊和管状焊丝气体保护焊（FCAW）。

车厢挡板在采用 CO_2 气体保护焊施焊时，我们首先要弄清楚 CO_2 气体保护焊的特点、设备、工艺和应用等；更要清楚 CO_2 气体保护焊的操作工艺。

任务一　熔化极惰性气体保护焊

学习目标

1. 能够正确描述 MIG 焊的原理、特点及应用；
2. 能够根据实际问题制定正确的焊接工艺；

3. 能够准备 MIG 焊操作的各种劳动保护并使用 MIG 焊设备规范地进行焊接操作。

一、任务分析

熔化极惰性气体保护焊,是以连续送进的焊丝作为熔化电极,采用惰性气体作为保护气体的电弧焊方法,简称 MIG 焊。在汽车钣金焊接维修作业中,熔化极惰性气体保护焊(图 3-1)是最常用的方法之一。它主要应用于一些活性较强金属的焊接,例如不锈钢、耐热合金、铜合金及铝镁合金等。

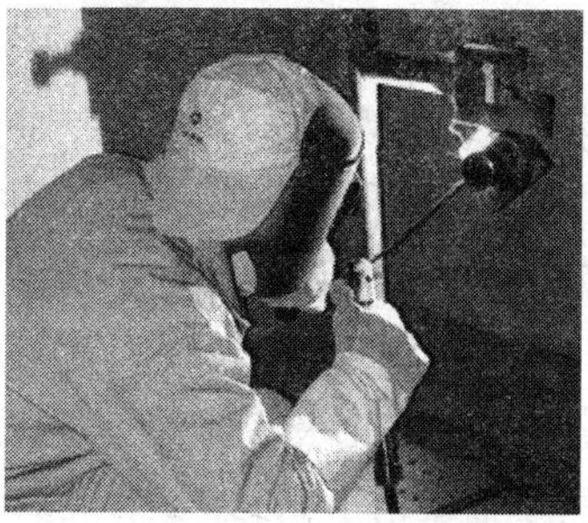

图 3-1　熔化极惰性气体保护焊示意图

二、相关知识

(一)熔化极气体保护焊的分类和应用

1. 熔化极气体保护焊的分类

熔化极气体保护焊,通常根据保护气体种类和焊丝形式的不同分类,如图 3-2 所示。按操作方式,熔化极气体保护焊可分为自动焊和半自动焊两大类。

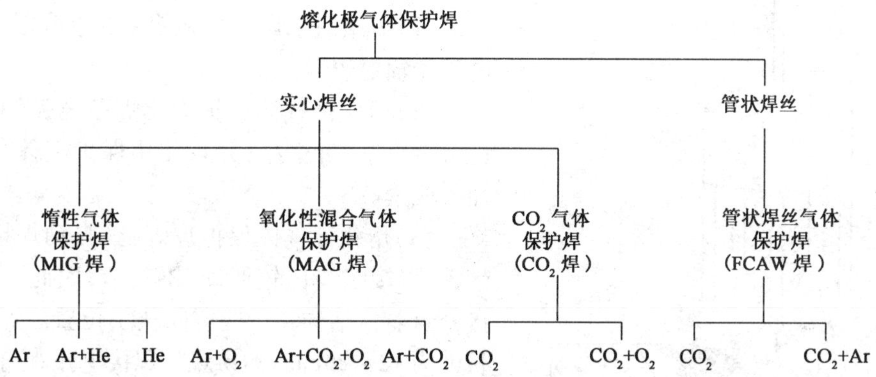

图 3-2　熔化极气体保护焊的分类

2. 熔化极气体保护焊的原理

熔化极气体保护焊采用可熔化的焊丝与焊件之间的电弧作为热源来熔化焊丝与母材金属,并向焊接区输送保护气体,使电弧、熔化的焊丝、熔池及附近的母材金属免受周围空气的有害作用。连续送进的焊丝金属不断熔化并过渡到熔池,与熔化的母材金属融合形成焊缝金属,从而使工件相互连接起来。其原理如图 3-3 所示。

3. 熔化极气体保护焊的应用范围

(1)适用的焊材

熔化极气体保护焊适用于大多数金属和合金,最适于碳钢和低合金钢、不锈钢、耐热合金、铝及铝合金、铜及铜合金及镁合金。对于高强度钢、超强铝合金、锌含量高的铜合金、铸铁、奥氏体锰钢、钛和钛合金及高熔点金属,熔化极气体保护焊要求将母材预热和焊后热处理,并采用特制的焊丝,控制保护气体要比正常情况更加严格。低熔点的金属如铅、锡和锌等,不宜采用熔化极气体保护焊。

(2)板厚

熔化极气体保护焊可焊接的金属厚度范围很广,最薄 1mm,最厚几乎没有限制。

(3)焊接位置

熔化极气体保护焊适应性较强,平焊和横焊时焊接效率最高。

(二)MIG 焊的特点

1. 优点

(1)熔化极气体保护焊是一种明弧焊。焊接过程中,因为电弧及熔池的加热熔化情况清晰可见,因此便于发现问题与及时调整,故焊接过程和焊缝质量易于控制。

(2)熔化极气体保护焊在通常情况下不需要采用管状焊丝,所以焊接过程没有熔渣,焊后不需要清渣,省掉了清渣的辅助工时,降低了焊接成本。

(3)熔化极适用范围广、生产效率高,易进行全位置焊及实现机械化和自动化。

(4)由于 MIG 焊熔滴过渡均匀和稳定,所以焊缝成形均匀、美观。

(5)电弧气氛的氧化性很弱,甚至无氧化性,几乎可以焊接所有金属,尤其适合焊接活泼金属及其合金,如铝及铝合金、镁及镁合金等。

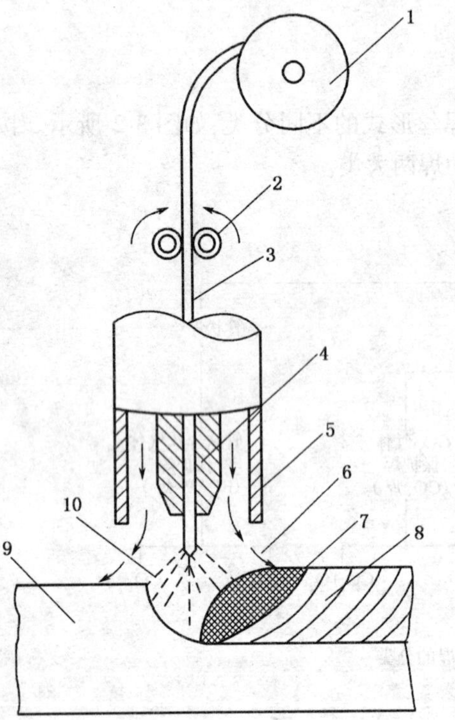

图 3-3　熔化极气体保护焊示意图

1-焊丝盘;2-送丝滚轮;3-焊丝;4-导电嘴;5-保护气体喷嘴;6-保护气体;7-熔池;8-焊缝;9-母材;10-电弧

2. 缺点

(1)焊接时采用明弧和使用的电流密度较大,电弧光辐射较强。

(2)熔化极气体保护焊比焊条电弧焊的焊接设备更复杂,价格高;并且使用保护气体,因此增加了成本。

(3)熔化极气体保护焊焊枪(自动焊接)尺寸较大,焊接缆线比较僵硬、不灵活,因此不适合焊接密封舱体结构和一些空间狭小位置。焊丝伸出长度为 12 ~25mm,不易观察焊接电弧和得到高质量的焊缝。

(4)采用熔化极气体保护焊进行室外焊接时,常常受到天气或防护措施的限制。为了避免焊接时保护气体发生爆炸,应对保护气体气瓶采取防护措施。当室外风速超过 2.2m/s 时,不宜采用熔化极气体保护焊进行焊接。

(三)保护气体和焊丝

1. 保护气体

(1)氩气

氩气是一种无色、无味的惰性气体,其分子量为 39.938,元素符号为 Ar,在标准状态下,其密度为 1.784kg/m^3(约为空气的 1.4 倍),在空气中含有 0.9% 的氩。氩气的沸点为 -185.7℃,氩气的纯度要求在 99.9% ~99.99%。氩气都用瓶装供应,涂有灰色漆以示标记,并写有“氩气”字样。

氩气的密度比空气大,因而焊接时不易漂浮散失,在平焊和横向角焊缝位置施焊时,能有效地排除焊接区域的空气。

氩气是一种惰性气体,焊接过程中不与液态和固态金属发生化学冶金反应,因而使焊接冶金反应变得简单和容易控制,为获得高质量焊缝提供了良好的条件,因此特别适用于活泼金属的焊接。但是氩气对焊前的除油、去锈、去水等准备工作要求严格,否则会影响焊缝质量。

氩弧焊时,电弧一旦引燃,燃烧就很稳定,是各种保护气体中稳定性最好的一个,即使在低电压时也十分稳定,一般电弧电压仅 8 ~ 15V。

(2)氦气

同氩气一样,氦气也是一种惰性气体。氦气(He)很轻,其密度约为空气的 1/7。它是从天然气中分离而得到的。它以液态或压缩气体的形式供应氦的电离能很高,所以焊接时引弧性能较差。

与氩气相比,由于氦的电离能高,导热系数大,所以在相同的焊接电流和电弧长度下,氦气保护时的电弧电压比氩气要高得多,如图 3-4 所示。因此,氦气保护时的电弧温度和能量密度高,母材的热输入量较大,熔池的流动性较强,焊接效率较高,适用于大厚度和高导热性金属材料的焊接。

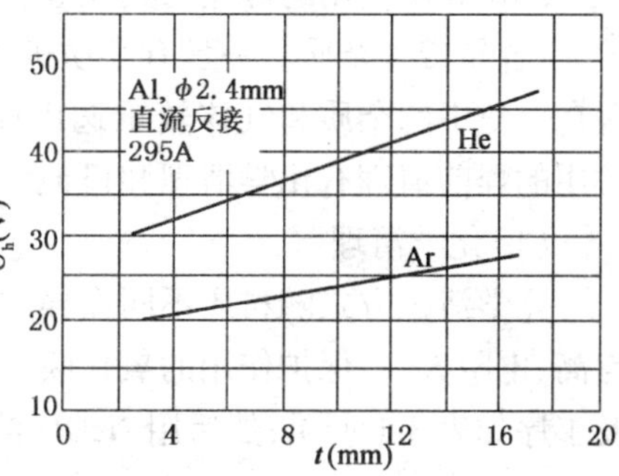

图 3-4 Ar 和 He 的电弧电压特征

氦气比空气轻,因此为了维持适当的保护效果就必须采用大的气体流量。在平焊位置焊接时,其气体流量是氩气的 2 ~ 3 倍。氦气很适用于仰焊位置,因为氦气上浮能保持良好的保护效果,但纯氦价格昂贵,单独采用氦气保护,成本较高,因此应用很少。

(3)氩和氦混合气体

Ar 和 He 按一定的比例混合使用时,可获得兼有两者优点的混合气体。其优点是电弧燃烧稳定,温度高,焊丝金属熔化速度快,熔滴易呈现较稳定的轴向喷射过渡,熔池金属的流动性得到改善,焊缝成形好,焊缝的致密性高。图 3-5 所示为分别采用 Ar、He、He + Ar 三种保护气体焊接大厚度铝合金时的焊缝剖面形状示意图,可见纯 Ar 保护时的“指状”熔深,在混合气体保护下得到了改善。

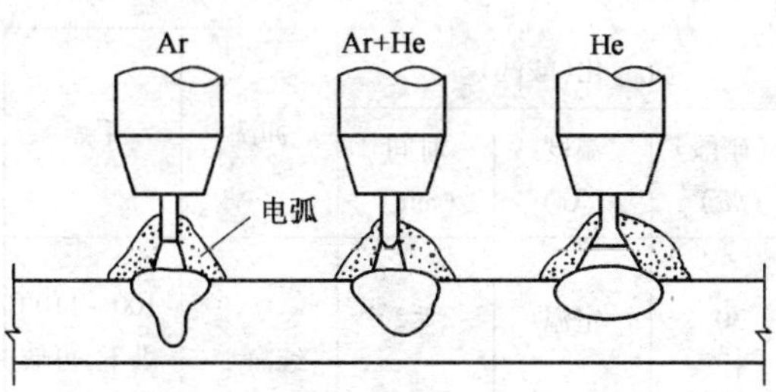

图 3-5 Ar、He、Ar + He 的三种保护气体焊缝剖面形状

2. 焊丝

熔化极惰性气体保护电弧焊使用的焊丝成分通常应与母材的成分相近,它应具有良好的焊接工艺性,并能提供良好的接头性能。在某些情况下,为了获得满意的焊缝金属性能,需要采用与母材成分完全不同的焊丝。

例如,适用焊接高强度铝合金和合金钢的焊丝,在成分上通常完全不同于母材,其原因在于某些合金元素在焊缝金属中将产生不利的冶金反应而导致产生缺陷或显著降低焊缝金属性能。

熔化极惰性气体保护电弧焊使用的焊丝直径一般在 0.8 ~ 2.5mm。焊丝直径越小,焊丝的表面积与体积的比值越大,即焊丝加工过程中进入焊丝表面上的拔丝剂、油或其他的杂质相对较多。这些杂质可能引起气孔、裂纹等缺陷。因此,焊丝使用前必须经过严格的清理。

另外，由于焊丝需要连续而流畅地通过焊枪送进焊接区，所以，焊丝一般以焊丝卷或焊丝盘的形式供应。

三、任务实施步骤

（一）准备工作

焊前准备主要有设备检查、焊件坡口的准备与组装、焊件和焊丝表面的清理以及劳动保护等。与其他焊接方法相比，MIG 焊对焊件和焊丝表面的污染物非常敏感，故焊前表面清理工作是焊前准备工作的重点。

1. 焊前清理

MIG 焊所使用的焊丝与其他焊接方法相比通常要细一些，因此焊丝金属表面积相对也较大，容易带入杂质。一旦有杂质进入焊缝，且 MIG 焊焊接速度较快，熔池冷却也较快，则溶解在熔池中的杂质和气体较难逸出而易产生缺陷。因此，焊前必须仔细清理焊丝和焊件。常用的焊前清理有化学清理和机械清理两类。

（1）化学清理

化学清理方式随材质不同而异。例如，铝及其合金表面不仅有油污，而且易形成一层熔点高、电阻大、有保护作用的氧化膜，所以焊前需先进行脱脂去油清理，其常用去脂溶液配方及工序如表 3-1 所示；然后用 NaOH 溶液进行脱氧处理，再用 HNO_3 溶液酸洗光化，其清理工序如表 3-2 所示。

去脂溶液配方及工序　　表 3-1

配　方	温　度	清洗时间	清水冲洗		干燥
			热　水	冷　水	
Na_3PO_4，50g Na_2PO_3，50g Na_2SiO_4，30g H_2O，100g	60℃	5～8min	30℃	室温	用布擦干

化学清理工序　　表 3-2

工序 / 材质	碱　洗			冲洗	光　化（酸洗）			冲洗	干燥
	w（氢氧化钠）（%）	温度（℃）	时间（min）		w（硝酸）（%）	温度（℃）	时间（min）		
纯铝	15	室温	10～15	纯净水	30	室温	≤2	纯净水	100～110℃烘干，再低温干燥
纯铝	4～5	60～70	1～2						
铝合金	8	50～60	5～10		30	室温	≤2		

（2）机械清理

机械清理有打磨、刮削和喷砂等方法，用以清理焊件表面的氧化膜。不锈钢或高温合金焊件常用砂纸磨或抛光法将焊件接头两侧 30～50mm 宽度内的氧化膜清除掉；铝合金由于材质较软，可用细钢丝刷或刮刀将焊件接头两侧一定范围的氧化物除掉。机械清理方法生产率较低，所以在批量生产时多使用化学清理法。

2. 其他准备

(1)设备检查

一般应先检查焊接设备外部有无明显受伤的痕迹、电焊机部件有无缺损,并了解其维修史、使用年限、观察使用场所环境和焊接工艺等,然后再对电焊机进行检查。先检查电焊机的种类、接线、接地、配电容量以及使用的焊接工艺是否正确,当确定电焊机没有问题之后再检查其他设备。例如,送丝、润滑、气路、水路系统是否存在问题等,只有在确定这些系统也无问题之后,才可以进行试焊接。

(2)焊件坡口的准备与组装

①厚度不大于3mm的碳钢、低合金钢、不锈钢、铝的对接接头,一般开I形坡口或不开坡口。

②厚度在3~12mm的上述材料,可开U形、Y形坡口。

③厚度大于12mm的上述材料,可开双U形或双Y形坡口。黑色金属的典型坡口尺寸,如图3-6所示。

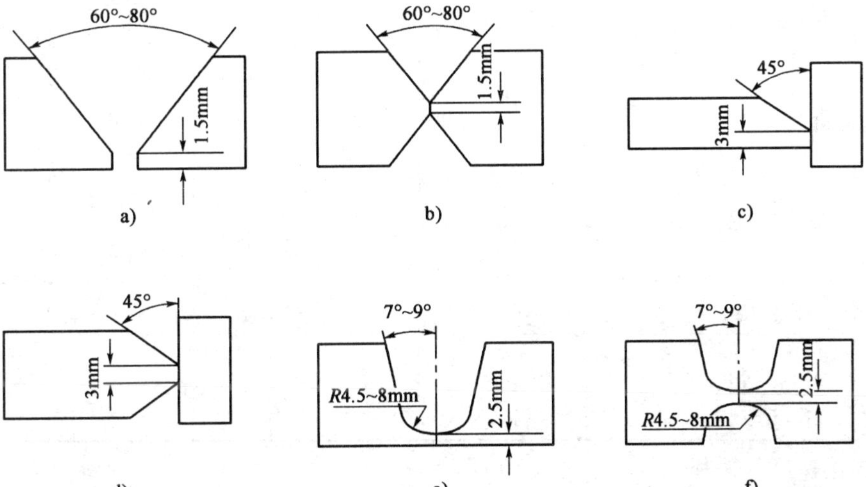

图3-6　黑色金属的典型坡口尺寸

a)Y形;b)双Y形;c)单边Y形;d)K形;e)U形;f)双U形

焊件开坡口的方法和组装与焊条电弧焊的要求一致,可参见"项目一"。

(3)劳动保护

作业人员工作前要穿戴好合适的劳动保护用品,如口罩、防护手套、防护鞋、帆布工作服;在操作时戴好护目镜或面罩;在潮湿的地方或雨天作业时应穿上胶鞋。要注意做好防尘、防电、防烫、防火和防辐射等工作。对焊工所需的各类防护用品的具体要求可参见"项目一"中劳动保护的有关内容。

(二)选择合适的工艺参数

MIG焊的工艺参数主要有焊接电流、电弧电压、焊接速度、焊丝伸出长度、焊丝倾角、焊丝直径、焊接位置、极性、保护气体的种类和流量大小等。

1. 焊接电流和电弧电压的选择

通常情况下,应根据焊件的厚度选择焊丝直径,然后确定焊接电流和熔滴过渡类型,如表3-3所示。

焊丝直径的选择　　表 3-3

焊丝直径(mm)	焊件厚度(mm)	焊接位置
0.8	1~3	各种位置
1.0	1.5~6	
1.2	2~12	
1.6	6~25	
≥1.6	中厚	平焊、平角焊

电流较小时,熔滴为滴状过渡(若电弧电压较低,则为短路过渡)。滴状过渡时,飞溅较大,焊接过程不稳定,因此在生产上不采用。而短路过渡的电弧功率较小,通常仅用于薄板焊接。

当电流超过临界电流值时,熔滴为喷射过渡。喷射过渡是生产中应用最广泛的过渡形式。不同材料和不同直径焊丝的临界电流值,如表 3-4 所示。

不同材料和不同直径焊丝的临界电流值　　表 3-4

材料	焊丝直径(mm)	保护气体	最低临界电流(A)	材料	焊丝直径(mm)	保护气体	最低临界电流(A)
低碳钢	0.80 0.90 1.20 1.60	98% Ar + 2% O_2	150 165 220 275	脱氧铜	0.90 1.20 1.60	Ar	180 210 310
不锈钢	0.90 1.20 1.60	99% Ar + 1% O_2	170 225 285	硅青铜	0.90 1.20 1.60	Ar	165 205 270
铝	0.80 1.20 1.60	Ar	95 135 180	钛	0.80 1.60 2.40		120 225 320

2. 焊接速度的选择

单道焊的焊接速度是焊枪沿接头中心线方向的相对移动速度。在其他条件不变时,熔深随焊速增大而增加,并有一个最大值。焊速减小时,单位长度上填充金属的熔敷量增加,熔池体积增大。随着焊速的提高,熔深和熔宽均减小。焊接速度过高有可能产生咬边缺陷。一般焊接速度在 15~40m/h。

3. 焊丝伸出长度的选择

焊丝的伸出长度越长,焊丝的电阻热越大,则焊丝的熔化速度越快。焊丝伸出长度过长会造成以低的电弧热熔敷过多的焊缝金属,使焊缝成形不良,熔深减小,电弧不稳定;焊丝伸出长度过短,电弧易烧导电嘴,且金属飞溅易堵塞喷嘴。

对于短路过渡来说,合适的焊丝伸出长度为 6.4~13mm,而对于其他形式的熔滴过渡,焊丝的伸出长度一般为 13~25mm。

4. 焊丝位置的选择

焊丝轴线相对于焊缝中心线(基准线)的角度和位置会影响焊道的形状和熔深。在包含焊丝轴线和基准线的平面内,焊丝轴线与基准线垂线的夹角称为行走角。

上述平面与包含基准线的垂直面之间的夹角称为工作角,如图 3-7 所示。焊丝向前倾斜焊接时,称为前倾焊法;向后倾斜时称为后倾焊法。

焊丝位置对焊缝成形的影响,如图3-8所示。当其他条件不变,焊丝由垂直位置变为后倾焊法时,熔深增加,而焊道变窄且余高增大,电弧稳定,飞溅小。行走角25°的后倾焊法常可获得最大的熔深。行走角一般为5°~15°,以便良好地控制焊接熔池。在横焊位置焊接角焊缝时,工作角一般为45°。

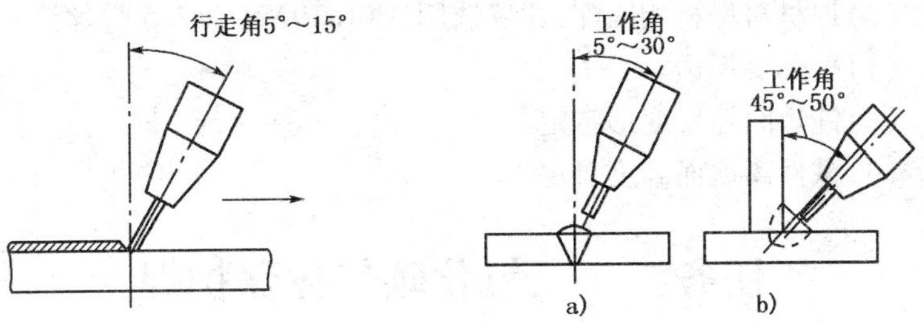

图3-7 焊丝的行走角与工作角

a)平焊;b)角焊

5. 焊接位置的选择

喷射过渡可适用于平焊、立焊、仰焊位置。平焊时,焊件相对水平面的斜度对焊缝成形、熔深和焊接速度有影响。采用下坡焊(通常工件相对于水平面的夹角15°)时,焊缝余高减小,熔深减小,焊接速度可以提高,有利于焊接薄板金属;采用上坡焊时,重力使熔池金属后流,熔深和余高增加,而熔宽减小。短路过渡焊接可用于薄板材料的全位置焊。

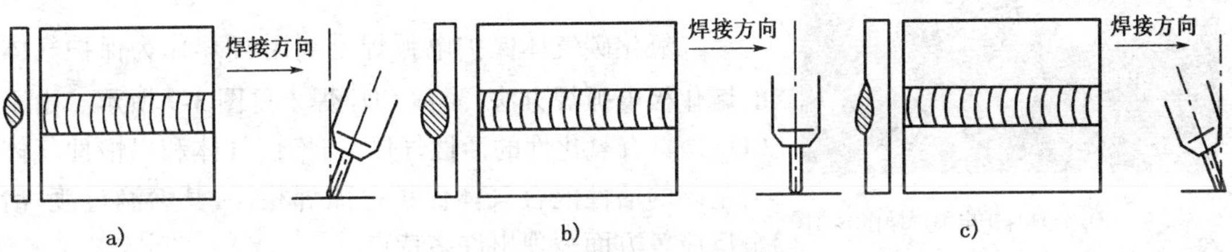

图3-8 焊丝方位对焊缝形状的影响

a)后倾焊(焊丝向后);b)焊丝垂前;c)前倾焊(焊丝向前)

6. 气体流量的选择

保护气体从喷嘴喷出可有两种情况:较厚的层流和接近于紊流的较薄层流。前者有较大的有效保护范围和较好的保护作用。因此,为了得到层流的保护气流,加强保护效果,需采用结构设计合理的焊枪和合适的气体流量。气体流量过大或过小都会造成紊流。由于熔化极惰性气体保护电弧焊对熔池的保护要求较高,如果保护不良,焊缝金属表面便会起褶皱。通常喷嘴孔径为20mm左右,气体流量为30~60L/min。

(三)MIG焊基本操作

1. 引弧

熔化极气体保护电弧焊都是利用短路引弧法进行引弧;非熔化极气体保护焊大都采用非接触引弧法。

2. 施焊

MIG焊的施焊过程(包括定位、焊缝的起头、运条方法、焊缝的连接以及焊缝的收尾等),参照“项目一”中焊条电弧焊的规则要求进行。

任务布置

低合金钢板工形坡口对接横位 MIG 保护焊。

材料要求:(1)试件尺寸:300mm×100mm×6mm(2 件)。

(2)焊材与母材相匹配,建议选用:H0Cr19Ni9Tiϕ2.5 焊丝。

技术要求:(1)根部要焊透。

(2)钝边间隙反变形自定。

(3)试件离地面高度自定。

任务二　二氧化碳气体保护焊

学习目标

1. 能够正确描述 CO_2 气体保护焊的原理、特点及应用;
2. 能够准备 CO_2 气体保护焊操作的各种劳动保护及焊前准备;
3. 能够使用 CO_2 气体保护焊设备规范地进行焊接操作。

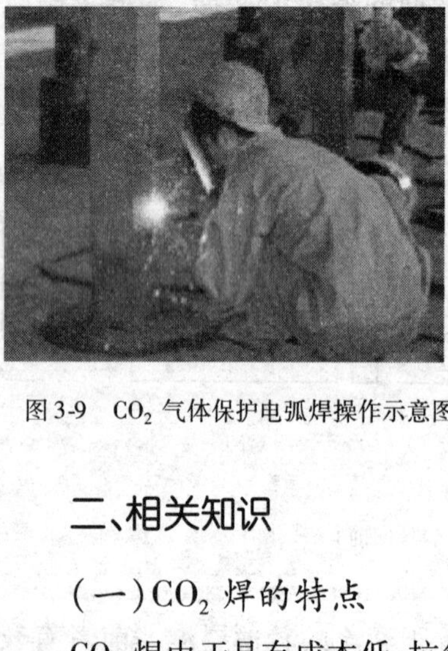

图 3-9　CO_2 气体保护电弧焊操作示意图

一、任务分析

二氧化碳气体保护电弧焊是利用 CO_2 作为保护气体的熔化极电弧焊方法,简称 CO_2 焊。见图 3-9 所示。由于 CO_2 是具有氧化性的活性气体,与惰性气体和以惰性气体为基础的活性混合气体保护电弧焊相比,其熔滴过渡、冶金反应等方面表现出许多特点。

二、相关知识

(一)CO_2 焊的特点

CO_2 焊由于具有成本低、抗氢气孔能力强、适合薄板焊接、易进行全位置焊等优点,所以主要用于焊接 30mm 以下的低碳钢和低合金钢等黑色金属材料的焊接。对于焊接不锈钢,因焊缝金属有增碳现象,影响抗腐蚀性能,因此使用较少。对容易氧化的有色金属如 Cu、Al、Ti 等,则不能应用 CO_2 焊。

1. CO_2 焊的优、缺点

(1)优点

①焊接成本低(气体便宜、电能利用率高);

②焊接生产率高(电流大、不清渣);

③焊接变形小(受热面积小、气体冷却作用);

④焊接质量好(裂纹敏感性小)操作性能好;

⑤操作简便(不清渣、明弧、易于机械化);

⑥全位置焊接,不同厚度的焊缝。

(2)缺点

①飞溅严重;

②一般不能使用交流电,设备复杂;

③抗风能力差;

④不能焊接容易氧化的有色金属;

⑤焊缝外形比较粗糙;

⑥劳动条件差(弧光、气体)。

2. CO_2 焊的熔滴过渡特点

CO_2 焊的熔滴过渡形式有滴状过渡、短路过渡和潜弧射滴过渡三种。

(1)滴状过渡

CO_2 焊在较粗焊丝($\phi > 1.6mm$)、较大焊接电流和较高电弧电压焊接时,会出现颗粒状熔滴的滴状过渡。当电流在小于400A时,为大颗粒滴状过渡,这时熔滴尺寸仅决定于表面张力与熔滴重力的平衡。

CO_2 气体在高温下分解和解离时要吸收大量的电弧热量,对电弧有冷却作用,造成电弧收缩,使电弧电场强度提高,因而使电弧集中在熔滴下部,熔滴受到较大的斑点力,迫使熔滴上挠,形成非轴向过渡,如图3-10所示。这种大颗粒非轴向过渡,电弧不稳定,飞溅很大,焊缝成形也不好,因此在实际生产中不宜采用。

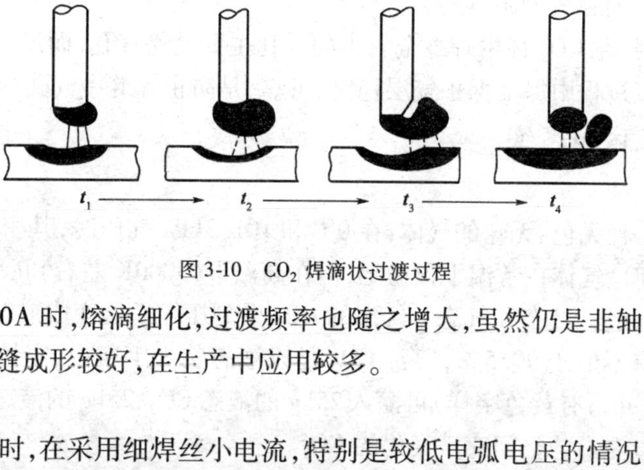

图3-10 CO_2 焊滴状过渡过程

当电流大于400A时,熔滴细化,过渡频率也随之增大,虽然仍是非轴向过渡,但飞溅减小,电弧较稳定,焊缝成形较好,在生产中应用较多。

(2)短路过渡

在进行 CO_2 焊时,在采用细焊丝小电流,特别是较低电弧电压的情况下,可获得短路过渡。短路过渡的特点是弧长较短,焊丝端部的熔滴长大到一定程度时与熔池接触发生短路,此时电弧熄灭,形成焊丝与熔池之间的液体金属过桥,焊丝熔化金属在重力、表面张力和电磁收缩力等力的作用下过渡到熔池,之后电弧重新引燃,重复上述过程。

3. CO_2焊的冶金特点

由于 CO_2 气体的氧化性,在电弧高温下将发生强烈的氧化反应,为避免由此带来的CO气孔等问题,必须在焊丝中加入合金成分,以达到脱氧的目的。

在 CO_2 焊的冶金过程中,碳也是一个很重要的元素。因为碳和氧的亲和力比Fe大,为了防止气孔和减少飞溅以及降低焊缝产生裂纹的倾向,焊丝中的含碳量一般都限制在小于0.15%。但碳是保证钢的强度不可缺少的元素,焊丝中的碳受到限制,就会使焊缝的含碳量比母材的含碳量低,降低了焊缝的强度。焊接低碳钢和一般低合金钢时,依靠脱氧后剩留在焊缝中的Si和Mn可以弥补碳的损失,而使焊缝强度得到保证。

（二）CO_2 焊的气孔

1. CO 气孔

CO 气孔的产生，主要是由熔池中的 FeO 和 C 发生反应所致。因为这个反应在熔池处于结晶温度时进行得比较剧烈，而这时熔池已开始凝固，CO 气体不易逸出，于是在焊缝中形成 CO 气孔。但只要焊丝中含有足够的脱氧元素 Si 和 Mn，以及限制焊丝中的含碳量，就可以抑制上述的氧化反应，有效地防止 CO 气孔的产生。所以在 CO_2 焊中，只要焊丝选择得适当，产生 CO 气孔的可能性就很小。

2. 氢气孔

如果熔池在高温时融入了大量氢气，这些氢气在结晶过程中又不能充分排出，则留在焊缝金属中成为氢气孔。电弧区的氢主要来自焊丝、焊件表面的油污及铁锈，以及 CO_2 气体中所含的水分。事实上 CO_2 焊的氢气孔倾向比埋弧焊和氢弧焊等要小。

生产实践表明，除非在焊件表面已锈蚀一层黄锈，焊前一般不必除锈。但焊丝表面的油污必须清理掉，这不仅是为防止气孔，也是为避免油污在送丝软管内造成堵塞及减少焊接中的烟雾等。

3. 氮气孔

在电弧高温下，氮气溶解到熔池中。当金属凝固时，氮气在金属液体中的溶解度突然下降如果氮气来不及从熔池中逸出就会形成氮气孔。氮气的可能来源：一是空气侵入焊接区；二是 CO_2 气体因混有氮气而不纯。

生产实践表明，在 CO_2 焊中焊缝金属中的气孔主要是氮气孔，而氮气主要来自于空气的入侵。因此在焊接过程中保证保护气层稳定、可靠，是防止焊缝中气孔的关键。

（三）保护气体和焊丝

1. CO_2 气体

CO_2 气体是一种无色、无味的气体，在 0℃ 和 101.3kPa 气压时，其密度为 1.97689/L，是空气的 1.5 倍。CO_2 气体在常温下很稳定，但在高温下（5000K 左右）几乎能全部分解。CO_2 气体有三种状态：固态、液态和气态。气态的 CO_2 受到压缩后能变成液态。

CO_2 纯度要求不低于 99.5%，通常 CO_2 是以液态装入钢瓶中，容量为 40L 的标准钢瓶（气瓶外表漆黑色并写有黄色字样）可灌入 25kg 的液态 CO_2，25kg 的液态 CO_2 约占钢瓶容积的 80%，其余 20% 左右的空间充满气化的 CO_2。

2. 焊丝

CO_2 焊的焊丝设计、制造和使用原则，与上述的 MIG 焊、MAG 焊有相同之处，但对焊丝的化学成分还有如下一些特殊要求：

（1）焊丝必须含有足够数量的脱氧元素。

（2）焊丝的含碳量要低，一般要求小于 0.15%。

（3）应保证焊缝金属具有满意的力学性能和抗裂性能。

表 3-5 所示为 CO_2 焊常用焊丝的牌号、化学成分及使用范围。其中 H08Mn2SiA 焊丝是目前 CO_2 焊中应用最广泛的一种焊丝。它有较好的工艺性能和力学性能以及抗热裂纹能力，适宜于焊接低碳钢和低合金钢。

从焊丝的发展情况看，很多新品种焊丝均降低了含碳量（0.03% ~ 0.06%），且添加了钛、铝、镁等合金元素，以期进一步减少飞溅，提高抗气孔能力及焊缝的力学性能。

CO_2 焊常用焊丝的牌号、化学成分及使用范围　　表 3-5

牌　号	合金元素 W_{Me}(%)								用　途
	C	Si	Mn	Cr	Ni	NO	S 不大于	P 不大于	
H10MnSi	≤0.14	0.60~0.90	0.8~1.10	≤0.20	≤0.30	—	0.030	0.040	焊接低碳钢、低合金钢
H08MnSi	≤0.10	0.70~1.0	1.0~1.30	≤0.20	≤0.30	—	0.030	0.040	
H08MnSiA	≤0.10	0.60~0.85	1.40~1.70	≤0.20	≤0.25		0.030	0.035	焊接低碳钢、低合金钢
H08Mn2SiA	≤0.10	0.70~0.95	1.80~2.10	≤0.20	≤0.25		0.030	0.035	
H04Mn2SiTiA	≤0.04	0.70~1.10	1.80~2.20	—	—	钛0.2~0.40	0.025	0.025	
H04MnSiAlTiA	≤0.01	0.01~0.80	1.40~1.80	—	—	钛0.95~0.65 铝0.20~0.40	0.025	0.025	焊接低合、高强度钢
H10MnSiMo	≤0.14	0.70~1.10	0.90~1.20	≤0.02	≤0.30	0.15~0.25	0.030	0.040	
H08Cr3Mn2MoA	≤0.10	0.30~0.50	2.00~2.50	2.5~3.0	—	0.35~0.50	0.030	0.030	焊接贝氏体钢
H18CrMnSiA	0.15~0.22	0.90~1.10	0.80~1.10	0.80~1.10	<0.30	—	0.025	0.030	焊接高强度钢
H1Cr18Ni9	≤0.14	0.50~1.0	1.0~2.0	18~20	8.0~10.0	—	0.020	0.03	焊接1Cr18Ni9Ti薄板
H1Cr18Ni9Ti	≤0.10	0.30~0.70	1.0~2.0	18~20	8.0~10.0	0.50~0.80	0.020	0.030	

三、任务实施步骤

(一)准备工作

在 CO_2 焊工艺中,为获得稳定的焊接过程,可采用短路过渡、细颗粒滴状过渡和潜弧射滴过渡三种形式,其中以短路过渡形式应用最为广泛。短路过渡焊接的特点是焊丝细、电压低、电流小,适合于焊接薄板及进行全位置焊接。焊接薄板时,生产率高、变形小,而且操作简便,对焊工技术水平要求不高。

1. 劳动保护的准备

(1)防辐射和灼伤

CO_2 焊焊接时,由于电流密度大,电弧温度高,弧光辐射比焊条电弧焊时强得多,应特别注意加强安全防护,防止电光性眼炎及裸露皮肤灼伤。工作时应穿好帆布工作服,戴好焊工手套,以防止飞溅灼伤。使用表面涂有氧化锌油漆的面罩,配用 9~12 号滤光镜片,各焊接位置要设置专用遮光屏。

(2)防中毒

CO_2 气体保护焊不仅产生烟雾和金属粉尘,而且还产生 CO、NO_2 等有害气体,应加强焊接场地通风。

2. 焊接工艺参数的选择

(1)焊丝直径

短路过渡焊接主要采用细焊丝，特别是直径在0.6～1.2mm范围内的焊丝。随着直径增大，飞溅颗粒和数量都相应增大。在实际应用中，焊丝直径最大用到1.6mm。直径大于1.6mm的焊丝，如再采用短路过渡焊接飞溅将相当严重，所以生产上很少应用，焊丝直径的选择，如表3-6所示。

焊丝直径的选择 表3-6

焊丝直径(mm)	焊件厚度(mm)	焊接位置
0.8	1～3	各种位置
1.0	1.5～6	
1.2	2～12	
1.6	6～25	
≥1.6	中厚	平焊、平角焊

(2)焊丝伸出长度

由于短路过渡焊接所用的焊丝都比较细，因此在焊丝伸出长度上产生的电阻热便成为不可忽视的因素。焊丝伸出长度过大，焊丝容易发生过热而成段熔断；喷嘴至焊件距离增大，保护效果变差，飞溅严重，焊接过程不稳定。焊丝伸出长度过小，喷嘴至焊件距离减小，飞溅金属容易堵塞喷嘴。

一般焊丝伸出长度为焊丝直径的10倍较为合适，通常在5～15mm范围内。

(3)电弧电压和焊接电流

电弧电压是焊接参数中的关键参数，它的大小决定了电弧的长短和熔滴的过渡形式。实现短路过渡的条件之一是保持较短的电弧长度。就焊接参数而言，短路过渡的一个重要特征是低电压。为减少飞溅，保证焊接电弧的稳定性，CO_2焊应选用直流反接。

在一定的焊丝直径及焊接电流(即送丝速度)下，电弧电压若过低，电弧引燃困难，焊接过程不稳定。电弧电压过高，则由短路过渡转变成大颗粒过渡，焊接过程也不稳定。只有电弧电压与焊接电流匹配得较合适时，才能获得稳定的焊接过程，并且飞溅小，焊缝成形好。表3-7所示为不同直径焊丝典型的短路过渡焊接参数。

不同直径焊丝典型的短路过渡焊接参数 表3-7

焊丝直径(mm)	0.8	1.2	1.6
电弧电压(V)	18	19	20
焊接电源(A)	100～110	120～130	140～180

(4)气体流量

气体流量通常选用5～15L/min(粗焊丝可适量增加)。若焊接电流增大，焊接速度加快，焊丝伸出长度较大或在室外作业等情况下，气体流量应加大，以使保护气体有足够的挺度、加强保护效果。但气体流量也不宜过大，以免将外界空气卷入焊接区，降低保护效果。

(5)焊接速度

焊接速度过快，易产生咬边、未熔合等缺陷，且气体保护效果差，可能出现气孔；焊接速度过慢，则易产生烧穿，焊件变形增大，生产率降低。一般焊接速度在15～40m/h。短路过渡焊接可以采用半自动焊接工艺，也可以采用自动焊接工艺。半自动焊接操作灵活，适合于全位置焊接；自动焊接适合于长焊缝及环焊缝的焊接。

（二）基本操作技术

1. 引弧

CO_2 气体保护焊一般采用接触短路法引弧。引弧前应调节好焊丝的伸出长度，引弧时应注意焊丝和焊件不要接触太紧，使焊丝端头与焊件保持 2～3mm 的距离。如焊丝端部有粗大的球形头应剪去。

2. 熄弧

当焊接要结束时，不要立即熄弧，否则会在熄弧处留下弧坑，并且易产生裂纹、气孔等缺陷。熄弧时应在弧坑处稍作停留，待弧坑填满后再缓慢抬起焊枪，以使熔池金属在凝固前仍受到良好保护。

3. 焊缝接头的连接

焊缝接头的连接一般采用退焊法，其操作方法与焊条电弧焊相同。

4. 左焊法和右焊法

CO_2 焊的操作方法按焊枪移动方向不同可分为左焊法和右焊法，如图 3-11 所示。右焊法加热集中，热量可以充分利用，熔池保护效果好，而且由于电弧的吹力作用，熔池金属推向后方能够得到外形饱满的焊缝，但焊接时不便确定焊接方向，容易焊偏。左焊法电弧对待焊处具有预热作用，尤其是对接接头能得到较大熔深，焊缝成形得到改善；左焊法观察熔池较困难，但可清楚地观察待焊部分，不易焊偏，所以 CO_2 焊一般都采用左焊法。

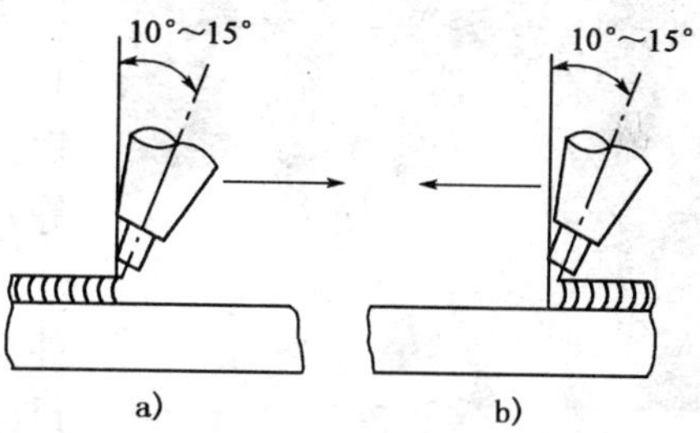

图 3-11　CO_2 焊的操作方法
a）右焊法；b）左焊法

5. 运丝方式

运丝方式有直线移动法和横向摆动法。直线移动法焊出的焊道稍窄，主要应用于薄板和打底层焊接；横向摆动法运丝是指在焊接过程中焊丝以焊缝中心线为基准作两侧横向交叉摆动，常用的方式有锯齿形、月牙形、正三角形和斜圆圈形，与焊条电弧焊的运丝方法相似。

锯齿形摆动方式常用于根部间隙较小的升坡口焊接；月牙形摆动方式常用于填充层和厚板的焊接；正三角形和斜圆圈形摆动方式常用于角接头和多层焊。

任务布置

20g 钢板 V 形坡口对接横位半自动二氧化碳气体保护焊。

考核要求：（1）定位焊在试件背面两端 20mm 范围内。

（2）根部要焊透，单面焊双面成形。

（3）焊缝的空间位置不许超出横焊位置范围。

（4）试件一经固定开始焊接，不得任意移动试件。

（5）焊前将坡口处的油污、氧化膜等清理干净。

（6）不许破坏焊缝原始表面。

（7）操作时间为 40min。

任务三　钨极惰性气体保护焊

学习目标

1. 能够正确描述 TIG 焊的原理、特点及应用；
2. 能够准备焊接操作的各种劳动保护；
3. 能够使用 TIG 焊设备规范地进行焊接操作。

一、任务分析

钨极惰性气体保护焊(图 3-12)，是以高熔点的纯钨或钨合金作电极，用惰性气体(氩气、氦气)或其混合气体作保护气的一种非熔化极电弧焊方法(简称 TIG 焊)。目前，TIG 焊广泛使用于航空航天、原子能、化工、纺织、锅炉、压力容器、医疗器械及炊具等工业部门的生产中。

图 3-12　钨极惰性气体保护焊

TIG 焊几乎可以焊接所有的金属及合金。但从经济性及生产率考虑，TIG 焊主要用于焊接不锈钢、高温合金和铝、镁、铜、钛等金属及其合金，以及难熔金属(如锆、钼、铌)与异种金属。对于低熔点和易蒸发金属(如铅、锡、锌等)，焊接较困难。

由于受承载能力的限制，TIG 焊一般适宜于焊接薄件，钨极氢弧焊焊接厚度小于 6mm 的构件，钨极氦弧焊的焊接板厚可适当大些。因此非常适合汽车板材的焊接，特别是一些有色金属的焊接。

二、相关知识

(一)TIG 焊的基本原理

TIG 焊是在惰性气体的保护下，利用钨极和工件之间产生的焊接电弧熔化母材及焊丝。焊接时，惰性气体从焊枪的喷嘴中喷出，把电弧周围一定范围的空气排出焊接区，从而为形成优质焊接接头提供了保障，如图 3-13 所示。

焊接时，保护气体可采用氩气、氦气或氩 + 氦混合气体，特殊场合也采用氩气 + 氩气或氦气 + 氩气混合气体。焊丝根据焊件设计要求，可以填加或不填加。如果填充焊丝，一般从电弧的前端加入或直接预置在接头的间隙中。

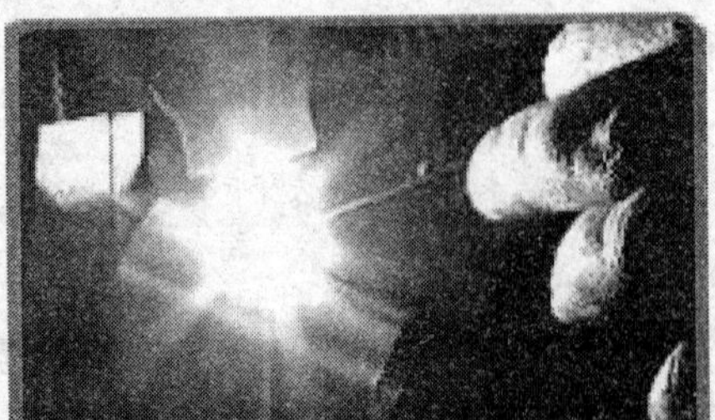

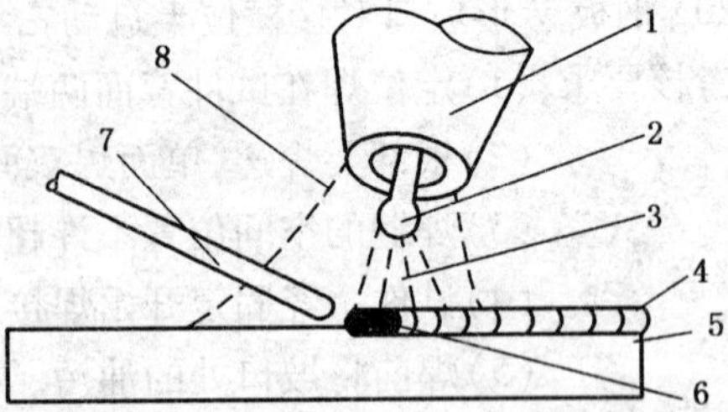

图 3-13　钨极惰性气体保护焊示意图

1-喷嘴；2-钨极；3-电弧；4-焊缝；5-焊件；6-熔池；7-填充焊丝；8-氩气

（二）TIG 焊的分类及特点

1. TIG 焊的分类

（1）按操作方式分类

TIG 焊接操作方式可分为手工 TIG 焊和自动 TIG 焊。手工 TIG 焊焊接时，焊丝的填加和焊枪的运动完全是靠手工操作来完成的；而自动 TIG 焊的焊枪运动和焊丝填充都是由机电系统按设计程序自动完成的。在实际生产中，手工 TIG 焊应用更广泛。

（2）按电流种类分类

TIG 焊按电流种类可分为直流 TIG 焊、交流 TIG 焊和脉冲 TIG 焊。一般情况下，直流 TIG 焊用于除铝、镁及其合金以外的各种金属材料；交流 TIG 焊又分为正弦波交流、矩形波交流等，用于焊接铝、镁及其合金；脉冲 TIG 焊用于焊接热敏感的金属材料和薄板、超薄板构件，以及用于薄壁管子的全位置焊接等。为了适应新材料（如热敏感性大的金属、难熔金属等）和新结构（如薄壁零件的单向焊成形等）的焊接要求，钨极氢弧焊出现了一些新形式，如钨极氢弧点焊和热丝氢弧焊等。

2. TIG 焊的特点

（1）保护效果好

由于氩气和氦气是惰性气体，既不与金属起反应，又不溶于金属。所以能对钨极、熔池金属及热影响区进行很好的保护，以防止它们被氧化、氮化。

（2）焊接过程稳定

在 TIG 焊电弧燃烧过程中，由于电极不熔化，易维持恒定的电弧长度，即使在很小的焊接电流，<10A 下仍可稳定燃烧。氩气、氦气的热导率小，又不与液态金属反应或溶解在液态金属中，故不会造成合金元素的烧损。同时，填充焊丝不通过电弧区，不会引起很大的飞溅。所以整个焊接过程十分稳定，易获得良好的焊接接头质量。

（3）适宜于各种位置施焊

因为 TIG 焊时热源和送丝可以分别控制，线能量容易调整，可进行各种位置的焊接，也是实现单面焊双面成形的理想方法。

（4）易于实现自动化

TIG 焊是明弧，又没有熔滴过渡，焊接电弧稳定，焊缝成形好，故很容易实现机械化和自动化。现已有环缝自动钨极氩弧焊、管子对接自动钨极氩弧焊等自动 TIG 焊方法。

（5）应用范围广

由于 TIG 焊过程中电弧还有自动清除工件表面氧化膜的作用。因此 TIG 焊不但可以焊接普通的黑金属材料，而且可以成功地焊接易氧化、氮化、化学活泼性强的有色金属、不锈钢和各种合金。

（6）需要特殊的引弧措施

由于氩气和氦气的电离电压较高（15.7V、24.5V），钨极的逸出功又较高，且一般不允许钨极和工件接触，以防止烧损钨极，产生夹钨缺陷。所以，TIG 焊的引弧困难，通常需采用特殊的引弧措施。

（7）对工件清理要求高

TIG 焊时没有脱氧去氢的能力，因此对焊前的除油、除锈工作要求严格。尤其在焊接易氧化的有色金属如铝、镁及合金等，否则，会严重影响焊接质量。

(8)生产率低

由于钨极对电流的承载能力有限，过大的电流会引起钨极的熔化和蒸发，造成钨污染。同时，电流小也就限制了焊接熔深，使得 TIG 焊与各种熔化极电弧焊相比，生产率低。

(9)生产成本高

由于惰性气体（氩气、氦气）较贵，和其他电弧焊方法（如焊条电弧焊、埋弧焊、CO_2 气体保护焊等）比较，生产成本较高。

(三)TIG 焊的应用

钨极惰性气体焊可用于几乎所有金属和合金的焊接，但由于其成本较高，通常多用于焊接铝、镁、钛、铜等有色金属，以及不锈钢、耐热钢等。对于低熔点和易蒸发的金属（如铅、锡、锌），焊接较困难。钨极氩弧焊所焊接的板材厚度范围，从生产率考虑 3mm 以下为宜。对于某些黑色和有色金属的厚壁重要构件（如压力容器及管道），在根部熔透焊焊接，全位置焊接和窄间隙焊接时，为了保证较高的焊接质量，有时也采用钨极氩弧焊。

(四)TIG 焊的电流种类

TIG 焊使用的电流种类一般有直流、交流和脉冲电流三种。一般根据被焊材料的特点来进行选择。

1. 直流 TIG 焊

根据电源极性的接法不同，直流 TIG 焊可分为正极性和反极性两种。一般金属（除铝、镁及其合金外）选用直流正极性 TIG 焊为好，交流次之。铝、镁及其合金的薄件可选用直流反极性焊接。

(1)直流正极性

TIG 焊直流正极性 TIG 焊焊接时焊件接电源正极，钨极接电源负极。其特点如下：

①电弧稳定。由于钨极接负极，且其熔点高，这时电弧阴极的导电机构是以热阴极导电机构为主；钨极的热发射（电子）能力强，这一点有利于电弧的引燃和稳定燃烧，因此，在电流较小的情况下电弧也非常稳定，这对于焊接薄件非常有利。

②钨极寿命长。对于热阴极导电机构来说，阴极产热少。同时，阴极发射了大量的电子，这些电子要从阴极吸收大量的能量，从而对阴极具有强冷却作用，因而钨极上产生的热量较小，许用电流大，钨极的使用寿命也较长。

③焊缝成形好。直流正极性时焊件接正极，焊件要吸收电子，释放出的大量的动能和逸出功，产生大量的热，得到了深而窄的焊缝。焊缝成形好，焊件变形小，生产率较高。

(2)直流反极性

TIG 焊直流反极性 TIG 焊焊接时，焊件接电源负极，钨极接电源正极。在实际生产中，这种方法很少被采用，原因是钨极易氧化烧损，焊缝宽而浅，电弧不稳定。但直流反极性 TIG 焊具有“阴极破碎”作用，有利于焊接铝、镁等金属及其合金。

2. 交流 TIG 焊

(1)交流 TIG 焊的优点

交流 TIG 焊焊接时，电流的极性呈周期性的变化。在交流正极性（焊件为正）半周，钨极承载能力较大，电弧稳定、集中，焊缝能得到足够的熔深。而在交流反极性（焊件为负）半周，利用“阴极破碎”作用，可以彻底清除熔池及附近区域的氧化膜，并使钨极得到冷却，因此它兼有直流正、反极性 TIG 焊的优点。此外，交流 TIG 焊设备简单，成本低，维修方便。因此，交流 TIG 焊被广泛用于铝、镁及其合金的焊接生产中。

(2)交流 TIG 焊存在的问题与解决措施

交流 TTG 焊接存在的问题:一是直流分量的问题;二是引弧和稳弧。对这两个问题,分析其原因,分别采取解决措施:

①直流分量问题。产生原因:交流钨极氢弧焊焊接铝、镁等金属及其合金时,由于钨极和焊件在几何尺寸和热物理性能上的差异,造成了电弧在正极性半周内放电容易,呈低阻特性;而在反极性半周内放电困难,呈高阻特性,结果使交变的电流不平衡,产生了部分整流作用,出现了所谓"直流分量"。正极性时,钨极为负极,因其熔点和沸点高,且导热差,直径小,热发射容易,所以电弧电压低,焊接电流大,燃弧时间长;反极性时,焊件为负极,其熔点和沸点低,且尺寸大,散热快,电子发射困难,所以电弧电压高,焊接电流小,燃弧时间短。

消除直流分量的措施:由于直流分量存在一定的缺点,所以必须采取有效的措施消除或减弱它。

②引弧和稳弧问题。TIG 焊焊接时,由于氩气和氦气的电离电压高,钨极的逸出功大,开始引弧时钨极温度低,且不允许采用接触引弧,因此,TIG 焊焊接时必须采取特殊的引弧措施。

三、任务实施步骤

(一)焊前准备

1. 接头及坡口形式

接头和坡口形式一般是根据被焊材料、板厚及工艺要求等来确定的。TIG 焊常采用的接头形式有对接、搭接、角接、T 形接和端接五种基本形式,如图 3-14 所示。

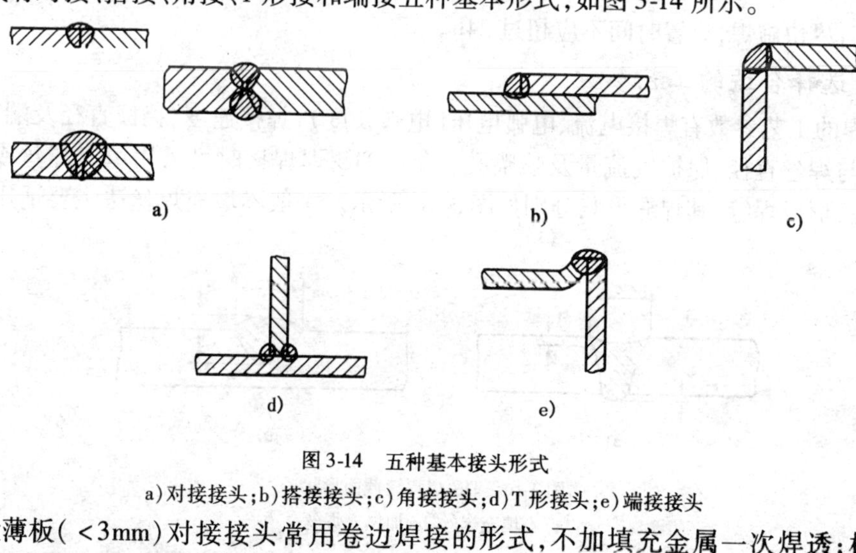

图 3-14　五种基本接头形式

a)对接接头;b)搭接接头;c)角接接头;d)T 形接头;e)端接接头

一般薄板(<3mm)对接接头常用卷边焊接的形式,不加填充金属一次焊透;板厚 6 ~ 25mm 对接,建议采用 V 形坡口;板厚大于 12mm 时,则可采用双 Y 形坡口的双面焊接。对接接头的坡口形式,如图 3-15 所示。

2. 焊前清理

因为 TIG 焊采用惰性气体保护,而惰性气体既无氧化性,也无还原性,因此焊接时对油污、水分、氧化皮等比较敏感。这样,焊前必须对焊丝、焊件坡口及坡口两侧至少 20mm 范围内的油污、水分等进行彻底清理。如果使用工艺垫板,也应该进行清理。这是保证焊缝质量的前提条件。

对于不同去除物，清理方法也不相同。常用的清理方法有以下几种：

(1)清除油污

清除油污可用汽油、丙酮等有机溶剂浸泡和擦洗焊件与焊丝表面；也可用自制溶剂去除油污，例如，用 Na_3PO_4、Na_2CO_3 各 50g，$Na_2SiO_3$30g，加入水 1L，并加热到 65℃ 清洗 58min，然后用 30°清水冲洗，最后用流动的清水冲净，擦干或烘干。

(2)去除氧化膜

去除氧化膜，可采取机械法或化学法。

①机械法：此法简单方便，但效率低，一般只用于焊件。它包括机械加工、磨削及抛光等方法。不锈钢等可用砂布打磨或抛光法；铝及铝合金材质比较软，常用细钢丝刷(用直径小于 0.15mm 或 0.1mm 的钢丝制成)或用刮刀将焊件接头两侧一定范围的氧化膜除掉。

②化学法：该法适用于铝、镁、钛及其合金等有色金属的焊件(比较重要或批量大)与焊丝表面氧化膜的清理，效果好，效率高。但应注意，对不同的材料，清理的方法及所用的清理剂也不相同。

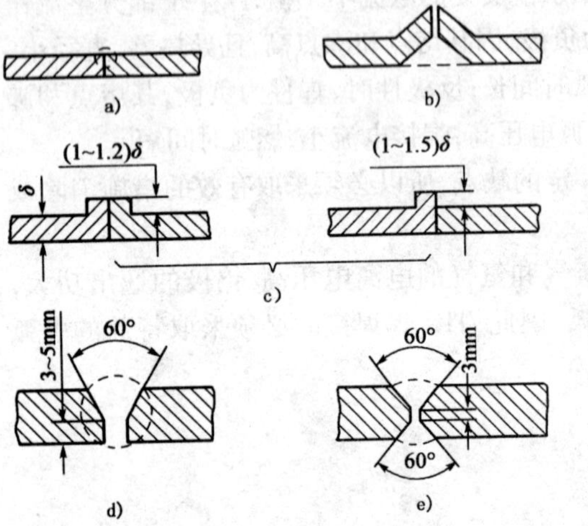

图 3-15 TIG 焊对接接头的坡口形式

a) I 形坡口；b) 镦边坡口；c) 卷边坡口；d) Y 形坡口；e) 双 Y 形坡口

不论是机械法或化学法清理的焊件，都应在清理后尽快施焊，放置时间不应超过 24h。

(二)选择合适的工艺参数

TIG 焊的工艺参数有焊接电流、电弧电压(电弧长度)、焊接速度、钨极直径及端部形状、填丝速度与焊丝直径、保护气流量及喷嘴孔径等。TIG 焊焊接时可采用填充焊丝或不填充焊丝的方法形成焊缝，其焊缝形状分别如图 3-16 所示。一般不填充焊丝法主要适用于薄板焊接。

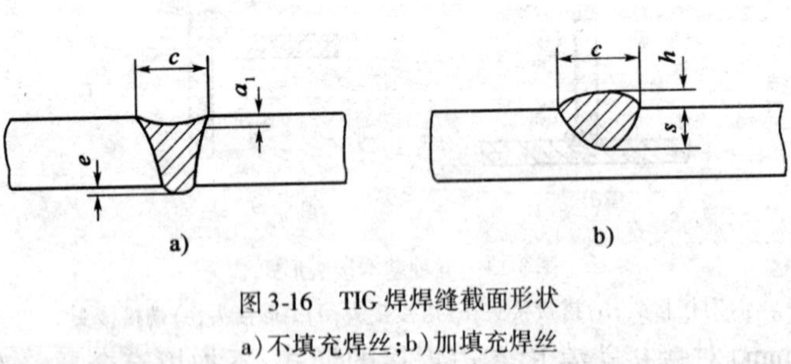

图 3-16 TIG 焊焊缝截面形状

a) 不填充焊丝；b) 加填充焊丝

焊接参数，如焊接电流、电弧电压、焊接速度、钨极直径和端部形状、填丝速度与焊丝直径、保护气体流量和喷嘴孔径，等等的选择如下所述：

(1)焊接电流

焊接电流是决定焊缝熔深的最主要工艺参数。一般地，随焊接电流的增大，熔透深度(s)、焊漏高度(e)、凹陷深度(a_1)及焊缝熔宽(c)都相应增大，而焊缝余高(h)相应减小。电流太大，易造成焊缝咬边、焊漏等缺陷；反之，焊接电流太小，易造成未焊透。在选择焊接电流时应考虑母材、厚度、接头形式和焊接位置等因素。

（2）电弧电压

电弧电压是随着弧长的变化而变化的。电弧拉长，则电弧电压增大，焊缝的熔宽(f)和加热面积都略有增大。但电弧长度增大到一定值以后，会因电弧热量的分散而造成熔宽和熔化面积减小。同时，考虑到电弧长度过长，气体保护效果会变差的因素，一般在不短接的情况下，尽量采用较短电弧进行焊接。不加填充焊丝焊接时，弧长一般控制在1～3mm；加填充焊丝焊接时，弧长约3～6mm。

（3）焊接速度

在其他焊接参数不变的情况下，焊接速度的大小决定了单位长度焊缝热输入量的大小（焊接线能量）。焊接速度选择越大，线能量越小，焊接凹陷深度(d_1)、熔透深度、熔宽(f)都相应地越小，焊缝可能还会出现未焊透、气孔、夹渣和裂纹等；同时气体保护效果可能会变差。反之，焊接速度越小，上述成形参数都增大，焊缝易出现咬边和焊穿的缺陷。

（4）钨极直径和端部形状

钨极直径的选择取决于焊件的厚度、焊接电流大小、电源种类和极性。通常焊件厚度越大，焊接电流越高，所采用的钨极直径越大。此外，对相同直径的钨极，采用不同的电源种类或极性时，所允许的电流范围也不同。其中直流正极性时电流值最大，交流次之，直流反极性最小。焊接时，钨极直径一定要选择适当，否则会影响焊缝质量。

钨极端部的形状对电弧的稳定性和焊缝成形也有很大影响。一般在焊接薄板和焊接电流较小时，可采用小直径的钨极并将其末端磨成尖锥角（约20°），这样电弧容易引燃和稳定。但在焊接电流较大时若仍采用尖锥角电极，则会因电流密度过大而使电极末端过热熔化、加剧烧损，同时电弧斑点也会扩展到钨极末端的锥面上，如图3-17所示，使弧柱明显地扩散飘荡不稳，而影响焊缝成形。所以大电流焊接时要求钨极末端磨成钝角（大于90°）或带有平顶的锥角形，这样可使电弧燃烧稳定，焊缝成形均匀，并减小钨极烧损。图3-18所示为常见的电极端部形状图。

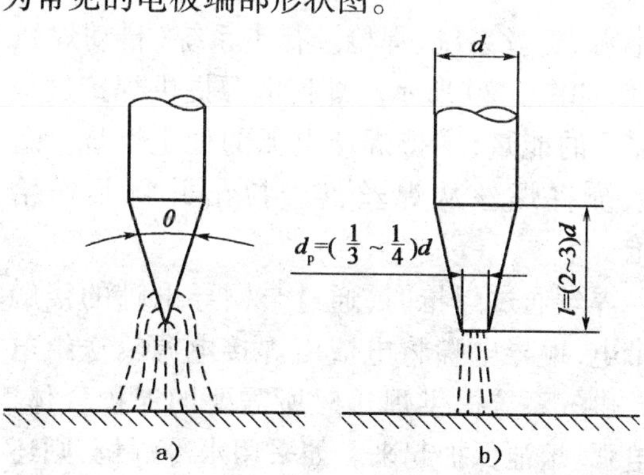

图3-17　TIG焊焊缝截面形状

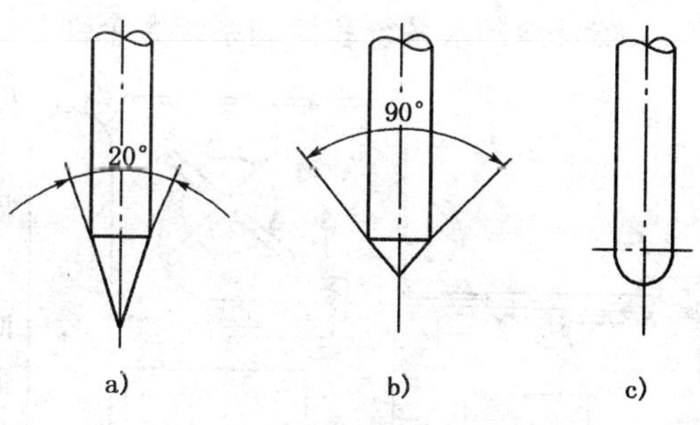

图3-18　常用电极端面形状

a）直流小电流；b）直流大电流；c）交流

另外，钨极尖锥角度的大小对焊缝熔深和熔宽也有一定影响。一般地，减小锥角，焊缝熔深减小，熔宽增大；反之熔深增大，熔宽减小。

（5）填丝速度与焊丝直径

焊丝的填丝速度受焊丝直径、焊接电流、焊接速度和接头间隙等因素的影响。通常焊接电流、焊接速度和接头间隙大时，填丝速度要快；焊丝越粗，填丝速度要越慢。如果填丝速度选择不合理,就可能造成焊缝出现未焊透、烧穿、凹陷、堆高过大以及成形不光滑等缺陷。

焊丝直径的选择与母材的板厚、间隙有关。当板厚、间隙大时,焊丝可选粗一点的;反之,则选细一点的。假如选择不当,就有可能造成焊缝成形不好等缺陷。

(6)保护气体流量和喷嘴孔径

保护气体流量和喷嘴孔径之间的选择,主要考虑气体保护效果的好坏,同时也要考虑焊接电流和电弧长度的影响。

任务布置

1Cr18Ni9Ti 钢板 I 形坡口对接立位手工钨极氩弧焊。

考核要求:(1)定位焊在试件背面两端 20mm 范围内。试件尺寸,如图 3-19 所示。

(2)根部要焊透。

(3)焊缝的空间位置不许超出立焊位置范围。

(4)试件一经固定开始焊接,不得任意移动试件。

(5)焊前将坡口处的油污、氧化膜等清理干净,焊丝除锈。

(6)不许破坏焊缝原始表面。

(7)允许使用刚性固定。

(8)操作时间为 40min。

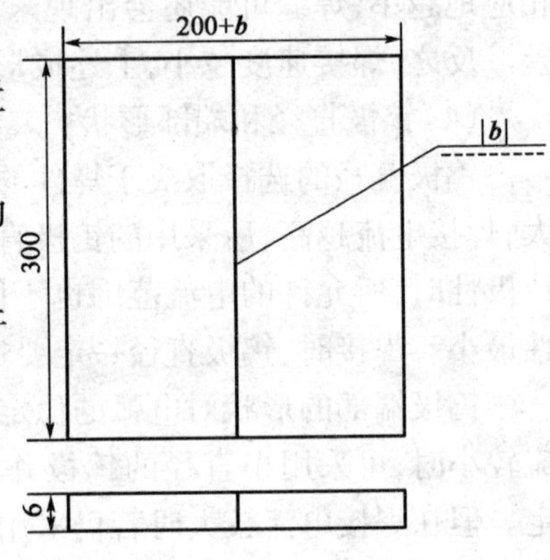

图 3-19 试件尺寸(尺寸单位:mm)

知识与能力拓展

(一)熔化极气体保护焊的设备

熔化极气体保护焊的焊接设备主要由焊接电源、送丝系统、焊枪及行走系统(自动焊)、供气系统及冷却水系统和控制系统 5 个部分组成,如图 3-20 所示。焊接电源提供焊接过程所需要的能量,维持焊接电弧的稳定燃烧。送丝系统将焊丝从焊丝盘中拉出并将其送给焊枪。

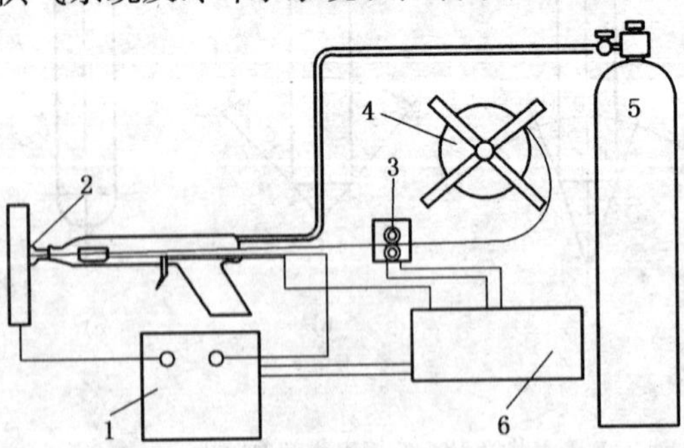

图 3-20 熔化极气体保护焊设备的组成

1-焊接电源;2-保护气体;3-送丝轮;4-送丝系统;5-气源;6-控制系统

焊丝通过焊枪时,通过与铜导电嘴的接触而带电,铜导电嘴将电流由焊接电源输送给电弧。供气系统提供焊接时所需要的保护气体,将电弧、熔池保护起来。如采用水冷焊枪,则还配有冷却水系统。

1. 焊接电源

熔化极气体保护焊通常采用直流焊接电源,目前生产中使用较多的是弧焊整流器式直流电源。近年来,逆变式弧焊电源的发展也较快。焊接电源的额定功率取决于各种用途所要求的电流范围。熔化极气体保护焊所要求的电流通常在 100 ~ 500A 之间,电源的负载持续率(也称暂载率)在 60% ~ 100% 之间,空载电压在 55 ~ 85V 之间。

(1)焊接电源的外特性

熔化极气体保护焊焊接电源的外特性可分为 3 种:平特性(恒压)、陡降特性(恒流)和缓降特性。当保护气体为惰性气体,如纯 Ar、富 Ar 和氧化性气体(如 CO_2),焊丝直径小于 1.6mm 时,在生产中广泛采用平特性电源。

平特性电源配合等速送丝系统具有许多优点:可通过改变电源空载电压调节电弧电压,通过改变送丝速度来调节焊接电流,故焊接规范调节比较方便使用这种外特性电源。当弧长变化时,可以有较强的自调节作用;同时短路电流较大,引弧比较容易。

当焊丝直径较大(>2mm)时,生产中一般采用下降特性电源,配用变速送丝系统。由于焊丝直径较大,电弧的自身调节作用较弱,弧长变化后恢复速度较慢,单靠电弧的自身调节作用难以保证稳定的焊接过程,因此也像一般埋弧焊那样需要外加弧压反馈电路,将弧压(弧长)的变化及时反馈送到送丝控制电路,调节送丝速度,使弧长能及时恢复。

(2)电源主要技术参数的调节

熔化极气体保护焊电源的主要技术参数有输入电压(相数、频率、电压)、额定焊接电流范围、额定负载持续率(%)、空载电压、负载电压范围、电源外特性曲线类型(平特性、缓降外特性、陡降外特性)等。通常要根据焊接工艺的需要确定对焊接电源技术参数的要求,然后选用能满足要求的焊接电源。

①电弧电压。电弧电压是指焊丝端头和工件之间的电压降,不是电源电压表指示的电压(电源输出端的电压)。电弧电压的预调节是通过调节电源的空载电压或电源外特性斜率来实现的。

②焊接电流。平特性电源的电流的大小主要通过调节送丝速度来实现,有时也可通过适当调节空载电压来进行电流的少量调节率来实现。

2. 送丝系统

送丝系统通常由送丝机(包括电动机、减速器、矫直轮、送丝轮)、送丝软管、焊丝盘等组成。绕在焊丝盘上的焊丝经过校直轮和送丝轮送往焊枪。如图 3-21 所示,根据送丝方式的不同,送丝系统可分为推丝式、拉丝式、推拉丝式、行星式 4 种类型。

(1)推丝式

推丝式是焊丝被送丝轮推送,经过软管而达到焊枪,是半自动熔化极气体保护焊的主要送丝方式。这种送丝方式的焊枪结构简单、轻便,操作维修都比较方便,但焊丝送进的阻力较大。随着软管的加长,送丝稳定性变差,一般情况下软管长度不超过 3m。

(2)拉丝式

拉丝式可分为 3 种形式:一种是将焊枪和焊丝盘分开,两者通过送丝软管连接;另一种是将焊丝盘直接安装在焊枪上。这两种方式都适合细丝半自动焊,但前一种操作比较方便。还有一种是不但焊丝盘与焊枪分开,而且送丝电动机也与焊枪分开,这种送丝方式可用于自动熔化极气体保护焊。

(3)推拉丝式

推拉丝式这种送丝方式的送丝软管最长可以加长到前进时既靠后面的推力,又靠前边的拉力,利用两个力的合力来克服焊丝在软管中的阻力。推拉丝式的两个动力在调试过程中要有一定的配合,尽量做到同步,但以拉为主。焊丝送进特性斜率来实现电弧电压调节。过程中,始终要保持焊丝在软管中处于拉直状态。这种送丝方式常被用于远距离半自动熔化极气体保护焊。

(4)行星式

行星式送丝系统是根据“轴向固定的旋转螺母能轴向送进螺杆”的原理设计而成。3 个互为 120°的滚轮交叉地安装在一块底座上,组成一个驱动盘。驱动盘相当于螺母,通过 3 个滚轮中间的焊丝相当于螺杆,3 个滚轮与焊丝之间有一个预先调定的螺旋角。当电动机的主轴带动驱动盘旋转时,3 个滚轮即向焊丝施加一个轴向的推力,将焊丝往前推送。送丝过程中,3 个滚轮一方面围绕焊丝公转,另一方面又绕着自己的轴自转。调节电动机的转速即可调节焊丝送进速度。

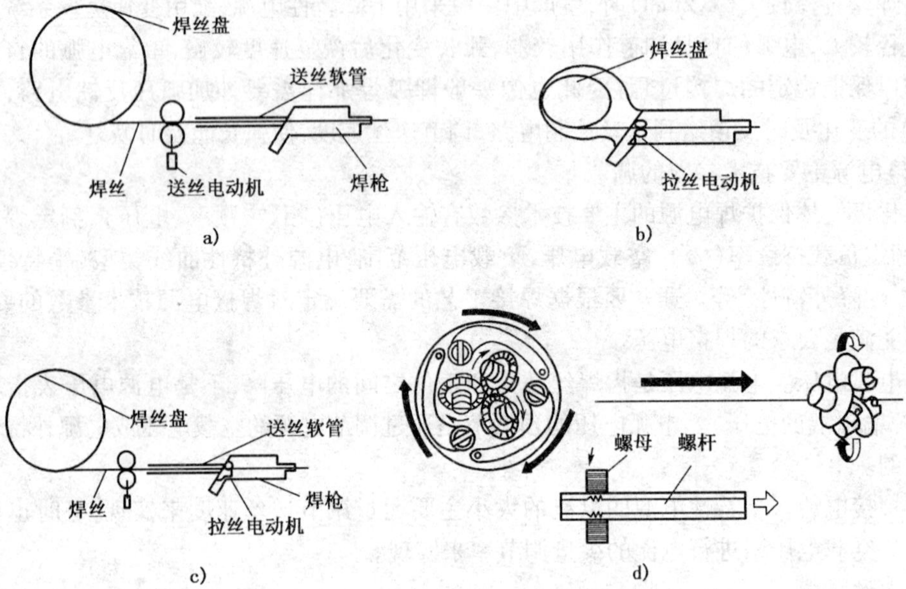

图 3-21　送丝方式示意图

a)推丝式;b)拉丝式;c)推拉丝式;d)行星式

3. 焊枪

熔化极气体保护焊的焊枪分为半自动焊焊枪(手握式)和自动焊焊枪(安装在机械装置上)。在焊枪内部装有导电嘴(紫铜或铬铜等)。

焊枪还有一个向焊接区输送保护气体的通道和喷嘴。喷嘴和导电嘴根据需要都可方便地更换。此外,焊接电流通过导电嘴等部件时产生的电阻热和电弧辐射热一起,会使焊枪发热,故需要采取一定的措施冷却焊枪。

冷却方式有空气冷却、内部循环水冷却或两种方式相结合。空气冷却焊枪在 CO_2 气体保护焊时,断续负载下一般可使用高达 600A 的电流;在氩气或氦气保护焊时,通常只限于 200A 电流。半自动焊焊枪通常有两种形式:鹅颈式和手枪式,如图 3-22 所示。

鹅颈式焊枪适合于小直径焊丝,使用灵活方便,特别适合于紧凑部位、难以达到的拐角处和某些受限制区域的焊接。手枪式焊枪适合于较大直径焊丝,它对冷却效果要求较高,因而常采用内部循环水冷却。半自动焊焊枪可与送丝机构装在一起,也可分离。

自动焊焊枪的基本构造与半自动焊焊枪相同,但其载流容量较大,工作时间较长,有时要采用内部循环水冷却。焊枪直接装在焊接机头的下部,焊丝通过送丝轮和导丝管送进焊枪。其结构如图 3-23 所示。

4. 供气系统和水冷系统

供气系统通常由高压气瓶(气源)、减压阀、流量计和气阀等组成。CO_2 供气系统通常还需要安装预热器和干燥器(高压或低压),以吸收气体中的水分,如图 3-24 所示。

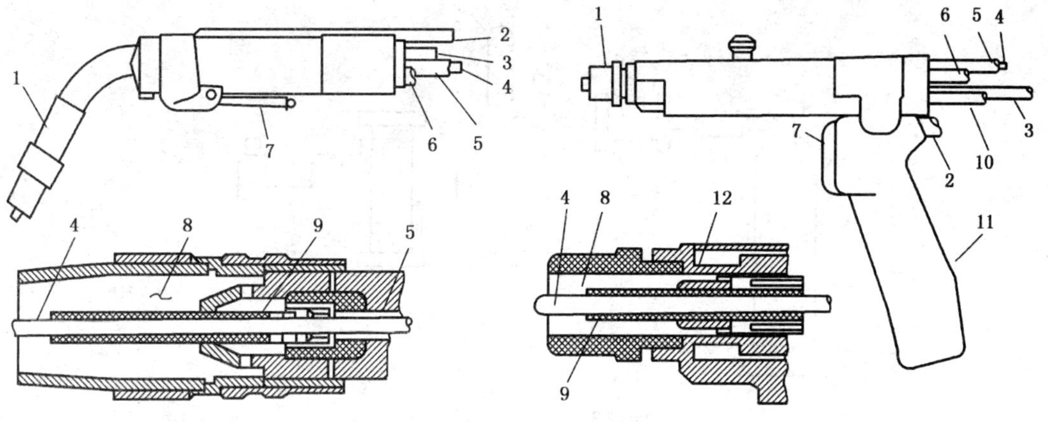

a) b)

图 3-22　半自动焊焊枪示意图

a)鹅颈式(风冷)喷嘴剖面图;b)手枪式(水冷)喷嘴剖面图

1-喷嘴;2-控制电缆;3-导气管;4-焊丝;5-送丝导管;6-电源输入;7-开关;8-保护气体;9-导气嘴;10-进水管;11-手柄;12-冷却水

熔化极活性气体保护焊还需要安装气体混合装置,先将气体混合均匀,然后再送入焊枪。

(1)高压气瓶

无缝钢质高压气瓶采用高强度合金钢压制而成,是公称压力等于或大于 8MPa 的气瓶,用于存储高压气体。在使用过程中,应注意轻拿轻放,并避免过热或过冷。

(2)减压阀

减压阀可以用来调节气体压力,也可以用来控制气体的流量。一般情况下,可采用较低压力的乙炔压力表(压力调节范围为 10 ~ 150kPa)或带有流量计的医用减压阀。

(3)流量计

流量计用来标定和调节保护气体的流量大小。通常采用转子流量计。转子流量计 L 的刻度是用空气作为介质来标定的,由于各保护气体的密度与空气不同,所以实际的流量与流量计标定的流量有些差异。实际气体的准确流量大小必须通过换算才能得到。

(4)气阀

气阀是用来控制保护气体通断的元件。根据不同的要求,可采用机械气阀的通断或用电磁气阀开关控制系统来完成气体的准确通断。大多的手

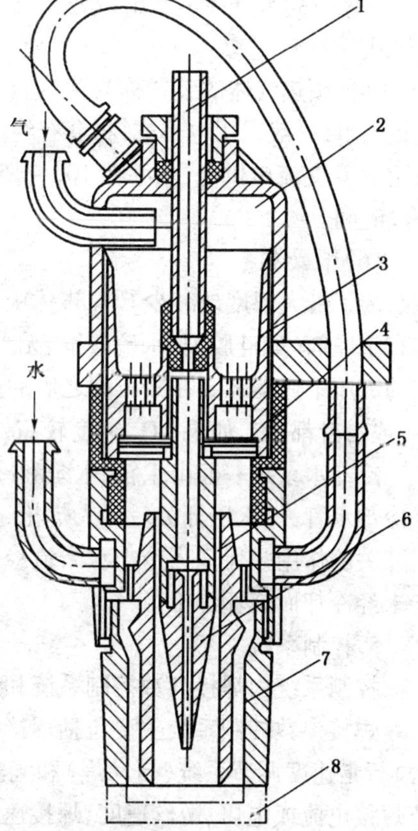

图 3-23　自动焊焊枪示意图

1-铜管;2-镇静室;3-导流体;4-铜筛网;5-分流套;6-导电嘴;7-喷嘴;8-帽盖

枪式、鹅颈式焊枪上都设置了手动机械球形气阀。这种气阀通断可靠，结构简单，使用方便。自动焊焊接时，通常采用电磁气阀，由控制系统自动完成保护气体的通断。

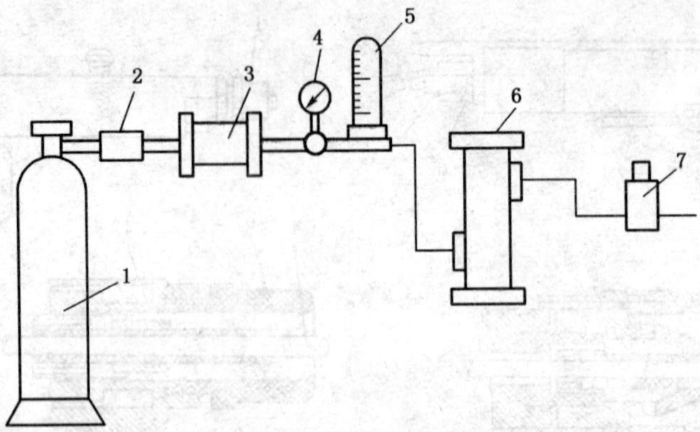

图 3-24　供气系统示意图

1-气源；2-预热器；3-高压干燥器；4-减压阀；5-流量计；6-低压干燥器；7-气阀

（5）预热器

预热器当打开时吸收大量的热量；另外，打开 CO_2 钢瓶阀门时，瓶中的液态 CO_2 不断气化成 CO_2 气体，这一过程要经减压后气体的体积会膨胀，也会使气体温度下降。为了防止 CO_2 气体中的水分在钢瓶出口处及减压表中结冰，使气路堵塞，在减压之前要将 CO_2 气体进行预热。

这种预热气体的装置称为预热器。预热器应尽量装在钢瓶的出气口处。预热器的结构比较简单，一般采用电热式，将套有绝缘瓷管的电阻丝绕在蛇形纯铜管的外围即可。预热器采用 36V 交流电供电，功率在 100 ~ 150W 之间。在打开气瓶之前，应先将预热器通电加热一段时间。

（6）干燥器

为了最大限度地减少 CO_2 气体中的水分含量，供气系统中一般设有干燥器。干燥器为装有干燥剂（如硅胶、脱水硫酸铜、无水二氯化钙等）的吸湿装置。干燥器分为装在减压阀之前的高压干燥器和装在减压阀之后的低压干燥器两种，可根据钢瓶中 CO_2 纯度选用其中之一，或二者都用。如果 CO_2 纯度较高，能满足焊接生产的要求，亦可不设干燥器。

冷却水系统一般由水箱、水泵和冷却水管及水压开关组成。水箱里的冷却水经水泵流经冷却水管，经水压开关后流入焊枪，然后经冷却水管再回流入水箱，形成冷却水循环。水压开关的作用是保证当冷却水未流经焊枪时，焊接系统不能启动焊接，以保护焊枪，避免由于未经冷却而烧坏焊枪。

5. 控制系统

控制系统由焊接参数控制系统和焊接过程程序控制系统组成。

焊接参数控制系统主要包括焊接电源输出调节系统、送丝速度调节系统、小车（或工作台）行走速度调节系统（自动焊）和气流量调节系统。它们的作用是在焊前或焊接过程中调节焊接电流或电压、送丝速度、焊接速度和气流量的大小。

焊接过程程序控制系统将焊接电源、送丝系统、焊枪和行走系统、供气和冷却水系统有机地组合在一起，构成一个完整的、自动控制的焊接设备系统。其主要作用如下：

（1）控制焊接设备的启动和停止。

(2)控制电磁气阀动作，实现提前送气和滞后停气，使焊接区受到良好保护。

(3)控制水压开关动作，保证焊枪受到良好的冷却。

(4)控制引弧和熄弧：

①熔化极气体保护焊的引弧方式一般有3种：爆断引弧（焊丝接触工件，通电使焊丝与工件接触处熔化，焊丝爆断后引燃电弧）；慢送丝引弧（焊丝缓慢送向工件直到电弧引燃，然后提高送丝速度）和回抽引弧（焊丝接触工件，通电后回抽焊丝，引燃电弧）。

②熄弧方式有两种：电流衰减（送丝速度也相应衰减，填满弧坑，防止焊丝与工件粘连）和焊丝返烧（先停止送丝，经过一定时间后切断焊接电源）。

(5)控制送丝和小车的（或工作台）移动（自动焊焊接时）。

当焊接启动开关闭合后，整个焊接过程按照设定的程序自动进行。程序控制的控制器由延时控制器、引弧控制器、熄弧控制器等组成。

（二）钨极惰性气体保护焊设备

TIG焊设备一般由焊接电源、引弧及稳弧装置、焊枪、供气系统、水冷系统和控制系统等几个部分组成。对于自动TIG焊还应增加焊车行走机构及送丝装置。图3-25所示为手工TIG焊设备系统示意图，其中引弧及稳弧装置、控制系统等都位于控制箱内。

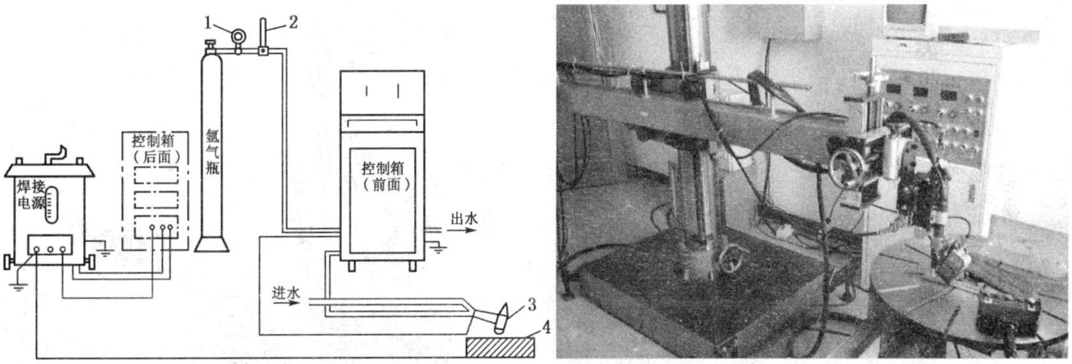

图3-25　手工TIG焊设备系统示意图

1-减压表；2-流量计；3-焊枪；4-工件

1. 焊接电源

TIG焊焊接电源有直流、交流或交（直）流两用3种电源形式。钨极氩弧焊机可采用上述3种电源形式，而钨极氦弧焊机一般采用直流电源。不论是直流还是交流电源，都采用陡降外特性或垂直陡降外特性电源，其目的是保证在弧长变化时尽量减小焊接电流的波动，保证焊缝的熔深均匀。

2. 引弧及稳弧装置

(1)引弧方法

TIG焊常用的引弧方法有下列3种。

①接触引弧。接触引弧是指钨极与引弧板或焊件接触引燃电弧的方法。其缺点是钨极易磨损，并可能在焊缝中产生夹钨现象。

②高频引弧。该方法利用高频振荡器产生的高频高压击穿钨极与焊件之间的气体间隙（约3mm）而引燃电弧。

③高压脉冲引弧。该方法在钨极与焊件之间加一个高压脉冲，使两极间气体介质电离而引燃电弧。

(2)高频振荡引弧器

①原理。高频振荡引弧器的工作原理,如图3-26所示。它由升压变压器(T_1)、火花放电器(P)、振荡电容(C_1)、振荡电感入及高频耦合变压器(T_2)组成。当合上开关SA后,升压变压器T_1的二次电压可达2500~3000V,在升压过程中振荡电容(C_1)充电,使火花放电器(P)两端电压升高,当达到火花放电器(P)的击穿电压时发生火花放电,P处于短路状态。这时变压器(T_1)停止向C_1充电,C_1、P和上组成$L-C$振荡电路放电而使电路发生振荡,产生的高频电压通过T_2输出至焊接回路用于引弧。

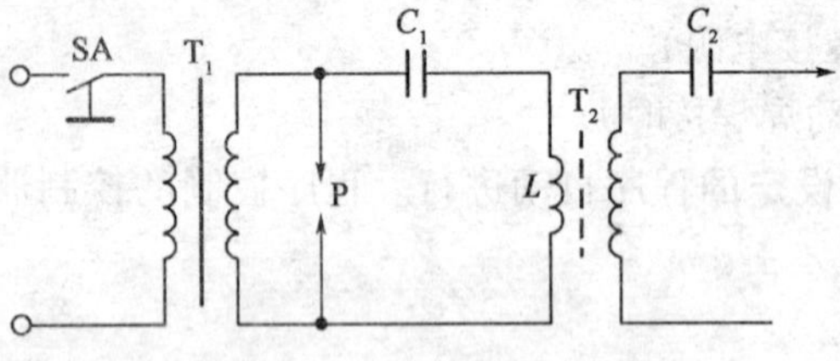

图3-26 TIG高频振荡引弧器电路图

②连接方式。高频振荡器在焊接回路中有并联和串联两种方式,并联时,为防止高频高压电窜入焊接电源损坏整流元件和绝缘,需在焊接回路中串联电抗器L_1并联旁路电容Q。这种连接方式因L_1、C_1电容对高频电有分流作用。消耗了部分能量,使引弧效果变差。

为了克服这种缺点,目前多采用串联方式。它没有分流回路,引弧可靠,又通过旁路电容Q减少了高频对电源的影响。

3.焊枪

(1)焊枪的功能与要求

①能可靠夹持电极。

③具有良好的导电性。

③能及时输送保护气体。

④具有良好的冷却性能。

⑤可达性好,适用范围广。

⑥结构简单,重量轻,使用可靠,维修方便。

(2)焊枪结构

TIG焊焊枪一般分为气冷式和水冷式两种。前者供小电流(<150A)焊接使用,结构简单,使用灵巧;后者因带有水冷系统,所以结构较复杂,焊枪较重,主要供电流大于150A时使用。它们都是由喷嘴、电极夹头、枪体、电极帽、手柄及控制开关等组成的。图3-27所示为新型TIG焊焊枪的结构。

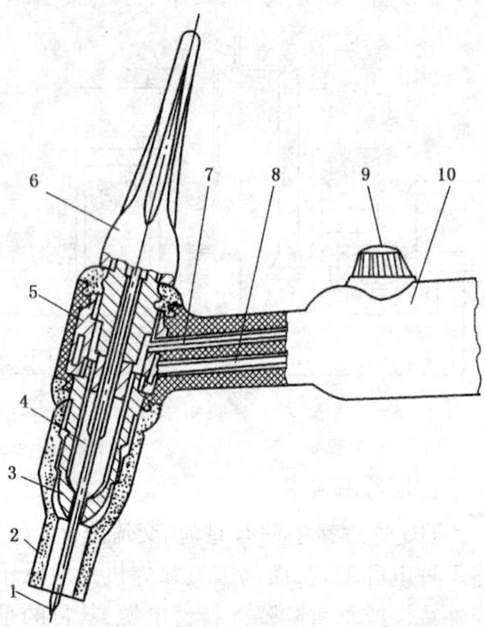

图3-27 新型TIG焊焊枪结构

1-电极;2-陶瓷喷嘴;3-导气套筒;4-电极夹头;5-枪体;6-电极帽;7-导气管;8-导水管;9-控制开关;10-焊枪手柄

TIG焊焊枪的结构可划分为气体镇静室和喷嘴两大部分。

①气体镇静室。从焊枪进气口到喷嘴入口这部分为镇静室。它又可以分为进气部分和导气部分。镇静室的作用是将进入焊枪的气体气流的压力、流速沿内腔横截面均匀化;即改变气体进入喷嘴的初始流态,减少紊流程度。为了达到这个目的,进气时一般采用径向进气,因为此时气流冲向气室壁会产生反射减速与均混作用。

如果采用轴向进气,可在气室中加挡板,也可使气体得到减速与均混,如图3-28所示,其中径向进气方式效果好。

②喷嘴。喷嘴的结构形式与尺寸对喷出气体的流态及保护效果影响很大。图3-29所

示为常见的喷嘴形式。其中,圆柱形喷嘴保护效果最好,它喷出的气流具有较长的层流区和较大的保护范围;收敛形喷嘴次之,但其电弧可见度好,应用也较广泛;而扩散形喷嘴由于易形成紊流或减薄近壁层流层,所以很少采用。

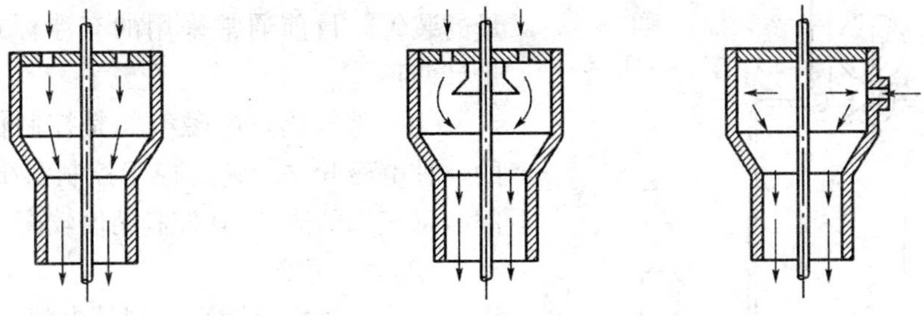

a)　　　　　　　　b)　　　　　　　　c)

图 3-28　焊枪进气部分的结构形式

a)不带挡气板的轴向进气方式;b)带挡气板的轴向进气方式;c)径向进气方式

喷嘴的内壁要光滑,电极或电极夹头与气筛间的间隙不能太大,且喷嘴与电极要同心。否则,会严重降低气体对熔池的保护效果。焊枪结构中,喷嘴为易损件。对不同直径的电极,要选配不同规格的电极夹头及喷嘴。电极夹头要有弹性,通常用青铜制成。喷嘴材料有陶瓷和金属两种;高温陶瓷喷嘴的使用电流不能超过 300A。

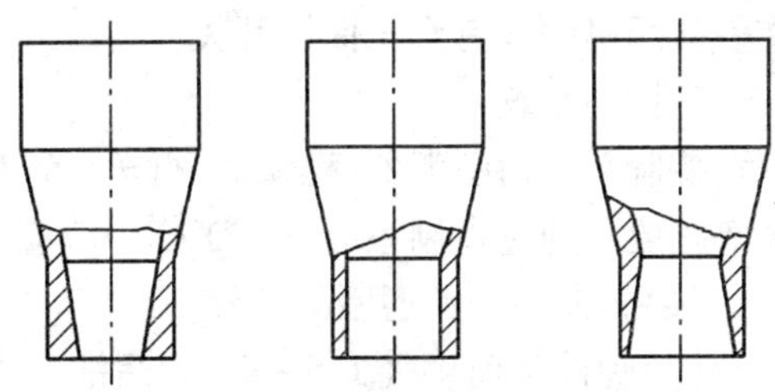

a)　　　　　　　　b)　　　　　　　　c)

图 3-29　焊枪喷嘴形式示意图

a)收敛形;b)圆柱形;c)扩散形

金属喷嘴一般用不锈钢、黄铜等材料制成,其使用电流虽可高达 500A,但应在使用中避免与焊件接触。

(3)焊枪标志

焊枪的标志由冷却方式及主要参数组成。

TIG 焊焊枪按冷却方式可分为气冷(QQ)和水冷(QS)两种形式。QQ 形式的焊枪适用的焊接电流范围为 10 ~ 150A;QS 形式适用的焊接电流范围为 150 ~ 500A。在其形式符号后面的数字表示焊枪参数:第一个参数表示喷嘴中心线与手柄轴线之间夹角;第二个参数表示额定焊接电流,在角度和电流值之间用斜杠分开。

如果后面还有横杠和字母,则表示是用某种材料制成的焊枪。

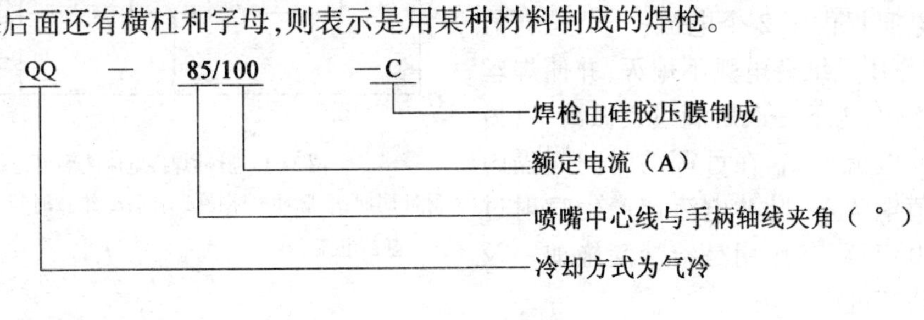

4. 供气和水冷系统

(1)供气系统

供气系统主要由氩气瓶、减压阀、流量计和电磁气阀组成,如图 3-30 所示。

①氩气瓶。氩气瓶外表涂为灰色,并标有"氩气"字样。氩气在钢瓶中呈气态,使用时不需预热和干燥。氩气瓶的最大压力为 14700kPa,容积为 40L。

②减压阀。它的作用是将高压气瓶中的气体压力降至焊接所要求的压力。有时把减压阀和流量计做成一体。

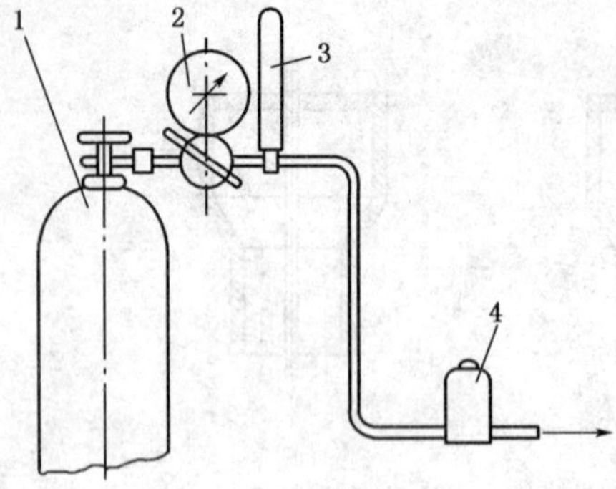

图 3-30 TIG 焊供气系统

1-氩气瓶;2-减压阀;3-流量计;4-电磁气阀

③流量计。流量计是用来测量和调节气体流量的装置。目前通常采用的有浮标式和转子式流量计两种。

④电磁气阀。电磁气阀是控制保护气体通断的一种电磁开关。它受控于控制系统,以电信号控制电磁气阀的通断,其控制精度较高。

(2)水冷系统

水冷系统主要用来在焊接电流大于 150A 时冷却焊接电缆、焊枪和钨棒。对于手工水冷式焊枪,通常将焊接电缆装入通水软管中做成水冷电缆,这样可大大提高焊接电缆承载电流的能力,减轻电缆重量,使焊枪更轻便。同时为了保证冷却水可靠接通并具有一定的压力时才能启动焊机,常在氩弧焊机中设有水压保护开关。

5. 控制系统

控制系统由引弧器、稳弧器、行车(或转动)速度控制器、程序控制器、电磁气阀和水压开关等构成。通过控制系统正常工作一般应达到如下目的:

(1)控制电源的通断。

(2)焊前提前供气 1.5 ~4s,焊后滞后停气 5 ~15s,以保护钨极和引弧、熄弧处的焊缝。

(3)自动控制引弧器、稳弧器的起动和停止。

(4)焊接结束前电流能自动衰减,以消除火口和防止弧坑开裂,这点对于环缝焊接及热裂纹敏感材料尤为重要。

(三)脉冲熔化极气体保护焊

脉冲熔化极气体保护焊是利用可控的脉冲电流所产生的脉冲电弧,来熔化焊丝金属并控制熔滴过渡的气体保护电弧焊方法。图 3-31 所示为用于焊接的脉冲电流波形示意图。焊接电源提供了 2 个电流:一个是基值电流 I_S,其作用是维持电弧不熄灭,并使焊丝端头部分熔化,为下一次熔滴过渡做准备;另一个是脉冲电流 I_P,它在可调的时间间隔内叠加在基值电流上,脉冲电流比产生喷射过渡的临界电流高,其作用是给熔滴施加一较大的力促使其过渡。

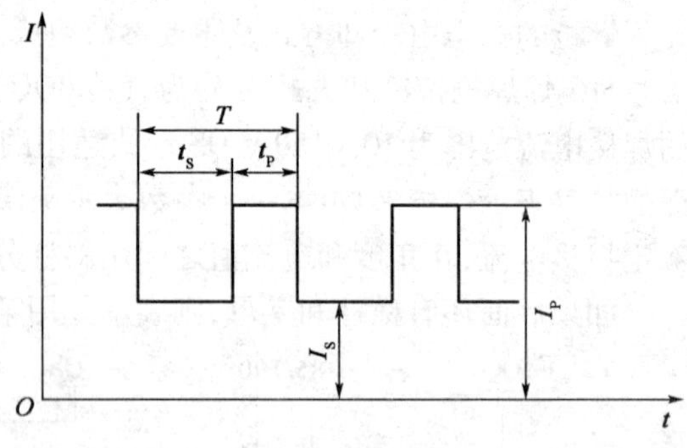

图 3-31 脉冲焊接电流波形图

T-脉冲周期;t_P-脉冲电流持续时间;t_S-维弧时间;I_P-脉冲电流;I_S-基值电流

通常采用在每一个脉冲过程中仅过渡一个熔滴的熔滴过渡形式。两个电流相结合,其平均电流 I_C,产生熔滴具有轴向喷射过渡的稳定电弧。

1. 脉冲熔化极气体保护电弧焊特点

(1)电弧的热输入较低

脉冲熔化极气体保护电弧焊时,电弧中的熔滴呈脉冲喷射过渡,虽然脉冲峰值电流超过某一临界电流值，但因其导电时间很短，故焊接的平均电流要比连续喷射过渡的临界电流小得多，因而焊丝熔化速度和相应的送丝速度也可以降低很多，所以，脉冲熔化极气体保护焊是一种在较低的焊接电流和焊丝熔化速度(即送丝速度)下获得喷射过渡的熔化极气体保护焊方法，故特别适用于薄板、全位置和热敏感金属材料的焊接。

(2)可以精确控制电弧的能量

脉冲熔化极气体保护电弧焊通过脉冲电流波形及脉冲参数的调节可控制电弧的能量，因此，脉冲熔化极气体保护焊具有相当良好的工艺适应性。

(3)具有较宽的电流调节范围

在连续喷射过渡和短路过渡气体保焊时，因受自身的熔滴过渡形式的限制，它们所能采用的电流范围均有限。但是脉冲熔化极气体保护焊焊接时电流范围可从几十到几百安培。因此，脉冲熔化极气体保护焊可适用于短路过渡和连续喷射过渡所能应用的各种场合，从而大大地扩展了熔化极体气保护焊的应用场合。

(4)能用粗焊丝焊接薄板

脉冲熔化极气体保护焊，能用粗焊丝焊接薄板给工艺带来了很大方便。首先送丝容易，对于铝及其合金等软质焊丝尤其明显；其次粗焊丝比细焊丝挺直，焊接时不易偏摆。另外，使用粗焊丝可降低焊丝成本，并且表面积与体积之比减小，表面氧化膜与油污亦相应较少，产生气孔的倾向减小。

2. 脉冲参数

选择脉冲熔化极气体保护焊与其熔化极气体保护焊工艺的主要区别是脉冲参数的选择。其主要脉冲参数有基值电流、脉冲电流、脉冲电流持续时间、脉冲间隙时间和脉冲周期等。

(1)基值电流

基值电流的主要作用是在脉冲电流停歇时间维持焊丝与熔池之间的电离状态，保证电弧复燃稳定；同时预热母材和焊丝，使焊丝端部有一定的熔化量，为脉冲期间熔滴过渡做准备。在总平均电流不变条件下，基值电流越大，其脉冲特点越弱，使熔滴过渡失去可控性；基值电流太小，电弧引燃困难，熔滴过渡规律性差。

(2)脉冲电流

脉冲电流是决定脉冲能量的重要参数，它影响着熔滴的过渡力、尺寸和母材的熔深。在平均总电流不变(即送丝速度不变)的条件下，熔深随脉冲电流增加而增加，基值电流随脉冲电流增加而降低。

(3)脉冲电流持续时间

脉冲电流时间持续太长，会减弱脉冲熔化极气体保护焊的焊接效果；脉冲电流持续时间太短，则不能产生所希望的喷射过渡。

(4)脉冲间歇时间

脉冲间歇时间即基值电流作用时间。在脉冲周期一定时，脉冲间隙时间越长，焊丝熔化量增加，熔滴尺寸增大。脉冲间歇时间太长或太短，脉冲熔化极气体保护焊焊接特点减弱。

(5)脉冲周期

脉冲周期(脉冲频率)也是决定脉冲能量的重要因素之一。总的平均电流或送丝速度较大，则需选择较高的脉冲周期(或脉冲频率)。对于一定的送丝速度，脉冲频率与熔滴尺寸成反比，而与母材熔深成正比。较高的脉冲频率适合于焊接厚板；较低的脉冲频率适合于焊接薄板。

脉冲熔化极气体保护焊的其他工艺参数，如焊接速度、焊丝位置、焊丝伸出长度、焊丝直径等的选择原则，与“普通熔化极气体保护电弧焊”基本相同。

(四)药芯焊丝 CO_2 气体保护焊

药芯焊丝 CO_2 气体保护电弧焊的基本原理与普通 CO_2 焊一样，它以可熔化的药芯焊丝作为电极(通常接正极)，焊件作为另一极，通常采用纯 CO_2 或 CO_2+Ar 混合气体作为保护气体。与普通熔化极气体保护焊的主要区别在于焊丝内部装有焊剂混合物。

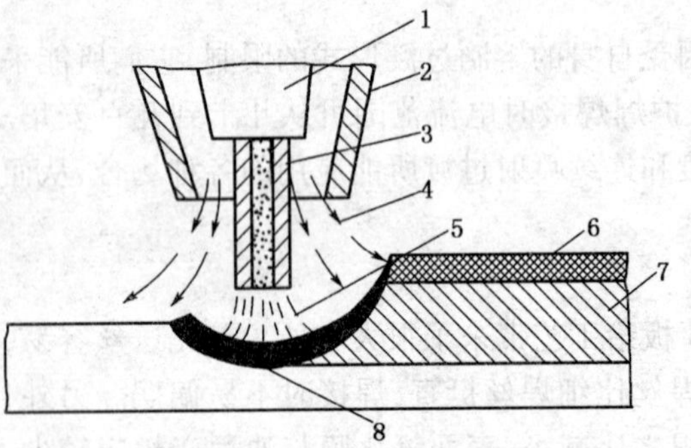

图3-32　药芯焊丝 CO_2 气体保护焊示意图

1-导电嘴；2-喷嘴；3-药芯焊丝；4-CO_2 气体焊；5-电弧；6-熔渣；7-焊缝；8-熔池

焊接时，在电弧热的作用下，熔化状态的焊剂材料、焊丝金属、焊件金属和保护气体相互之间发生冶金作用，同时形成一层较薄的液态熔渣，包覆熔滴并覆盖熔池，对熔化金属形成了又一层的保护。如图3-32所示，这种焊接方法实质上是一种气渣联合保护的方法。

1. 药芯焊丝 CO_2 气体保护焊的特点

(1)采用气渣联合保护，电弧稳定，飞溅少且颗粒细，容易清理，熔池表面覆有熔渣，焊缝成形美观。

(2)焊丝熔敷速度快，熔敷效率为85%~90%，生产率约为焊条电弧焊的3~5倍。

(3)焊接各种钢材的适应性强。通过调整焊剂的成分与比例，可提供所要求的焊缝金属化学成分。

(4)焊丝制造过程复杂。

(5)送丝较困难，需要特殊的送丝机构。

(6)焊丝外表容易锈蚀，其内部粉剂易吸潮。

2. 药芯焊丝

药芯焊丝是由08F冷轧薄钢板经轧机纵向折叠加粉后拉拔而成。焊丝的断面结构可以有不同的形式，如图3-33所示，常将O形断面的药芯焊丝称为管状焊丝，其他的类型称为折叠焊丝。

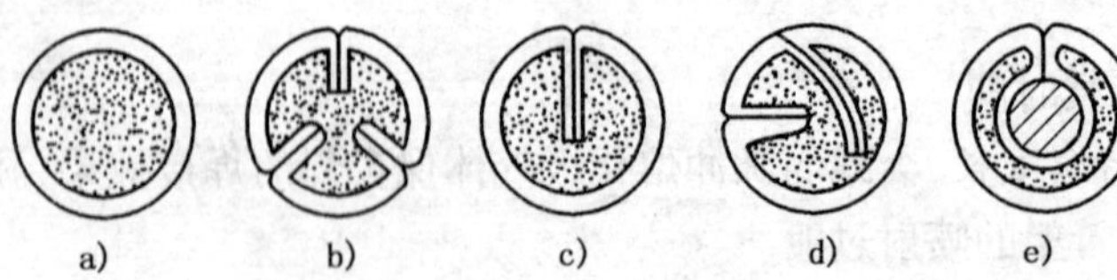

图3-33　药芯焊丝的截面形状

a)O形；b)梅花形；c)T表；d)E形；e)中间填丝形

管状焊丝由于芯部粉剂不导电，电弧容易沿四周的钢皮旋转，故电弧稳定性较差，飞溅较大，焊缝成分不均匀。折叠焊丝因焊丝内部亦能导电，所以电弧燃烧稳定，焊丝熔化均匀，冶金反应充分，容易获得优质的焊缝。

由于小直径折叠焊丝制造困难，因此，一般焊丝直径在2.4mm时制成O形；直径>2.4mm时，制成折叠型。药芯焊丝芯部焊剂的成分和焊条的药皮类似，含有稳弧剂、脱氧剂、造渣剂和铁合金等，起着造渣保护熔池、过渡合金、稳弧等作用。其粉剂成分可分为钛型、钙型和钛钙型几种。

3. 工艺参数的选择

药芯焊丝 CO_2 气体保护焊的工艺参数主要有焊接电流、电弧电压、焊接速度、焊丝伸出长度、保护气体流量和焊丝位置等。

(1) 焊接电流和电弧电压

由于药芯焊丝 CO_2 气体保护电弧焊使用的焊剂成分改变了电弧特性，因此直流或交流、平特性或下降特性电源均可以使用，但通常采用直流平特性电源。当其他条件不变时，焊接电流与送丝速度成正比。采用纯 CO_2 气体保护焊焊接时，通常用长弧法焊接，焊接电流通常在 250 ~ 750A，电弧电压 24 ~ 26V，焊接速度通常 > 500mm/min。

(2) 焊丝伸出长度

焊丝伸出长度对电弧的稳定性、熔深、焊丝熔敷率等均有影响。对给定的送丝速度，焊丝伸出长度随焊接电流的增加而减小。焊丝伸出长度太长，会使电弧不稳定且飞溅大；焊丝伸出长度太短，会使电弧过短，飞溅物易堵塞喷嘴，使气体保护不良而易产生气孔。通常伸出长度为 19 ~ 38mm。药芯焊丝 CO_2 气体保护焊，既可采用半自动焊也可采用自动焊；利用不同焊剂来控制渣的黏度，不仅可平焊也可全位置焊接。

(五) 不同位置的 CO_2 焊接操作方法

1. 平焊

平焊一般采用左焊法，焊丝前倾角为 10° ~ 15°。薄板和打底层的焊接采用直线移动送丝法焊接，坡口填充层焊接时可采用横向摆动送丝法焊接。如图 3-34 所示。

图 3-34　平焊操作

2. T 形接头和搭接接头的焊接

焊接 T 形接头时，易产生咬边、未焊透、焊缝下垂等缺陷，操作中应根据板厚和焊脚尺寸来控制焊枪角度。不等厚板的 T 形接头平角焊时，要使电弧偏向厚板，以使两板受热均匀。等厚板焊接时焊枪的工作角度为 40° ~ 50°，前倾角为 10° ~ 25°。当焊脚尺寸不大于 5mm 时，可将焊枪对准焊缝根部，如图 3-35 中的 A 所示；当焊脚尺寸大于 5mm 时，将焊枪水平偏移 1 ~ 2mm，如图 3-35 中的 B 所示。

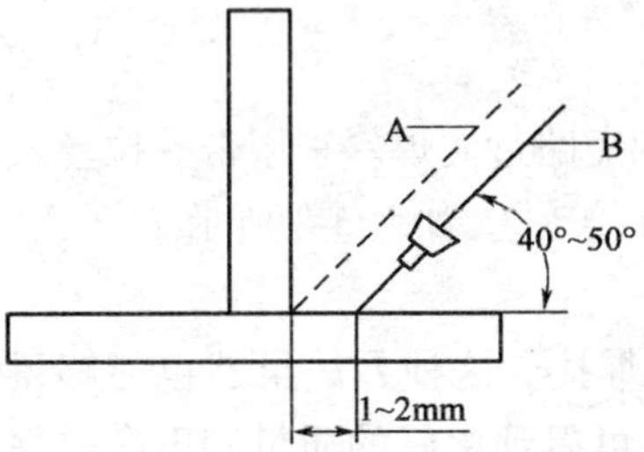

图 3-35　T 形接头平角焊时的焊丝位置

3. 立焊

如图 3-36 所示，CO_2 焊的立焊有两种方式，即向上立焊法和向下立焊法。向上立焊由于重力作用，熔池金属易下淌，加上电弧作用，熔深大，焊道较窄，故一般不采用这种操作法。用直径 1.6mm 以上的焊丝，以滴状过渡方式焊接时，可采用向上立焊法。为了克服熔深大、焊道窄而高的缺点，宜用横向摆动送丝法，用于焊接厚度较大的焊件。

CO_2 焊采用细丝短路过渡向下立焊时，可获得良好的效果。焊接时，CO_2 气流有承托熔池金属的作用，使它不易下坠，操作方便，焊缝成形美观，但熔深较浅。向下立焊法用于薄板焊接，焊丝直径在 1.6mm 以下时，焊接电流不大于 200A。向下立焊时 CO_2 气体流量应比平焊时稍大些。

立焊的送丝方式:直线移动送丝法用于薄板对接的向下立焊,向上立焊的开坡口对接焊的第一层和T形接头立焊的第一层。向上立焊的多层焊,一般在第二层以后采用横向摆动送丝法。为了获得较好的焊缝成形,向上立焊的多层焊多采用正三角形摆动送丝法,也可采用月牙形横向摆动送丝法。

4. 横焊

如图3-37所示,横焊时的工艺参数与立焊基本相同,焊接电流可比立焊时稍大些。横焊时由于重力作用,熔池易下淌,产生咬边、焊瘤和未焊透等缺陷,因此需采用细丝短路过渡方式焊接,焊枪一般采用直线移动送丝方式。为防止熔池温度过高而产生熔池下淌,焊枪可作小幅前后往复摆动。横焊时焊枪的工作角度为75°~85°。前倾角(向下倾斜)为5°~15°。

图3-36　立焊操作

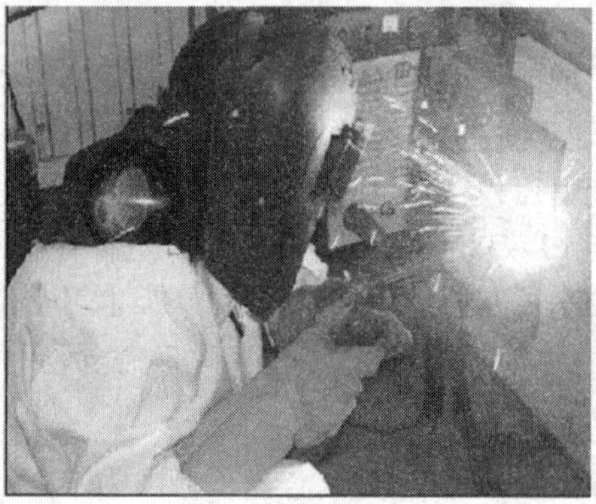

图3-37　横焊操作

(六)铝制车身的焊接工艺

MIG焊虽然几乎可焊接所有的金属,但焊接低碳钢和低合金钢时,由于纯惰性气体保护成本较高,而且焊接质量也不理想,故一般情况下不采用。铝及其合金的焊接对保护气特别敏感,故只能用纯惰性气体保护。现就以铝及其合金的MIG焊为例,讨论MIG焊的常用焊接工艺。

MIG焊焊接铝时要求保护气纯度严格符合标准,同时要采用保护效果好的焊枪。对于质量要求较高的产品,还需要采取焊缝背面保护措施。送丝机构最好选用铝焊丝专用送丝机。

1. 短路过渡焊接工艺

1~2mm薄板的对接、搭接、角接及卷边接头等,可以采用短路过渡焊。采用带有拉丝式送丝装置的焊枪,焊丝直径为0.8~1.0mm。其接头形式及焊接工艺,如表3-8所示。

2. 喷射过渡和亚射流过渡

焊接工艺使用的电流超过临界电流时,可实现喷射过渡焊接。这种方法虽然也能够得到满意的焊接质量,但大量的实践经验证明,采用亚射流过渡可得到更好的质量和更高的焊接效率。采用亚射流过渡时可以采用平特性电源,也可用陡降特性电源。

3. 大电流焊接工艺

铝合金厚件焊接(厚度>20mm)可采用大电流熔化极气体保护电弧焊。焊丝直径采用3.2~5.6mm,电流范围为500~1000A,焊件厚度在25~75mm范围内可以采用两面各焊一道的方法得到满意的焊接接头。

铝合金短路过渡焊接工艺　　表 3-8

板厚(mm)	接头形式(mm)	焊接次数	焊接位置	焊丝直径(mm)	焊接电流(A)	电弧电压(V)	焊接速度(cm/min)	送丝速度(cm/min)	氩气流量(L/min)
2	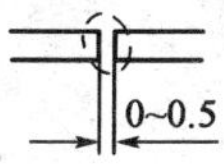 	1	全	0.8	70~85	14~15	40~60	—	15
		1	全	1.2	110~120	17~18	120~140	590~620	15~18
1	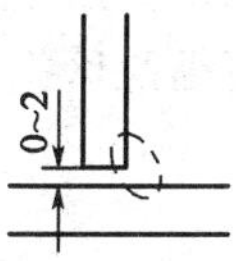 	1	全	0.8	40	14~15	50	—	14
2		1	全	08	70 80~90	14~15 17~18	30~40 80~90	— 950~1050	10 14

自我测试

一、单项选择题

1. CO_2 气体保护焊应采用____________。

   A. 直流正接　B. 直流反接　C. 交流　D. 任意

2. 焊丝直径为 ϕ1.2~1.6mm 的 CO_2气体保护焊常用的送丝方式为____________。

   A. 推丝式　B. 拉丝式　C. 推拉丝式　D. 行星式

3. CO_2 焊的主要缺点是____________。

   A. 飞溅较大　B. 生产率低　C. 对氢敏感　D. 有焊渣

4. CO_2 气体保护焊最适合焊接__________。

   A. 钛合金　B. 铝合金　C. 低碳低合金钢　D. 铜合金

5. CO_2 气瓶瓶口压力表的读数越大，说明瓶内 CO_2 气体的量____________。

   A 越多　B 越少　C. 不能确定

6. CO_2 气体保护焊焊接时，预热器应尽量装在______________。

   A. 靠近钢瓶出气口处　B. 远离钢瓶出气口处

   C. 无论远近都行

7. 下列气体中，不属于 MIG 焊用保护气的为__________。

   A. Ar　B. He + Ar　C. Ar + CO_2　D. He

8. 对于铜及铜合金，______________相当于惰性气体。

   A. N_2　B. CO_2　C. H_2　D. O_2

9. 采用窄间隙气体保护焊焊接厚焊件时需要开__________坡口。

   A. X 形　B. Y 形　C. V 形　D. I 形

10. 下列焊接方法中，对焊接清理要求最严格的是__________。

    A. 焊条电弧焊　B. MIG 焊　C. CO_2 焊　D. 埋弧焊

二、判断题（对的打"√"、错的打"×"）

1. 氩弧焊要求氩气纯度应达到 99.99%。（　）
2. 氩气瓶工作压力为 15MPa。（　）
3. 管件对接的定位焊缝长度一般为 25~30mm，厚度一般为 4~5mm。（　）

4. 钨极氩弧焊的氩气流量太大，不仅浪费氩气，还可能使保护气流形成紊流，将空气卷入保护区，反而降低保护效果。（　　）

5. 易燃物品钨极氩弧焊场所不得小于 5m。（　　）

6. 飞溅大是 CO_2 焊的主要缺点。（　　）

7. CO_2 焊焊接时，焊丝伸出长度过小，不但飞溅严重，而且造成飞溅物堵塞喷嘴，影响保护效果。（　　）

8. 焊后热处理是影响焊接热循环的因素之一。（　　）

9. 焊接接头中性能最差的是焊缝区。（　　）

10. 冷轧低碳钢焊接热影响区，由过热区、正火区、部分相变区和再结晶区组成。（　　）

项目小结

气体保护焊分为熔化极气体保护焊和非熔化极气体保护焊两大类。熔化极气体保护焊因其生产效率高、焊接质量好、适用范围广、易于自动化等优点，在现代工业生产中得到了广泛的应用。

熔化极气体保护焊设备主要由焊接电源、送丝系统、焊枪、行走台车（自动焊）、供气系统和水冷系统、控制系统等部分组成。CO_2 焊、MIG 焊为熔化极气体保护焊。

利用 CO_2 作为保护气体的熔化极气体保护电弧焊方法称为 CO_2 气体保护焊，简称 CO_2 焊。除了具有前述的熔化极气体保护焊的特点外，CO_2 焊还具有气体来源广、焊接成本低；适用范围广；对油锈敏感性小，焊缝含氢量低等优点。

利用惰性气体 Ar、He 或 Ar + He 作为保护气体的熔化极气体保护电弧焊称为熔化极惰性气体保护电弧焊，简称 MIG 焊。MIG 焊几乎可焊接所有的金属材料。

钨极惰性气体保护电弧焊是指使用纯钨或钨合金（钍钨、铈钨等）作电极的非熔化极惰性气体保护焊方法，简称 TIG 焊。钨极惰性气体保护焊（TIG 焊）设备按操作方式分为手工 TIG 焊设备和自动 TIC 焊设备两类

TIG 焊设备主要由焊接电源、控制系统、焊枪、供气和供水系统等组成。TIG 焊几乎可用于所有钢材、有色金属及其合金的焊接，特别适合于化学性质活泼的金属及其合金。常用于不锈钢、高温合金、铝、镁、钦及其合金以及难熔的活泼金属（如锆、钼、铌等）和异种金属的焊接。

TIG 焊容易控制焊缝成形，容易实现单面焊双面成形，主要用于薄件焊接或厚件的打底焊。脉冲 TIG 焊特别适宜于焊接薄板和全位置管道对接焊。TIG 焊一般只用于焊接厚度在 6mm 以下的焊件。

项目四　等离子弧焊接与切割

技能点

1. 能够根据等离子弧焊接与切割的特点合理选择工艺参数；
2. 能够正确使用焊机及工具进行等离子弧的焊接操作；
3. 能够培养良好的安全与卫生习惯。

知识点

1. 掌握等离子弧焊接与切割的特点；
2. 掌握等离子弧焊接与切割的操作方法。

任务描述

某单位的锅炉在使用一段时间后，产生了裂纹，现要求采用等离子弧焊接的方法进行修复，焊接质量应达到设计要求。

任务导入

等离子弧是电弧的一种特殊形式。当自由电弧被压缩后，即可形成等离子电弧。利用等离子电弧可以进行焊接和切割。制造锅炉压力容器所使用的材料主要是各种结构的钢材。

任务分析

等离子弧是通过外部拘束使自由电弧的弧柱被强烈压缩所形成的电弧。从本质上讲，等离子电弧仍然属于一种气体放电的导电现象。可以采用等离子弧焊对锅炉压力容器进行焊接，由于锅炉压力容器对安全有着严格的要求，因此在对其进行焊接修复时也有着更严格的要求。

任务一　等离子弧焊接

学习目标

1. 能够正确描述等离子弧的形成及其特性；
2. 能够正确描述等离子弧发生器的结构与工作原理；
3. 能够培养良好的安全与卫生习惯。

一、任务分析

按焊缝的成形原理，等离子弧焊接（图 4-1）有 3 种基本方法，即穿透型等离子弧焊，熔化透型等离子弧焊和微束等离子弧焊。上述 3 种方法均可采用脉冲电流，以提高焊接过程稳定性，此时该方法可称为脉冲等离子弧焊。此法适于位置焊接，并且焊接热影响区和焊接变形都较小。本任务重点讲述等离子弧焊接工艺。

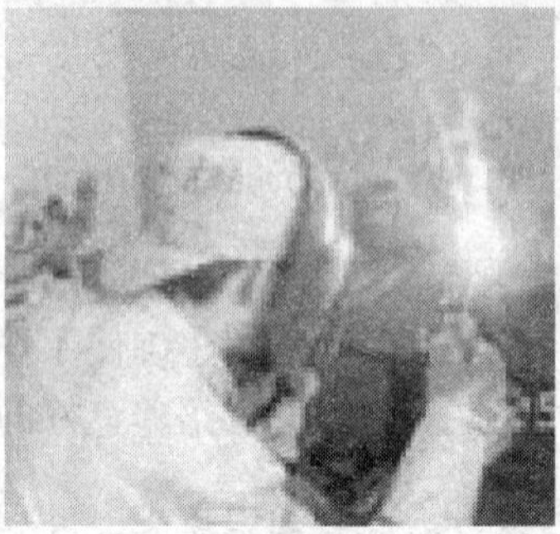

图 4-1　等离子弧焊接操作

二、相关知识

（一）等离子弧

等离子体是指处于电离状态的气态物质，如图 4-2 所示。其中带负电荷的粒子（电子、负离子）数等于带正电荷的粒子（正离子）数。等离子态通常与物质固态、液态和气态并列，称为物质第四态。通过气体放电或加热的办法，从外界获得足够能量，使气体分子或原子中所束缚的电子变为自由电子，便可形成等离子体。

一般电弧焊所产生的电弧，其电弧区内的气体尚未完全电离，能量不够集中，这种电弧未受到外界约束，故称它为自由电弧。当电弧电流增大时，弧柱直径也伴随增大，二者不能独立地进行调节，因此自由电弧弧柱的电流密度、温度和能量密度的增大均受到一定限制。

目前广泛采用压缩电弧的方法是将钨极缩入喷嘴内部，并且在水冷喷嘴中通以一定压力和流量的离子气，强迫电弧通过喷嘴孔道，如图 4-3 所示。此时电弧受到下述 3 种压缩作用。

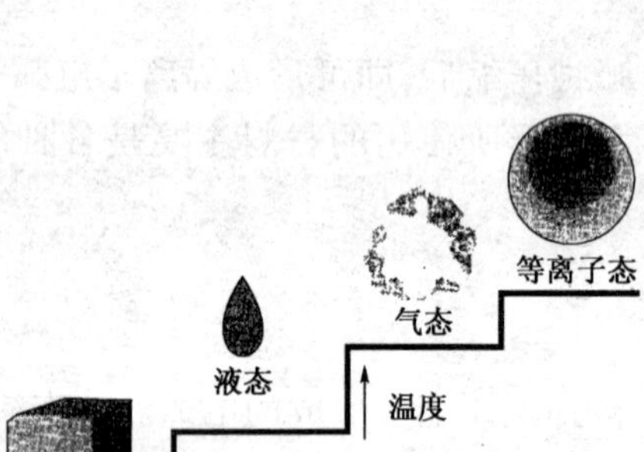

图 4-2　物质的四态

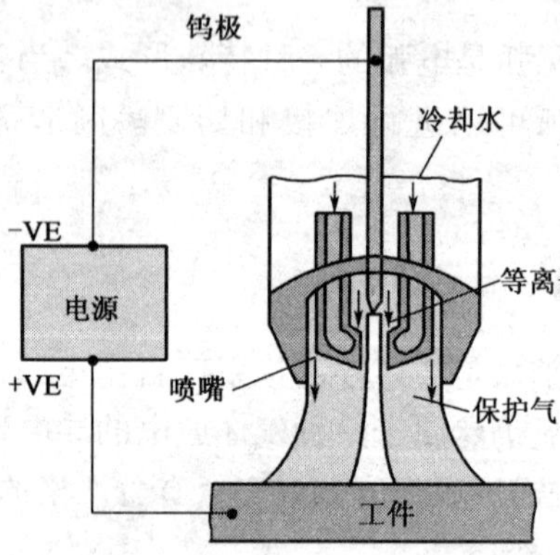

图 4-3　等离子弧的形成

（1）机械压缩作用

弧柱受喷嘴孔径的限制，其弧柱直径不能自由扩大。

（2）热收缩效应

喷嘴水冷作用使靠近喷嘴孔内壁的气体受到强烈的冷却作用，其温度和电离度均迅速下降，迫使弧柱电流向弧柱中心高温高电离区集中，使弧柱横截面进一步减小，而电流密度、温度和能量密度则进一步提高。这种作用被称为热收缩效应。

（3）电磁收缩效应

弧柱本身所产生的磁场对弧柱也起一定的压缩作用（这是由于电弧的电磁收缩力作用

的结果)。

(二)等离子弧的特性及应用

1. 等离子弧的特性

(1)等离子弧的静特性

经测定,等离子弧的静特性曲线仍接近U形,如图4-4所示。与钨极氩弧相比,等离子弧的静特性具有下列特点:

①由于弧柱的横截面受到限制,其电场强度增大,电弧电压明显提高,U形曲线的平直区域明显减小。

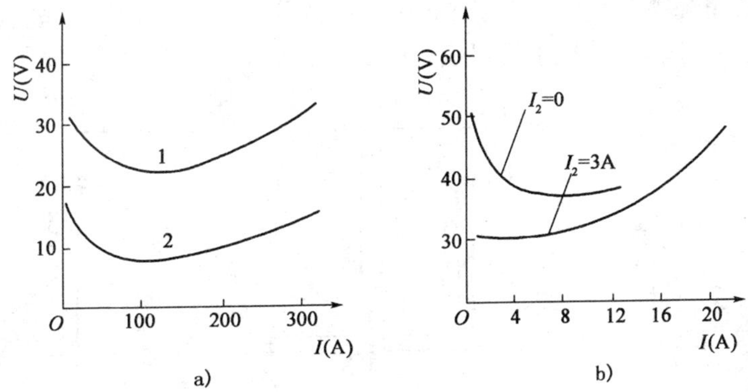

图4-4 等离子弧的静特性

a)转移型弧;b)混合型弧

1-等离子弧;2-钨极氩弧;I_2-非转移弧电流

②离子气种类和流量不同时,弧柱的电场强度也不同。增大离子气流量或使用导热率高的气体都将使弧柱电场强度提高,电弧电压也相应提高,因此电源的空载电压应根据离子气种类和流量确定。

③使用小电流时,等离子弧仍具有缓降或平的静特性,所以在小电流时等离子弧静特性与电源外特性仍有稳定工作点,可使电弧稳定燃烧。例如,使用非转移弧时焊接电流可减小到1~2A以下。

(2)等离子弧的热源特性

①温度高、能量密度大。普通钨极氩弧的最高温度为10000~24000K,能量密度在$10^4 W/cm^2$以下。等离子弧的最高温度可达24000~50000K,能量密度可达$10^4 \sim 10^6 W/cm^2$,稳定性好。

②能量分布均衡。等离子弧由于弧柱被压缩,横截面减小,弧柱电场强度明显提高,因此等离子弧的最大压降是在弧柱区,加热金属时利用的主要是弧柱区的热功率,即利用弧柱等离子体的热能。所以说,等离子弧几乎在整个弧长上都具有高温。这一点和钨极氩弧是明显不同的。

2. 等离子弧的类型及应用

按电源的方法不同,等离子弧有3种形式:非转移型弧、转移型弧和混合型弧。

(1)非转移型弧

非转移型弧是指在阴极和喷嘴之间所产生的等离子弧。这种情况正极接在喷嘴上,工件不带电,在阴极和喷嘴的内壁之间产生电弧,工作气体通过阴极和喷嘴之间的电弧而被加热,使得全部或部分电离,然后由喷嘴喷出形成等离子火焰(或叫等离子射流),如图4-5a)

所示。非转移型弧主要应用于等离子喷涂、焊接和切割较薄的非金属材料。

(2)转移型弧

转移型弧是指电弧离开喷枪转移到被加工零件上的等离子弧。这种情况喷嘴不接电源,工件接正极,电弧燃烧于喷枪的阴极和阳极(工件)之间,如图 4-5b)所示。工作气体围绕着电弧送入,然后从喷嘴喷出。这种等离子弧温度高,能量密度大,常用于各种金属材料的焊接和切割。

(3)混合型弧

非转移型弧引燃转移型弧并加热金属粉末,转移型弧加热工件使其表面产生熔池,如图 4-5c)所示。这种情况喷嘴和工件均接在正极。这种等离子弧稳定性好,电流很小时也能保持电弧稳定,主要用于微束等离子弧焊接和粉末冶金堆焊。

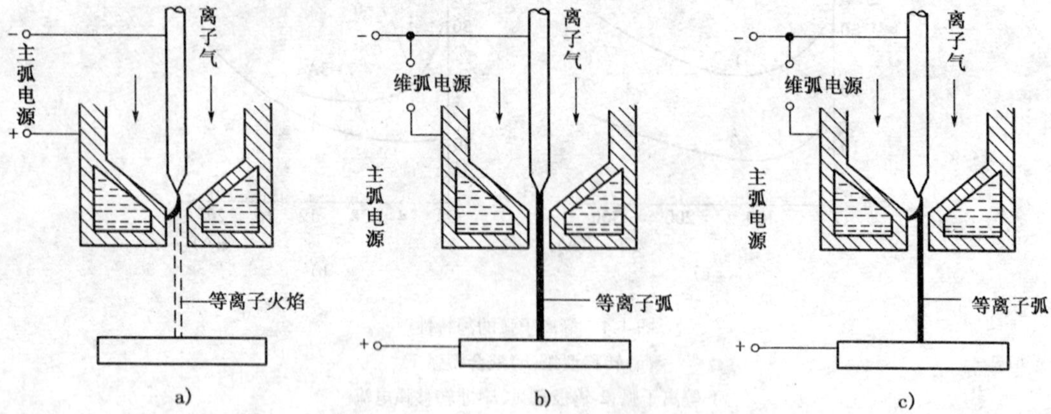

图 4-5　等离子弧的形成

a)非转移型弧;b)转移型弧;c)混合型弧

(三)等离子弧发生器

等离子弧发生器是用来产生等离子弧的装置,根据用途不同可分为焊枪、喷枪和割炬。它们在结构上有许多相同之处,但又各有自身的特点。

1. 基本要求和典型结构

(1)基本要求

①能有效固定钨极和喷嘴的位置,钨极与喷嘴的对准性要好,并能进行调节。

②钨极与喷嘴之间要可靠绝缘。

③能对钨极和喷嘴进行有效水冷。

④能有效导入离子气流和保护气流。

⑤便于加工和装配,特别是喷嘴的更换。

⑥体积小、重量轻,便于操作和观察。

(2)典型结构

①焊枪。等离子弧焊枪主要由上枪体、下枪体、喷嘴和钨极夹持机构等组成,如图 4-6 所示。上枪体部分主要由上枪体水套、调节螺母、绝缘套和水电接头等组成。下枪体部分主要由下枪体水套、离子气室和保护气室、进气管和水电接头等组成。上下枪体都接电源,但极性不同,所以它们之间应可靠绝缘。冷却水一般由下枪体水套进入,由上枪体水套流出。进水口和出水同时也是水冷电缆的接口。

②割炬。割炬的结构与大电流焊枪结构相似，主要不同之处是割炬没有保护气体通道和保护气体喷嘴。

③喷枪和粉末堆焊枪。它们的基本结构与小电流的等离子弧焊枪结构相似，但都附加了一套送粉通路。

2. 喷嘴

喷嘴是等离子弧发生器的关键部分，其形状和几何尺寸对等离子弧的压缩程度和稳定性具有决定性的影响。

(1)喷嘴的主要结构参数

喷嘴的主要结构参数，如图4-7所示。

①喷嘴孔径(d)。它直接影响到等离子弧机械压缩的程度、等离子弧的稳定性和喷嘴的使用寿命。在电流和离子气流量不变的情况下，喷嘴孔径越小，对电弧的机械压缩作用就越强，则等离子弧的温度和能量密度就越高，穿透力就越大。但喷嘴孔径(d)也不能太小，否则易产生双弧现象，破坏等离子弧的稳定性，甚至烧坏喷嘴。因此，应根据所使用的电流和离子气流量确定喷嘴孔径(d)。对每一孔径的喷嘴都有一个合理的电流范围，如表4-1所示。

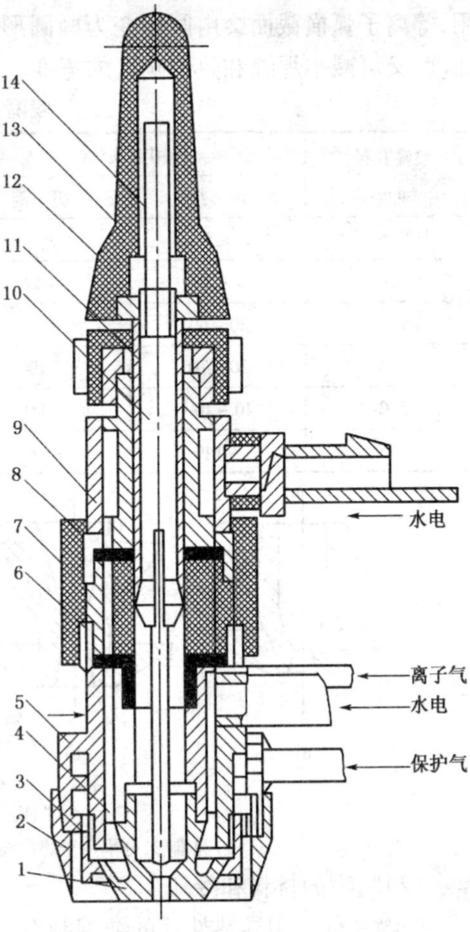

图4-6　等离子弧焊枪结构

1-喷嘴；2-保护套外环；3、4、6-密封圈；5-下枪体水套；7-绝缘套；9-上枪体水套；10-电极夹头；11-套管；12-调节螺母；8、13-绝缘套；14-钨极

②喷嘴孔道长度(L)。L 对电弧的压缩作用也有较大的影响。当喷嘴孔径(d)确定后，随 L 增大，对电弧的压缩作用增强。为防止产生双弧现象，L 与 d 应很好地配合，通常将 L/d 称为喷嘴的孔道比。这个比值越大，对电弧的压缩作用就越强。

③锥角(α)。锥角对电弧的压缩作用也有一定的影响。随着 α 的减小，但影响程度较小，故 α 可在较大的范围内选用。常用的锥角为60°~75°。

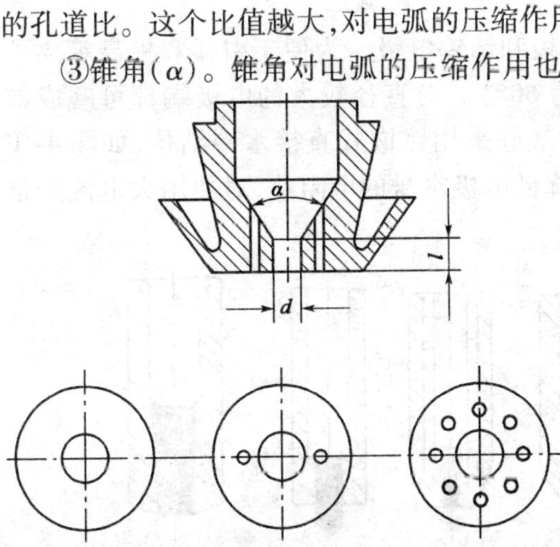

图4-7　喷嘴的结构参数

④压缩孔道形状。大多数喷嘴采用圆柱形压缩孔道，但也可采用圆锥散形喷嘴，如图4-8所示。扩散型喷嘴压缩程度比圆柱形喷嘴低，但对防止双弧现象，提高等离子弧的稳定性和喷嘴的使用寿命是有利的。

除单孔喷嘴以外，还有多孔形喷嘴。例如，中心孔两侧带有两个辅助小孔的焊接喷嘴，四周带有多个辅助小孔的切割喷嘴。当采用多孔焊接喷嘴进行焊接时，由于等离子弧从喷嘴外面受到从辅助小孔喷出的冷气流的二次压缩作用,等离子弧横截面会由圆形变为椭圆形,如果将椭圆其长轴沿着焊接方向,既可提高焊接速度,又可减小焊缝和热影响区的宽度。

喷嘴孔径与许用电流 表 4-1

喷嘴孔径(mm)	许用电流(A)		喷嘴孔径(mm)	许用电流(A)	
	焊 接	切 割		焊 接	切 割
0.6	≤5	—	2.8	~180	~240
0.8	1~25	~14	3.0	~210	~280
1.2	20~60	~80	3.5	~300	~380
1.4	30~70	~100	4.0	—	>400
2.0	40~100	~140	4.0~5.0	—	>400
2.5	~140	~180			

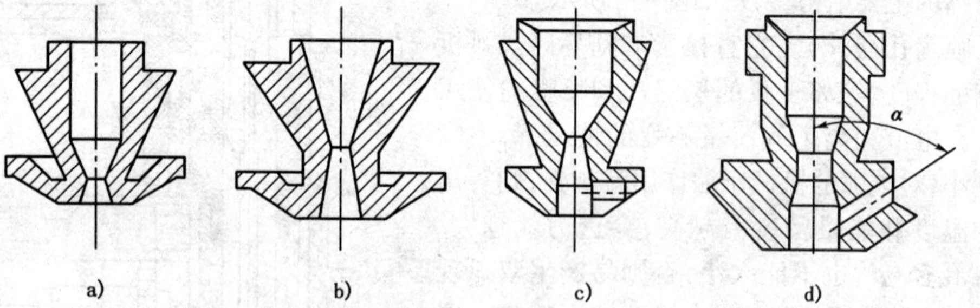

图 4-8 扩散型喷嘴

a)、b)圆锥形,分别用于焊接与切割;c)、d)圆柱形,分别用于喷涂与堆焊

(2)喷嘴的材料和冷却

喷嘴一般采用导热性好的纯铜制造,并要求有良好的冷却效果。大功率喷嘴必须采用直接水冷,且冷却水要求有足够的压力和流量,否则喷嘴的使用寿命极短。为提高冷却效果,喷嘴壁厚一般不大于 2~2.5mm。

3. 电极

(1)电极的材料与形状

等离子弧发生器所用的电极主要是钍钨电极和铈钨电极。为便于引弧和提高等离子弧的稳定性,电极端部应磨成一定角度(一般为 60°)。对直径较大的电极端部可磨成如图 4-9 所示的形状。当电极直径大于 5mm 时,最好采用镶嵌式直接水冷结构,如图 4-10 所示。这样既可增强对电极的冷却效果,又可降低电极本身的电阻热,对使用大电流是很有利的。

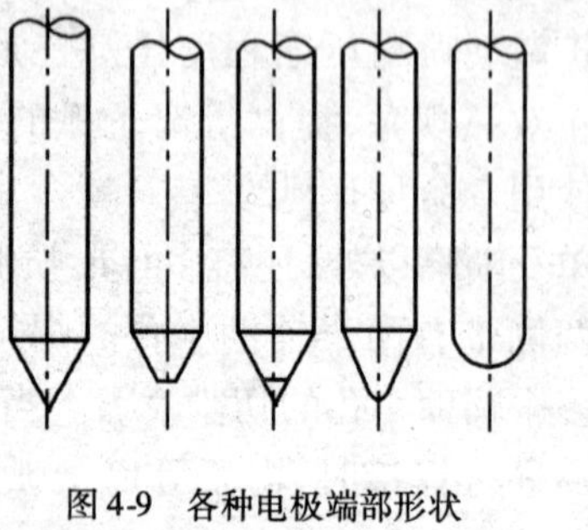

图 4-9 各种电极端部形状

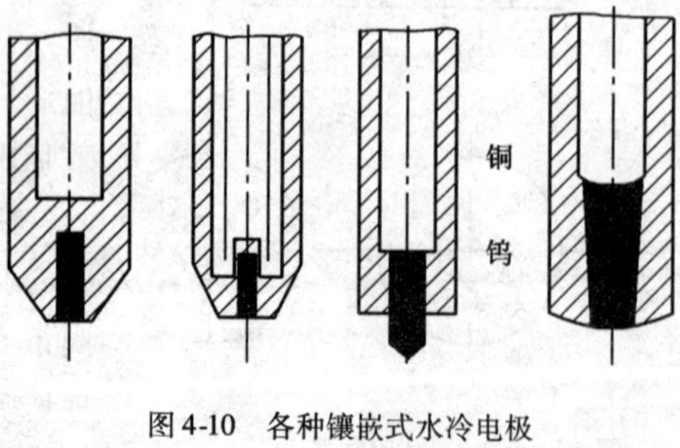

图 4-10 各种镶嵌式水冷电极

(2)内缩度和同心度

钨极的内缩长度(L_g)对等离子弧有较大的影响,如图 4-11 所示。当内缩长度(L_g)增大时,对等离子弧的压缩作用增强;但过大易引起双弧现象。故一般焊枪取 $L_g = L \pm 0.2$mm;割枪中 $L_g = L + (2-3)$mm(L 为喷嘴孔道长度)。

钨极与喷嘴的同心度如果不好,不仅影响焊缝或割缝质量,而且也是产生双弧的重要原因,因此安装时应调整好钨极与喷嘴的同心度。

4. 进气方式

等离子弧发生器常用的进气方式有两种:切向进气和径向进气,如图 4-12 所示。实践证明,这两种进气方式都能保证等离子弧的稳定性,但采用分配器进气效果更好,如图 4-12c)所示,因为进气时经多个切向气道送入气体,气流形成漩涡状,使通入喷嘴孔道时中心为低压区,有利于弧柱稳定于孔道中心轴线上。

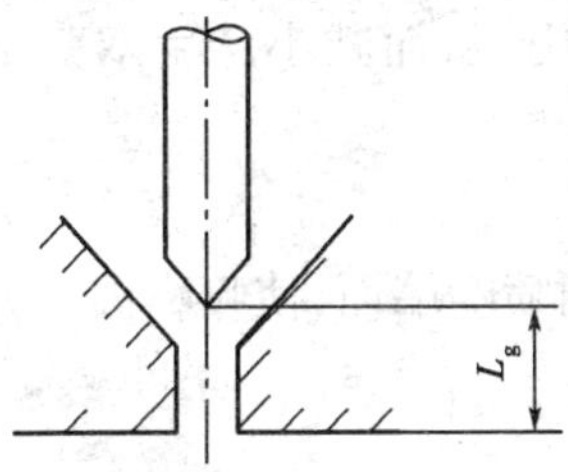

图 4-11 钨极的内缩

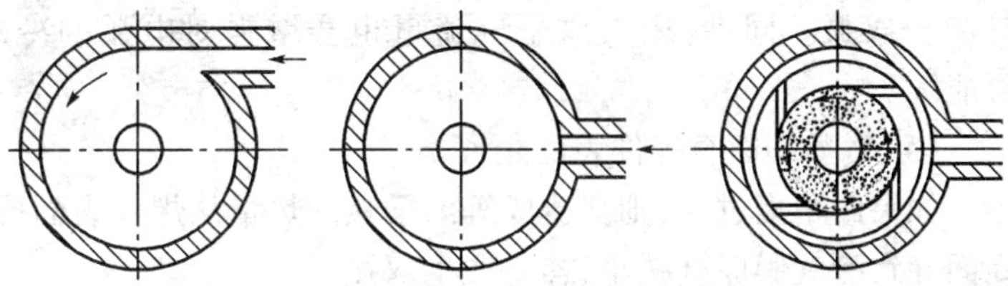

图 4-12 进气方式

a)切向进气;b)径向进气;c)送气分配器

(四)双弧现象及其影响因素

在使用转移型等离子弧进行焊接或切割的过程中,正常的等离子弧应稳定地在钨极与焊件之间燃烧,但由于某些原因往往还会形成另一个燃烧于钨极→喷嘴→焊件之间的串列电弧,从外部可观察到两个并列电弧同时存在,如图 4-13 所示,这就是双弧现象。

在等离子弧焊接或切割过程中,一旦形成双弧则会降低主弧电流,并会影响等离子弧的稳定性,使焊接或切割过程不能正常进行,严重时还会烧坏喷嘴。因此了解双弧产生的原因,设法防止双弧的产生,在等离子弧应用中是一个重要问题。

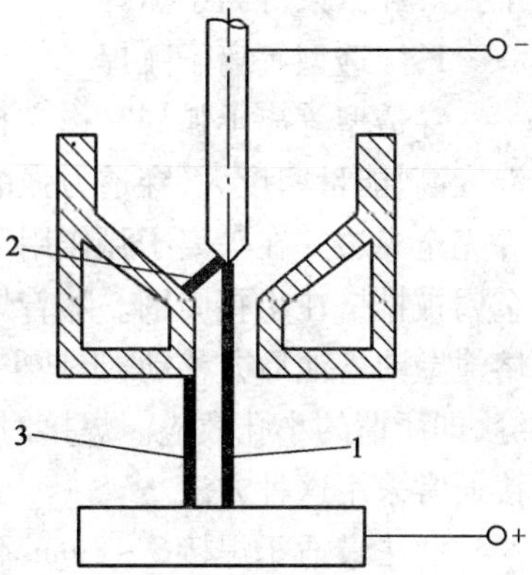

图 4-13 双弧现象

1-主弧;2、3-串列弧

1. 形成双弧的原因

在等离子弧焊接或切割时,由于喷嘴的冷却作用,使等离子弧的弧柱与喷嘴孔壁之间存在着由离子气形成的冷气膜,其温度和电离度都较低,对弧柱向喷嘴的传热和导电都起较强的阻滞作用。因为此冷气膜的存在,一方面起到绝热作用,防止喷嘴因过热而烧坏;另一方面,相当于在弧柱与喷嘴孔壁之间有一绝缘套筒存在,它隔断了喷嘴与弧柱间电的联系,所以等离子弧能稳定燃烧不会产生双弧。当冷气膜的阻滞作用被击穿时,绝热和绝缘作用消失,就会产生双弧现象。

2. 形成双弧的影响因素

(1)喷嘴结构参数这些参数对形成双弧起决定性作用。减小喷嘴孔径或增大孔道长度,会使冷气膜厚度减小而容易被击穿，故容易产生双弧。同理，钨极的内缩长度增加时，也容易引起双弧。

(2)喷嘴的冷却效果

如果喷嘴的水冷效果不良，必然会使冷气膜的厚度减小而容易引起双弧现象。因此，喷嘴应具有良好的冷却效果。

(3)电弧电流

在其他条件不变时，增大电流，等离子弧弧柱直径会增大，使冷气膜厚度减小，故容易产生双弧。因此对一定尺寸的喷嘴，在使用时电流应小于其许用电流值。

(4)离子气成分和流量

当离子气成分不同时对电弧的冷却作用也不同，产生双弧的倾向也不一样。例如，采用 $Ar+H_2$：作为离子气时，由于氢的冷却作用强，弧柱直径缩小，使冷气膜的厚度增大，因此不易产生双弧。同理，增大离子气流量也会增强对电弧的冷却作用，从而减小产生双弧的可能。

(5)喷嘴端面至焊件表面距离

如果此距离过小，则会造成等离子弧的热量从焊件表面反射到喷嘴端面，使喷嘴温度升高而导致冷气膜厚度减小，容易产生双弧。

(6)钨极与喷嘴的同心度

当钨极偏心时，等离子弧在喷嘴孔中的分布也偏心，使等离子弧周围冷气膜厚度不均匀，冷气膜厚度最薄处容易被击穿而产生双弧。因此，在安装时调整好钨极与喷嘴同心度是十分必要的。

(五)等离子弧焊接的基本方法及应用

按焊缝成形原理，等离子弧焊接有下列3种基本方法：穿透型等离子弧焊、熔透型等离子弧焊和微束等离子弧焊。

1. 穿透型等离子弧焊

穿透型等离子弧焊又称穿孔型焊接法，即大电流焊接。该方法是利用等离子弧直径小、温度高、能量密度大、穿透力强的特点，在适当的参数条件下实现的。焊接时，等离子弧把工件完全穿透并在等离子弧作用下形成一个穿透工件的小孔(在小孔背面露穿离子弧)，熔化金属被排挤在小孔周围。随着焊枪的移动，熔池中的液态金属在电弧吹力、表面张力作用下熔池壁向熔池后方移动，于是小孔也跟着焊枪向前移，形成完全熔透的正反面都有波纹的焊缝，即所谓的小孔效应。焊接时一般不必填充金属。目前大电流(100~300A)等离子弧焊接通常采用这种方法。

此法最适于焊接3~8mm不锈钢、12mm以下钛合金、2~6mm低碳钢或低合金结构钢以及铜、黄铜、镍及镍合金的对接焊。

2. 熔透型等离子弧焊

熔透型等离子弧焊又称熔入型焊接法(图4-14)，它采用较小的焊接电流(15~100A)和较小的离子气流量，等离子弧在焊接过程中只熔化焊件而不产生小孔效应。其基本焊法与钨极氩弧焊相似。焊接时可填充金属，也可不填充金属。该法主要用于薄板(0.5~2.5mm)的焊接、多层焊时第二层及以后各层的焊接。

3. 微束等离子弧焊

焊接电流在30A以下的熔透型等离子弧焊通常称为微束等离子弧焊。为保证小电流时等离子弧的稳定性，一般采用混合型等离子弧。此时微弧电流始终存在，因此小电流时等离子弧也十分稳定，它主要用于超薄件的焊接。

(六)等离子弧焊接的工艺特点

图4-14　熔透型等离子弧焊

(1)由于等离子弧的温度高、能量密度大、穿透能力强，因此可用比钨极氩弧焊高得多的焊接速度施焊。这不仅提高了焊接生产率，而且可减小熔宽、增大熔深，减小热影响宽度和减小焊接变形。

(2)由于等离子弧的形态近似圆柱形，挺度好，因此当弧长发生波动时熔池表面的加热面的变化不大，对焊缝成形的影响较小，容易得到均匀的焊缝成形。

(3)由于等离子弧的稳定性好，使用很小的焊接电流也能保证等离子弧的稳定，故可以焊接超薄件。

(4)由于钨极内缩在喷嘴里面，焊接时钨极与焊件不接触，因此可减少钨极烧损和防止焊缝金属夹钨。

三、任务实施

等离子弧焊接工艺参数的选择，主要考虑如下几个方面：

1. 接头形式的选择

用于等离子弧焊接的通用接头形式为I形对接接头、开单面V形和双面V形坡口的对接接头以及开单面U形和双面U形坡口对接接头。除此之外，也可用角接接头和T形接头。

(1)工件厚度大于1.6mm时，小于表4-2列举的厚度时，可不开坡口，采用穿透型焊接法一次焊透。

等离子弧一次焊透的工件厚度　　表4-2

材　料	不锈钢	钛及钛合金	镍及镍合金	低碳钢
厚度范围(mm)	≤8	≤12	≤6	≤8

(2)对厚度较大的焊件，需要开坡口进行多层焊。为使一层焊缝仍可采用穿透法焊接，坡口钝边可留至5mm，坡口角度也可减小。

(3)焊件厚度如果在0.05～1.6mm之间，使用微束等离子弧焊接。焊接时要采用可靠的焊接夹具，以保证工件的装配质量。装配间隙和错边量越小越好。

2. 等离子弧焊气体的选择

等离子弧焊时，除向焊枪输入离子气外，还要输入保护气，以充分保护熔池不受大气污染。目前应用最广的离子气是氩气，适用于所有金属。为提高焊接生产效率，改善接头质量，针对不同金属可在氩气中加入其他气体。例如，焊接不锈钢和镍合金时，可在氩气中加入5%～7.5%的氦气。

3. 喷嘴孔径的选择

喷嘴孔径直接决定对等离子弧的压缩程度，是选择其他参数的前提。在焊接生产过程中，当焊件厚度增大时，焊接电流也应增大，但一定孔径的喷嘴其许用电流是有限制的(见表4-1)。因此，一般应按焊件厚度和所需电流值确定喷嘴孔径。

4. 焊接电流的选择

当其他条件不变时，焊接电流增加，等离子弧的热功率也增加，熔透能力增强，因此，应根据被焊焊件的材质和厚度首先确定焊接电流。在采用穿透法焊接时，如果电流太小，则形成小孔的直径也小，甚至不能形成小孔，无法实现穿透法焊接；如果电流过大，则形成的小孔直径也过大，熔化金属过多，易造成熔池金属坠落，也无法实现穿透法焊接。同时，电流过大还容易引起双弧现象。因此，当其工艺参数及喷嘴孔径一定时，焊接电流应控制在一定范围内。

5. 离子气流量的选择

当其他条件不变时，离子气流量增加，等离子弧的冲力和穿透能力都增大。因此，要实现稳定的穿透法焊接过程，必须要有足够的离子气流量；但离子气流量太大时，会使等离子弧的冲力过大将熔池金属冲掉，同样无法实现穿透法焊接。

6. 焊接速度的选择

当其他条件不变时，提高焊接速度，输入到焊缝的热量会减少，在穿透法焊接时，小孔直径会减小；如果焊速太高，则不能形成小孔，故不能实现穿透法焊接。但此时若能增大电流或离子气流量，则又能实现稳定的穿透法焊接。

在穿透法焊接过程中，除要选择合适的焊接电流、离子气流量和焊接速度外，还要使这三个参数很好地相互匹配。匹配的一般规律是当焊接电流一定时，若增加离子气流量，则应相应增加焊接速度；当离子气流量一定时，若增加焊接速度，则应相应增加焊接电流；当焊接速度一定时，若增加离子气流量，则应相应减小焊接电流。

7. 喷嘴端面与焊件表面距离的选择

生产实践证明，喷嘴端面与焊件表面距离应保持在 3 ~ 8mm 较为合适。如果距离过大，会增加等离子弧的热损失，使熔透能力减小，保护效果变差；该距离过小，则不便于操作，易被飞溅物堵塞，容易产生双弧现象。

8. 保护气流量的选择

保护气流量应与离子气流量有一个适当的比例。如果保护气流量过大，则会造成气流紊乱，影响等离子弧稳定性和保护效果。穿透法焊接时，保护气流量一般选 15 ~ 30L/min。

任务布置

1. 与钨极氩弧焊相比，等离子弧焊具有哪些工艺特点？
2. 等离子弧焊基本方法有哪几种？等离子弧焊适用于哪些场合？

任务二　等离子弧切割

学习目标

1. 能够正确描述等离子切割的原理及特点；
2. 能够正确描述等离子切割设备的结构与工作原理；
3. 能够正确选择工艺参数进行切割操作；
4. 能够培养良好的安全与卫生习惯。

一、任务分析

等离子弧切割是一种常用的金属和非金属材料切割的工艺方法。如图 4-15 所示：它利用高速、高温和高能的等离子气流来加热和熔化被切割材料，并借助内部的或者外部的高速气流或水流将熔化材料排开直至等离子气流束穿透背面而形成割口。等离子弧可以切割大部分金属材料（如不锈钢、铸铁、铝、镁、铜等）及部分非金属材料（如石块、耐火砖等）。

二、相关知识

等离子弧切割具有如下特点：

（1）应用范围广。与氧乙炔焰切割相比，等离子弧的切割过程不是依靠氧化反应而是靠熔化来切割材料，因而比氧乙炔切割的适用范围大得多，能够切割绝大部分金属和非金属材料。等离子弧除了可以切割碳钢及低合金钢外，还可以切割氧乙炔焰不能切割的材料，如铝合金、不锈钢等。

（2）切割速度快，生产率高。它是目前采用的切割方法中切割速度最快的一种方法。

图 4-15　等离子弧切割

（3）切口质量好。此方法产生的热影响区和变形都比较小，特别是切割不锈钢时能很快通过敏化温度区间，故不会降低切口处金属的耐蚀性能。切割淬火倾向较大的钢材时，虽然切口处金属的硬度也会升高，甚至会出现裂纹，但由于淬硬层的深度非常小，通过焊接过程可以消除，所以切割边可直接用于装配焊接。

三、任务实施步骤

（一）切割工艺参数的选择

1. 空载电压和弧柱电压的选择

等离子切割电源，必须具有足够高的空载电压，才能容易引弧和使等离子弧稳定燃烧。空载电压一般为 120 ~ 600V，而弧柱电压一般为空载电压的一半。提高弧柱电压，能明显地提高等离子弧的功率，因而能提高切割速度和切割更大厚度的金属板材。弧柱电压不能超过空载电压的 65%，否则会使等离子弧不稳定。

2. 切割电流的选择

增加切割电流同样能提高等离子弧的功率，但它受到最大允许电流的限制，否则会使等离子弧柱变粗、割缝宽度增加、电极寿命下降。

3. 气体种类及流量的选择

由于氮气的携热性好、密度大、价格又低，所以目前国内多采用氮气作离子气（切割气体）。但由于氮气的电离电位较高，切割时引弧性和稳弧性都比较差，故需较高的空载电压（一般是 150V 以上）才能使等离子弧稳定。切割大厚度工件时，为提高切割速度和切口质量，一般采用氮加氢混合气作为离子气，但此时需要更高的空载电压（350V 以上）才能稳定电弧。

增加气体流量既能提高弧柱电压，又能增强对弧柱的压缩作用而使等离子弧能量更加集中、喷射力更强，因而可提高切割速度和质量。但气体流量过大，反而会使弧柱变短，损失热量增加，切割能力减弱，甚至会使切割过程不能正常进行。

4. 电极内缩度的选择

所谓内缩度是指电极到割嘴端面的距离，合适的距离可以使电弧在割嘴内得到良好的压缩，获得能量集中、温度高的等离子弧而进行有效的切割。距离过大或过小，会使电极严重烧损、割嘴烧坏和切割能力下降。内缩度一般取 8 ~ 11mm。

5. 割嘴高度的选择

割嘴高度是指割嘴端面至被割工件表面的距离。该距离一般为 4 ~ 10mm。它与电极内缩度一样，距离要合适才能充分发挥等离子弧的切割效率，否则会使切割效率和切割质量下降或使割嘴烧坏。

6. 切割速度的选择

以上 5 种因素直接影响等离子弧的压缩效应，也就是影响等离子弧的温度和能量密度，而等离子弧的高温、高能量决定着切割速度，所以以上的 5 种因素均与切割速度有关。在保证切割质量的前提下，应尽可能地提高切割速度。

（二）实施切割

如图 4-16 所示，良好的切割质量应该是切口面光洁、切口窄，切口上部呈直角且无熔化圆角，切口下部无毛刺（熔瘤）。为实现上述质量要求，应注意下面几点：

图 4-16　等离子弧焊切割示意图

1. 切口宽度和平直度

等离子弧切割的切口宽度一般为氧-乙炔火焰切割时的 1.5 ~ 2.0 倍，且随板厚增大，切割宽度也要增大。切口端面往往稍有倾斜，顶部切去较多的金属，顶边缘有时会略带圆角。板厚在 25mm 以下的不锈钢或铝，用小电流切割时可获得平直度很好的切口，8mm 以上板材切口不需加工，可直接焊接。

2. 切口毛刺的消除

用等离子弧切割不锈钢时，由于熔化金属的流动性比较差，不易全从切口处吹掉；又因不锈钢的导热性较差，切口底部金属容易过热，因此切口内没被吹掉的熔化金属容易与切口底部的过热金属熔合在一起，冷却凝固后形成毛刺。这种不锈钢毛刺的强度高，韧性又好，因此难以去除，给加工带来很大困难。所以消除不锈钢切口毛刺是提高切割质量的关键问题。

3. 避免产生双弧

在等离子弧切割过程中，为保证切割质量，必须防止产生双弧现象。因为一旦产生双弧，一方面主弧电流减小，主弧功率减小，导致切割工艺参数不稳，切口质量下降；另一方面喷嘴成为导体而易被烧坏，影响切割过程，同样会降低切口质量。

4. 大厚度工件的切割

为保证大厚度工件的切口质量，应采取下列工艺措施：

（1）适当提高切割功率

随着切割厚度增大，等离子弧的功率必须相应增大，以保证切透工件。一般采用提高切割电压的方法来提高等离子弧的功率。

（2）适当增大离子气流量

增大离子气流量可提高等离子弧的挺度，增大电弧吹力，以保证切透工件。切割大厚度工件时，最好采用氮加氢混合气作离子气，以提高等离子弧的温度和能量密度。

(3)采用电流逆增或分级转弧

等离子弧切割时一般采用转移型等离子弧。在转弧过程中,由于有大的电流突变,往往会引起转弧中断或烧坏喷嘴,因此切割设备应采用电流递增或分级转弧。为此,可在回路中串联一个限流电阻,以降低转弧时的电流值,然后再将其短路掉。

(4)切割前预热

切割时要按所割材料的材质和厚度进行足够时间的预热。

任务布置

1. 简述等离子弧切割的原理及特点?
2. 等离子弧切割时如何选择工艺参数?

知识与能力拓展

(一)等离子弧焊设备

按操作方式不同,等离子弧焊设备可分为手工焊设备和自动焊设备两大类。手工焊设备主要由焊接电源、焊枪、控制系统、气路系统和水路系统等部件组成;自动焊设备除上述部件之外,还有焊接小车和送丝机构(焊接时需要填充金属)。

按焊接电流的大小,等离子弧焊设备可分为大电流等离子弧焊设备和微束等离子弧焊设备。

1. 焊接电源

等离子弧焊设备一般采用具有陡降或垂直下降外特性的直流弧焊电源。电源空载电压根据离子气的种类而定,如用纯氢气作离子气时,电源空载电压只需 80V 左右;而用氢气加氢气的混合气体作离子气时,电源空载电压则需要 110 ~ 120V。微束等离子弧焊设备最好采用垂直下降外特性的电源,以提高等离子弧的稳定性。

为保证收弧处的焊缝质量,不会留下弧坑,等离子弧焊接一般采用电流衰减法熄弧,因此应具有电流衰减装置。

2. 气路系统

等离子弧焊接设备的供气系统应能分别供给离子气和保护气。为了保证引弧处和熄弧处的焊缝质量,离子气应分成两路供给,其中一路可在焊接收尾时经气阀放入大气,以实现气流衰减控制;另一路经流量计进入焊枪,如图 4-17 所示。调节阀可调节离子气的衰减时间。

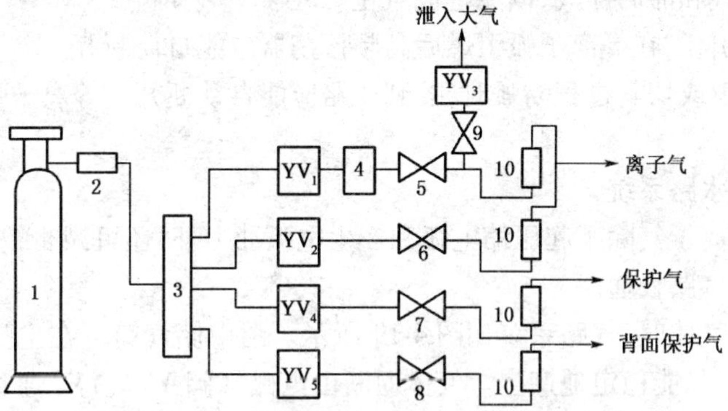

图 4-17　等离子弧焊接设备的供气系统

1-氩气瓶;2-减压表;3-气体汇流排;4-储气筒;5 ~ 9-调节阀;10-流量计;$YV_{1\sim5}$-电磁阀

3. 控制系统

等离子弧焊设备的控制系统一般包括高频引弧电路、拖动控制电路、延时电路和程序控制电路等部分。程序控制电路包括提前送保护气、高频引弧和转弧、离子气逆增、延时行走、电流衰减和延时停气等控制环节,以保证实现如图 4-18 所示的工作程序。

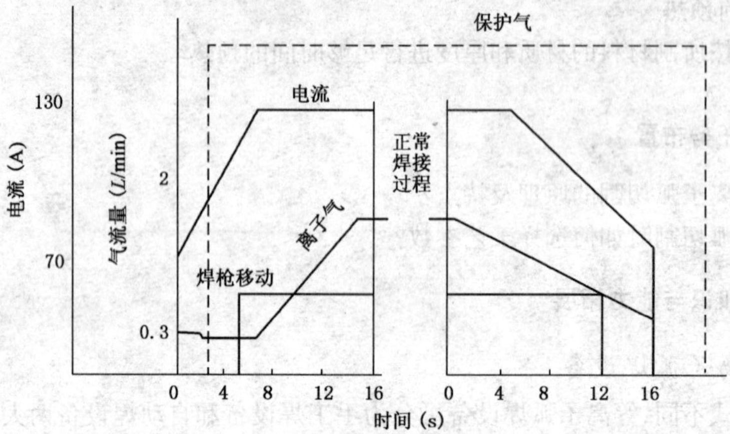

图 4-18 带有逆增环节的等离子弧焊接设备的焊接程序循环

(二)等离子弧切割设备

等离子弧切割设备主要由电源、割炬、控制系统、气路系统和水路系统等组成。如果是自动切割,还要有切割小车。

1. 送丝方式电源

等离子弧切割与等离子弧焊接一样,一般采用陡降外特性的直流电源。为提高切割电压,要求切割电源具有较高的空载电压(一般是 150 ~ 400V)。

一般等离子弧切割设备都有配套使用的专用电源。与 LG - 400 - 1 型等离子弧切割机配套的电源是 ZXG2 - 400 型硅整流电源,其空载电压较高,分 180V 和 300V 两挡。在没有专用切割电源的情况下,也可采用普通的直流电源串联使用,串联台数根据切割厚度而定。需要注意的是:串联使用时,切割电流不应超过任一台电源的额定电流值,以免电源过载。

2. 控制系统

等离子弧切割的控制系统应满足下列要求:

(1)能提前送气和滞后停气,以免电极氧化。

(2)采用高频引弧,在等离子弧引燃后高频振荡器应能自动断开。

(3)在切割结束或切割过程断弧时,控制线路应能自动断开。等离子弧切割过程的程序由控制系统完成。

3. 气路系统和水路系统

在割炬中通入离子气除了起压缩电弧和产生电弧冲力外,还可减少钨极的氧化烧损,因此切割时必须保证气路畅通。

采用单一切割气体时,气路系统如图 4-19 所示。图中储气筒可在主弧气流刚接通时起缓冲作用,使等离子弧能稳定地产生。气体通断由电磁气阀 YV_1、YV_2 通过控制系统进行控制,气体流量则由调节阀来调节。采用混合气体切割时,则需再增加一条气体通路和一个气体混合室。

为防止割炬的喷嘴被烧坏,切割时必须对割炬进行通水强制冷却。水路系统一般装有水压开关SW，以保证在没有冷却水时不能引弧；或在切割过程中断水，或水压不足时能自动停止工作。冷却水一般可采用自来水，但当水压小于0.098MPa时，必须安装专用液压泵供水，以提高水压，保证冷却效果。

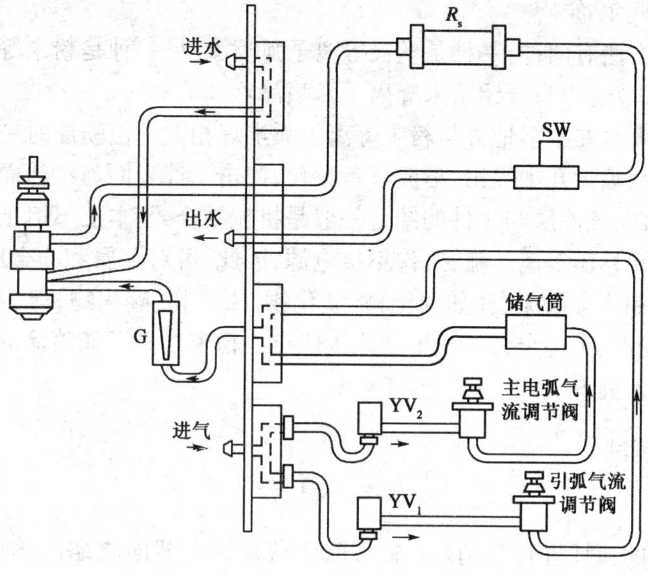

图4-19　气路系统和水路系统

(三)等离子弧堆焊

等离子弧堆焊是利用等离子弧的热能将堆焊材料熔敷到工件表面上从而获得不同成分不同性能堆焊层的方法。该方法主要用于堆焊硬度高、耐磨性好及耐蚀性好的金属或合金。根据堆焊时熔敷金属送入方式的不同，等离子弧堆焊主要分为粉末等离子弧堆焊和热丝堆焊两种，其中粉末等离子弧堆焊应用得较多。

1. 粉末等离子弧堆焊

粉末等离子弧堆焊是将合金粉末装入送粉器中，堆焊时用氢气将合金粉末送入堆焊枪体的喷嘴中，利用等离子弧的热能将其熔敷到工件表面，形成堆焊层。该种堆焊所用的合金粉末既容易制得，其成分又容易调整，因而生产率高(熔敷率高)，堆焊层的质量好(稀释率低)，便于实现堆焊过程自动化等。

该法目前应用较广泛，特别适合在轴承、阀门、工具、推土机零件、蜗轮叶片等的制造和修复工作中堆焊硬质耐磨合金。粉末等离子弧堆焊一般采用转移型等离子弧，但也可以采用混合型等离子弧。堆焊设备与相应的等离子弧焊接设备相同，但堆焊时所用的焊枪与焊接时所用的焊枪不同，除有离子气和保护气两条气路外，还有第3条送粉气路。由于堆焊时母材熔深不能大，以利于减小堆焊层的稀释率，故堆焊时一般采用柔性弧，即采用较小的离子气流量和较小的孔道比。

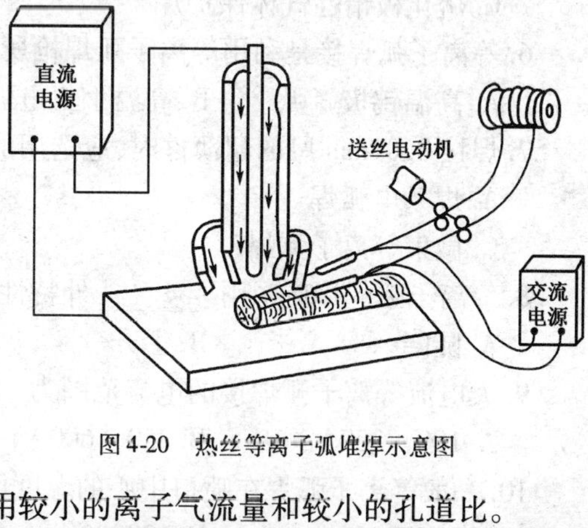

图4-20　热丝等离子弧堆焊示意图

2. 热丝堆焊

除依靠等离子弧加热熔化母材和填充焊丝并形成熔池外，填充焊丝中还通以电流以提高熔敷率和降低稀释率。如图4-20所示，在两根填充焊丝中通以交流电流，利用焊丝伸出长度的电阻热来增加焊丝的熔化量。采用交流电流既节约成本又可避免其磁场的影响。这种方法主要用于堆焊不锈钢和镍合金等电阻率较大的材料。

（四）等离子弧喷涂

等离子弧喷涂方法有两种：一种是丝极等离子弧喷涂；另一种是粉末等离子弧喷涂。因后一种方法用得多，故这里只介绍粉末等离子弧喷涂。

粉末等离子弧喷涂在很多地方与粉末等离子弧堆焊相似。但喷涂时一般采用等离子焰将合金粉末熔化并从喷嘴孔中喷出，形成雾状颗粒，撞击工件表面与清洁而粗糙的工件表面结合形成涂层。因此，该涂层与工件的结合一般是机械结合，基本上不熔化。

喷涂时使用非转移型等离子弧，工件不接电源，因此，可对金属和非金属工件进行喷涂，还可喷涂金属涂层和非金属涂层（如碳化物、氧化物、氮化物、硼化物）等，具有涂层质量好、生产率高、工件不变形、工件金相组织不变化等优点。粉末等离子弧喷涂的缺点是涂层与工件表面的结合强度不高。

自我测试

一、选择题

1. 对自由电弧的弧柱进行强迫“压缩”，就能获得导电截面收缩得比较小，能量更加集中，弧柱中气体几乎可达到全部等离子体状态的电弧，叫做______。

A. 等离子弧　　B. 自由电弧　　C. 等离子体　　D. 直流电弧

2. 在______之间产生的等离子弧，叫做混合弧。

A. 电极与焊件　　B. 电极、喷嘴与工件　　C. 电极与焊丝　　D. 电极与喷嘴

3. 在电极与喷嘴之间建立的等离子弧叫做______。

A. 非转移弧　　B. 转移弧　　C. 混合弧　　D. 双弧

4. 等离子弧焊枪中，______要有一定的内缩量。

A. 喷嘴　　B. 焊丝　　C. 钨极　　D. 等离子弧发生器

5. ______的优点之一是可以焊接金属薄箔。

A. 钨极氩弧焊　　B. 微束等离子弧焊

C. 熔化极惰性气体保护焊　　D. CO_2 气体保护焊

6. 等离子弧焊接是利用等离子弧焊枪所产生的______来熔化金属的焊接方法。

A. 高温钨极氩弧　　B. 高温手工电弧　　C. 高温气刨碳弧　　D. 高温等离子弧

7. 焊接0.01mm厚的超薄件时，应选用的焊接方法是______。

A. 焊条电弧焊　　B. 窄间隙焊

C. 微束等离子弧焊　　D. 细丝 CO_2 气体保护焊

8. 等离子弧焊接应采用______外特性电源。

A. 陡降　　B. 上升　　C. 水平　　D. 缓降

9. 大电流等离子弧焊接的电流范围为______。

A. 100～300A　　B. 350～600A　　C. 650～700A　　D. 800～1000A

10. 一般等离子弧焊在喷口中心的温度可达______。

A. 2500°C　　B. 10000°C　　C. 20000°C　　D. 12000°C

11. 自由电弧一般经过三种“压缩效应”成为等离子弧，但______不是这三种压缩效应

中的一种。

A. 机械压缩效应　B. 热收缩效应　C. 蒸气压缩效应　D. 磁收缩效应

12. ________不是等离子弧的特点。

A. 良好的电弧稳定性　B. 功率大

C. 能量高度集中　D. 温度高

13. 等离子弧切割电源的空载电压一般在________伏之间。

A. 60 ~ 80　B. 90 ~ 110　C. 120 ~ 140　D. 150 ~ 400

14. ________是等离子弧切割设备的控制箱中没有的。

A. 程序控制装置　B. 高压脉冲稳弧器　C. 电磁气阀　D. 水压开关

15. 等离子弧切割时必须通冷却水,用以冷却________和电极。

A. 手把　B. 喷嘴　C. 变压器　D. 整流器

16. 等离子弧切割气体的作用不是________的。

A. 作为等离子弧介质,并压缩电弧　B. 防止钨极氧化烧损

C. 形成隔热层,保护喷嘴不被烧坏　D. 冷却电缆

17. 钨极内缩量是等离子弧切割一个很重要的参数,它极大地影响着________及电极的烧损。

A. 电弧压缩效果　B. 等离子弧的功率

C. 切割速度　D. 切割毛刺的产生

18. ________不是影响等离子弧压缩程度比较敏感的参数。

A. 钨极直径　B. 钨极内缩量　C. 焊接电流　D. 离子气流量

19. 目前穿透型等离子弧焊焊接铜可用________作为保护气体。

A. 纯氩或氩中加少量氢的混合气体　B. 纯氩或氩氦混合气体

C. 氮气　D. 氩加 CO_2 混合气体

20. 高温停留时间是焊接热循环的一个主要参数,通常用在加热温度________℃以上停留的时间表示。

A. 1000　B. 1100　C. 1200　D. 1300

二、判断题(对的打"√"、错的打"×")

1. 等离子弧都是压缩电弧。(　　)

2. 等离子弧的温度之所以高,是因为使用了较大焊接的电流。(　　)

3. 微束等离子弧焊主要用于微薄件的焊接。(　　)

4. 等离子弧焊接是利用特殊构造的等离子弧焊枪所产生的高温等离子弧来熔化金属的焊接方法。(　　)

5. 等离子弧的发散角比钨极氩弧大。(　　)

6. 等离子弧切割可切割任意黑色金属和有色金属。(　　)

7. 在电极与焊件之间建立的等离子弧叫转移弧。(　　)

8. 用等离子弧焊时,为了保证焊接工艺参数的稳定,应采用具有较陡外特性的直流电源。(　　)

9. 采用压缩空气作切割气体的空气等离子切割可以切割低合金钢。(　　)

10. 等离子弧切割用的工作气体,应用最广的是氩气。(　　)

项目小结

等离子弧是电弧的一种特殊形式。当自由电弧被压缩后,即可形成等离子电弧。利用等离子电弧可以进行焊接和切割。从本质上讲,等离子电弧仍然属于一种气体放电的导电现象。

按操作方式不同,等离子弧焊接设备可分为手工焊设备和自动焊设备两大类。等离子弧焊接工艺参数的选择应考虑接头形式、等离子弧焊气体、喷嘴孔径、焊接电流、离子气流量、焊接速度、喷嘴端面与焊件表面距离、保护气流量等。

等离子弧切割是一种常用的金属和非金属材料切割的工艺方法。等离子弧可以切割大部分金属材料(如不锈钢、铸铁、铝、镁、铜等)及部分非金属材料(如石块、耐火砖等)。等离子弧切割具有应用范围广、切割速度快、生产率高、切口质量好等优点。

等离子弧除了可以切割碳钢及低合金钢外还可以切割氧乙炔焰不能切割的材料,如铝合金、不锈钢等。等离子弧切割设备主要由电源、割炬、控制系统、气路系统和水路系统等组成。等离子弧切割工艺参数的选择应考虑空载电压和弧柱电压、切割电流、气体种类及流量、电极内缩度、割嘴高度、切割速度等。

项目五　电　阻　焊

技能点

1. 能够根据电阻焊的特点合理选择焊接工艺参数；
2. 能够正确使用焊机及工具进行电阻焊的焊接操作；
3. 能够培养良好的安全与卫生习惯。

知识点

1. 掌握电阻焊的特点；
2. 掌握电阻焊的焊接操作方法。

任务描述

某汽车因发生追尾交通事故而导致驾驶室严重变形，甚至个别地方出现破损，需对驾驶室进行修复，要求采用电阻焊进行修复，焊接质量应达到设计要求。

任务导入

电阻焊是将被焊工件压紧于两电极之间，并通以电流，利用电流流经工件接触面及邻近区域产生的电阻热效应将它加热到熔化或塑性状态并施加一定压力，使之形成金属结合的一种方法。

随着电阻焊的发展速度的迅猛，电阻焊更加受到广泛的重视。同时，对电阻焊的质量也提出了更高的要求。驾驶室采用电阻焊进行修复也越来越普及。

任务分析

在汽车驾驶室修复作业中，电阻焊可用于断裂零件的焊接及磨损零件焊补等。其特点是操作灵活，适应性强，焊接速度快、强度高，零件变形小。在修复之前，首先应对电阻焊的基本原理、电阻焊设备结构与工作原理及电阻焊的操作工艺进行一定的了解。

任务一　点　　焊

学习目标

1. 能够正确描述电阻焊的实质、分类及特点；
2. 能够正确描述电阻焊的基本原理；
3. 能够正确描述点焊的焊接原理；

4. 能够准备点焊操作的各种劳动保护；

5. 能够正确选择点焊的参数，并使用电阻焊设备规范地进行焊接操作。

一、任务分析

焊件装配成搭接接头，并压紧在两电极之间，利用电流通过焊件时产生的电阻热，熔化母材金属，冷却后形成焊点，这种电阻焊方法称为点焊，见图 5-1 所示。汽车制造时，车辆各类钢板制件大多使用点焊方式连接。在对汽车车身进行板件更换、挖补等方式修理时，也应使用点焊。

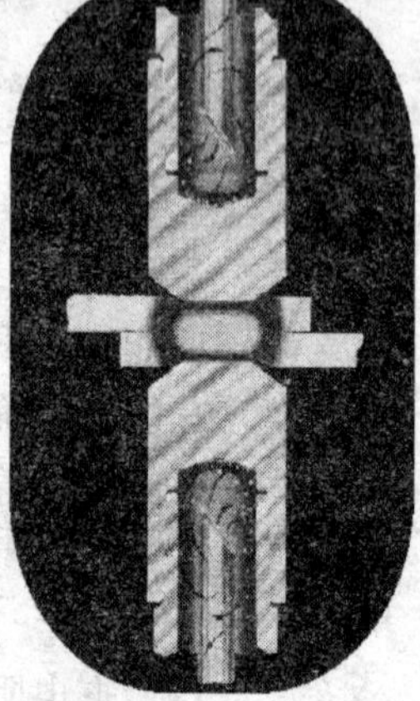

图 5-1　点焊示意图

二、相关知识

（一）电阻焊的分类

电阻焊的种类较多，可按多种方式分类。按工艺方法分类，如图 5-2 所示。

1. 点焊

点焊及其接头，如图 5-3a）所示。接头装配为搭接形式，电源通过电极向焊件通电加热，在焊件内部的熔化核心达到预定的要求后即可切断电流，在压力作用下凝固结晶形成焊点。在焊点周围有一个环状尚未达到熔化状态的塑性变形区，称为塑性环。它有防止空气对熔化金属的侵袭和防止熔核飞溅的作用。

点焊按工件供电方式分为单面点焊和双面点焊两种。单面点焊是在焊件的一侧供电，通电一次可焊成一个焊点或两个焊点。它直接在装配夹具上施焊，通常用在焊件尺寸较大、夹具笨重而不便移动，或受夹具限制而不便使用通用焊机的场合，例如汽车、飞机等大型薄板冲压件的装配生产线上点焊。双面点焊则是一般电阻点焊中通常使用的点焊方法。

点焊还可按一次形成焊点的数目分为单点、双点、多点焊几种类型。多点焊通常用于大批量生产的焊接结构中。

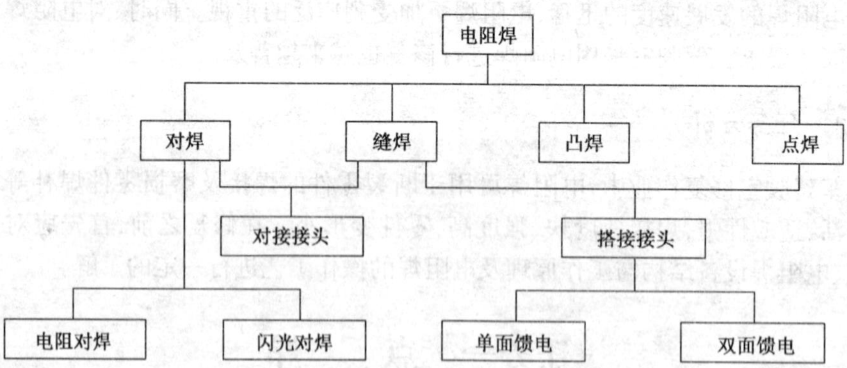

图 5-2　电阻焊示意图

2. 凸焊

凸焊是点焊的一种变形，通常是在两板件之一上冲出凸点，然后进行焊接。由于电流集中，克服了点焊时熔核偏移的缺点，因而凸焊时工件的厚度比可以超过 6∶1。凸焊时，电极必须随着凸点的被压馈而迅速下降，否则会因失压而产生飞溅，所以应采用电极随动性好的凸焊机。

3. 缝焊及其接头形式

如图5-3b)所示。它实际上是点焊的延伸，缝焊用一个圆形的滚盘代替点焊时的柱状电极，焊接时电极一面通电、加压，同时滚动，即可得到连续焊缝。在实际生产过程中，为了提高电极使用寿命，保证焊接质量，其通电电流通常是断续的，在焊件上形成一个个焊点，并使每个焊点之间相互重叠而形成焊缝。缝焊一般用于有气密性要求的构件焊接，如汽车油箱、消声器等。在某些情况下为了提高点焊的速度，也可考虑用滚点焊法进行点焊，即使用缝焊方法，只要焊点之间不重叠即可。

4. 对焊

对焊及其接头如图5-3c)所示，它的接头一般为对接形式。对焊一般按加压及通电方式的不同，分为电阻对焊、闪光对焊及滚对焊几种。

(1)电阻对焊与闪光对焊两者均是基本的对焊方法。焊接时把焊件分别夹持在两对夹具之间，将焊件的两端面对准，并在接触处通电加热进行焊接。电阻对焊与闪光对焊的区别在于操作方法不同，电阻对焊是焊件正加压后再通电加热；而闪光对焊则是先向焊件通电，尔后使焊件接触建立闪光过程进行加热。

(2)滚对焊这是一种特殊的对焊方法，它与某些成形工艺相配合，适用于制造焊接钢管。当采用中频电源时，其生产率可达60m/min；若采用高频电源，还能获得更高的生产率。采用滚对焊时可生产直径6~600mm，厚度为0.15~20mm，直径与厚度之比达到15~20的各类钢管。

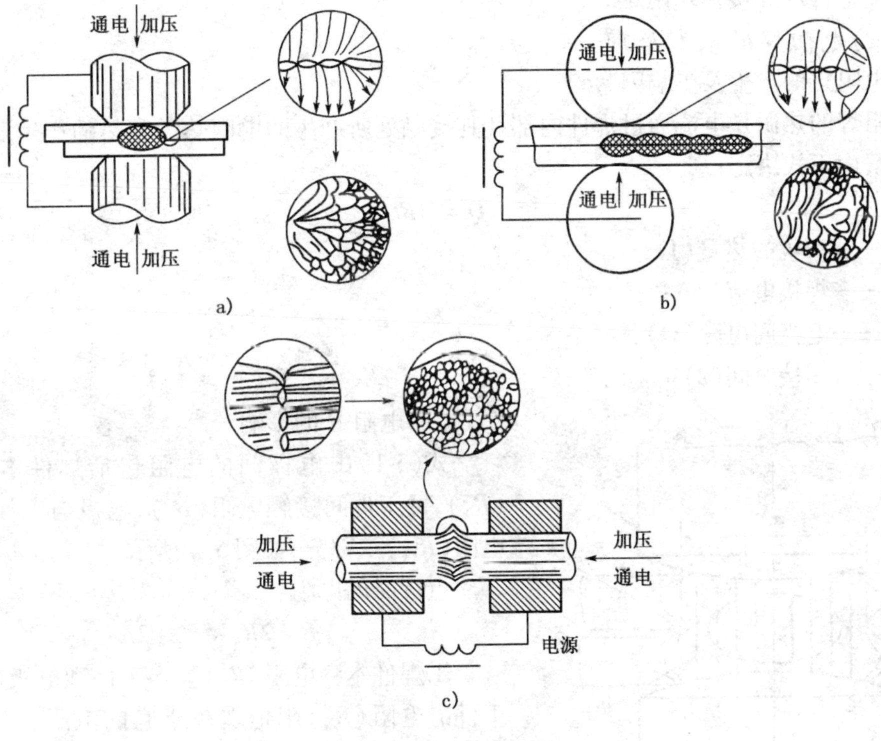

a)　　b)　　c)

图5-3　电阻焊焊接示意图

a)点焊接头；b)缝焊接头；c)对焊接头

(二)电阻焊的特点

1. 优点

(1)焊接生产率高。例如，点焊时，若用快速点焊机则可达到每分钟500点以上；对焊直径为400mm的棒材每分钟可焊一个接头；缝焊厚度1~2mm的薄板时，其焊速可达每分钟0.5~1m。因此，电阻焊非常适用于大批量生产。

(2)焊缝质量好。电阻焊冶金过程简单，焊缝金属的化学成分均匀，并且基本上与母材一致。热作用集中，受热范围小，热影响区很小，焊接变形较小，且容易控制。

(3)焊接成本比较低。电阻焊不使用填充材料，焊接也无需保护气体，所以在正常情况下除必要的电力消耗外，几乎没有其他消耗，因此焊接成本比较低。

(4)焊接操作较规范。电阻焊易于实现机械化和自动化，焊接过程中既没有较强的弧光辐射，也没有有害气体的侵蚀，因此劳动条件比较好。

2. 缺点

(1)无损检验困难。由于焊接过程进行得比较快，若焊接过程中某些工艺因素发生波动，对焊接过程的稳定性产生较大影响时，往往来不及调整；同时焊后也没有简便易行的无损检测手段，因此重要结构使用电阻焊应慎重。

(2)设备复杂，维修困难，一次性投资高。电阻焊设备比较复杂，除了必要的电力系统外，还需要精度较高的机械系统、液压系统，因而其整套设备的价格比一般焊机要高许多。

(3)焊件的厚度、形状和接头形式受到一定程度的限制。例如，点焊、缝焊一般只适用于薄板搭接；若厚度太大，则受到设备功率的限制。对焊主要适用于紧凑截面的对接接头，而对薄板类零件的焊接比较困难。

(三)电阻焊的基本原理

1. 电阻热的产生及影响因素

电阻焊的热源是电流通过焊件内部及其接触处所产生的电阻热。其热的产生及影响产热的因素由下式决定：

$$Q = I^2 Rt \tag{5-1}$$

式中：Q——产生的热量(J)；

I——焊接电流(A)；

R——电极间电阻(Ω)；

t——焊接时间(s)。

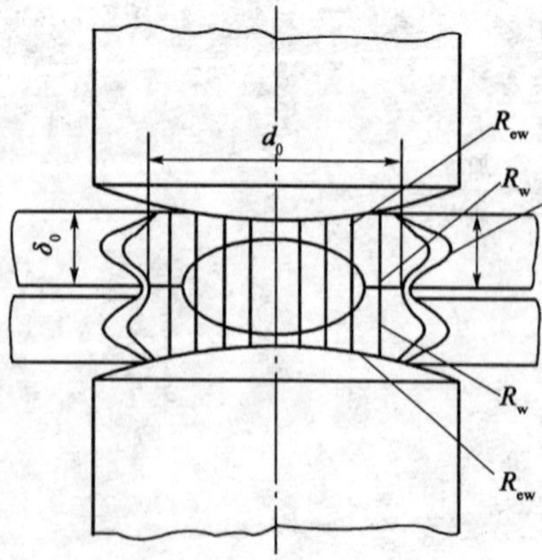

图5-4　点焊时电阻分布和电流线

(1)电阻R的影响

式(5-1)中电极间的电阻包括焊件本身电阻(R_w)，两工件间接触电阻(R_c)、电极与工件间接触电阻(R_{ew})三部分，如图5-4所示。

点焊时的电阻：

$$R = 2R_w + R_c + 2R_{ew} \tag{5-2}$$

①焊件本身电阻(R_w)。当工件和电极已定时，工件的电阻(R_w)阻值取决于它的电阻率(ρ)。因此，电阻率是被焊材料的重要性能。电阻率高的金属其导热性差(如不锈钢)，电阻率低的金属其导热性好(如铝合金)。因此，点焊不锈钢时产热易而散热难，点焊铝合金时产热难而散热易。点焊时，前者可以用较小电流(几千安培)，后者就必须用很大电流(几万安培)。

②焊件间接触电阻(R_c)。接触电阻(R_c)由两部分组成:一是焊件表面氧化膜或污物层,它使电流受到较大阻碍,过厚的氧化膜或污物层会导致电流不能导通;二是由于焊件表面的凹凸不平,使焊件在粗糙表面形成接触点,在接触点形成电流线的集中,增加了接触处的电阻 R_c。电极压力增加或温度升高使金属达到塑性状态时,都会导致焊件间接触面积增加,促使接触电阻(R_c)减小。

③电极与工件间接触电阻(R_{ew})。由于电极材料通常是铜合金,电阻率比一般焊件低,因此电极与工件间接触电阻(R_{ew})比 R_c 更小,对熔核的形成影响也更小。

(2)焊接电流的影响

从式(5-1)可见,电流对产热的影响比电阻和时间两者都大。因此,在电阻焊过程中,它是一个必须严格控制的参数。引起电流变化的主要原因是电网电压波动和交流焊机次级回路阻抗变化。阻抗变化的原因是回路的几何形状变化或因在次级回路中引入了不同磁性金属。对于直流焊机,次级回路阻抗变化对电流无明显影响。

(3)通电时间的影响

为了保证熔核尺寸和焊点强度,焊接时间与焊接电流在一定范围内可以互为补充。获得一定强度的焊点,可以采用大电流和短时间(强条件,又称强规范),也可以采用小电流和长时间(弱条件,又称弱规范)。选用强条件还是弱条件,则取决于金属的性能、厚度和所用焊机的功率。

(4)电极压力的影响

电极压力对两电极间总电阻(R)有显著影响,随着电极压力的增大,R 显著减小。此时焊接电流虽略有增大,但不能影响因 R 减小而引起的产热的减少。因此,焊点抗剪强度总是随着电极压力的增大而降低,在增大电极压力的同时,增大焊接电流或延长焊接时间,以弥补电阻减小的影响,可以保持焊点强度不变。采用这种焊接条件有利于提高焊点强度的稳定性。

(5)电极形状及材料性能的影响由于电极的接触面积决定着电流密度,电极材料的电阻率和导热性关系着热量的产生和散失,因而电极的形状和材料对熔核的形成有显著影响。随着电极端头的变形和磨损,接触面积将增大,焊点强度将降低。

(6)工件表面状况的影响工件表面上的氧化物、污垢、油和其他杂质增大了接触电阻。过厚的氧化物层甚至会使电流不能通过。局部的导通,由于电流密度过大,则会产生飞溅和表面烧损。氧化物层的不均匀性还会影响各个焊点加热程度,引起焊接质量的波动。因此,彻底清理工件表面是保证获得优质接头的必要条件。

2. 焊接循环

电阻焊的焊接循环由 4 个基本阶段组成,如图 5-5 所示。

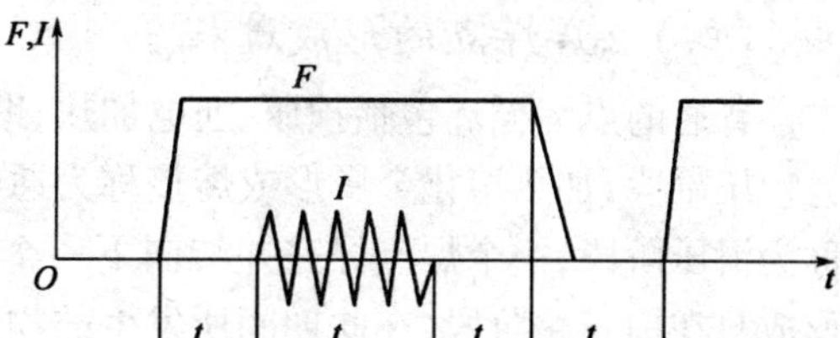

图 5-5　点焊和凸焊时的焊接循环

(1)预压时间(t_1)

预压时间是从电极开始下降到电流接通阶段的时间,这一时间是为了确保在通电之前电极压紧工件,使工件间能紧密接触。

(2)通电加热时间(t_2)

通电加热时间是焊接电流通过工件,并形成熔核的时间。

(3)维持时间(t_3)

维持时间是焊接电流切断后,电极压力继续维持的一段时间。在此时间熔核凝固并具有足够的强度。

(4)休止时间(t_4)

电极开始提升到电极再次开始下降,准备在下一个待焊点开始下一个焊接循环。休止时间只适用于焊接循环进行的场合。

通电焊接必须在电极压力达到规定的值后才能进行,否则会因压力过低而引起飞溅。电极提升必须在焊接电流切断之后进行,否则电极间将引起火花,有时会烧穿焊件。

3.焊接电流的种类和适用范围

(1)交流电

通常是单相50Hz的交流电,常用的电压为1~25V,电流为1~100kA。交流电可以通过调幅使电流缓升、缓降,以达到预热和缓冷的目的,这对于铝合金焊接十分有利。交流电还可以用于多脉冲点焊,即用于两个或多个脉冲之间,留有冷却时间,以控制加热速度。这种方法主要应用于厚钢板的焊接。

(2)直流电

直流电主要用于需要大电流的场合。由于直流焊机大都采用三相电源供电,可避免单相供电时三相负载不平衡,但中、小的直流焊机也有采用单相电源供电的。

4.金属电阻焊的焊接性

评定电阻焊焊接性的主要指标有以下几点。

(1)材料的导电性和导热性

电阻率小而热导率大的金属需用大功率焊机,其焊接性较差。

(2)材料的高温强度

高温(0.5Tm~0.7Tm)下屈服强度大的金属,点焊时容易产生裂纹、飞溅、缩孔等缺陷,需要使用大的电极压力。必要时还需在断电后施加大的锻压力,焊接性较差。

(3)材料的塑性温度范围

塑性温度范围较窄的金属(如铝合金),对焊接工艺参数的波动非常敏感,焊接性差。因此,要求使用能精确控制工艺参数的焊机,并要求电极的随动性好。

(4)材料对热循环的敏感性

在焊接热循环的影响下,有淬火倾向的金属易产生淬硬组织,冷裂纹;与易熔杂质易于形成低熔点的合金,易产生结晶裂纹;经冷却作强化的金属易产生软化区。因此,热循环敏感性大的金属焊接性也较差。焊接时为防止这些缺陷的发生,必须采用相应的措施。

(四)点焊焊点的形成过程

普通的点焊循环包括预压、通电加热、锻压和休止四个相互衔接的阶段。通电前的加压为预压阶段;加热熔化金属形成熔核称为通电加热阶段;断电后焊点在压力作用下冷却结晶称为锻压阶段;一个焊点焊完并转向下一个焊点的间隔时间称为休止阶段。但具体焊点的形成只在前三个阶段,在此期间所发生的物理过程对焊点质量有较大影响。

1.预压阶段

预压是为了在通电前使焊件之间紧密接触,并使接触面的凸点处产生塑性变形,破坏表面的氧化膜,以获得稳定的接触电阻。因此,焊机电极预压力在焊接电流接通前即应达到规定值。若电极预压力不足,可能只在少数接触点上形成较大电阻,产生较大电阻热,接触点处的金属很快熔化,并以火花形式飞溅出来,产生所谓的初期飞溅。此时,焊件可能会烧穿,电极可能被烧损。当焊件较厚,结构刚性较大或焊件表面质量较差时,为了使焊件表面紧密接触,稳定电阻,可以加大预压力或在预压阶段施加辅助电流。此时的预压力通常为正常压力的0.5~1.5倍;而辅助电流为正常焊接电流的1/4~1/2。加辅助电流的目的是通过预热使焊件产生塑性变形。

2. 通电加热阶段

预压使工件紧密接触后,即可通电焊接。当焊接工艺参数合适时,总是在电极夹持处的两焊件接触面上,在压力作用下,焊件间接触点内开始形成塑性环与熔核,并随着通电时间的加长而长大,直至所需熔核大小。熔核在压力下结晶,结晶后在焊件间形成牢固的结合。

3. 锻压阶段(冷却结晶阶段)

当熔核达到合适的形状与尺寸后,切断焊接电流。熔核在电极压力作用下冷却结晶。结晶一般从温度较低、散热能力较强、首先达到结晶温度的熔核边界开始,即从半熔化晶粒表面开始,以枝晶形式沿着与散热相反的方向生长。枝晶生长过程取决于被焊金属及焊接参数。在焊接钢时,几乎全部是枝晶组织。

熔核结晶是在封闭的金属模内进行的,结晶时不能自由收缩,用电极挤压就可使正在结晶的金属变得紧密;使之不会产生缩孔和裂纹。因此,电极压力要在焊接电流断开、熔核金属全部结晶后才能停止作用。板厚为1~8mm,锻压时间相应为0.1~2.5s。

当焊接较厚焊件时(铝合金$\delta>1.5\sim2$mm,钢$\delta>5\sim6$mm),因熔核周围的金属膜较厚,常采用在切断电流经间歇时间0~0.25后加大锻压力的焊接循环。如果锻压力加得太早,就会挤出熔化金属而产生飞溅;若锻压力加得太迟,则会因熔化金属已凝固而失去作用。

根据实际情况,工艺调节是多种多样的。热裂纹倾向较大的材料可采用附加缓冷脉冲的工艺点焊。这样可降低熔核的凝固速度,同时增加电极的压实作用,防止裂纹和缩孔。经调质处理的材料可采用电极间焊后热处理的工艺,以改善因快速加热、冷却而引起的脆性淬火组织。选用马鞍形、阶梯形等不同形式的压力循环,以满足不同的质量要求。

(五)点焊接头形式及接头结构

最常见的点焊接头是板材的搭接接头及卷边接头,如图5-6所示。圆棒的横交叉点焊也常用,圆棒间接触面积小,电流密度大,可在功率较小的点焊机上进行。平行圆棒间的点焊和圆棒与板材间的点焊,由于接触面比较大,焊接比较困难。弯曲棒与板材作T形点焊是很方便的。在重要结构上,同时点焊的焊件数目尽量不超过两点。因为随焊点数目的增加,分流的影响更大,焊点强度就更不稳定。两板厚度之比在1∶3范围内,都能成功地进行点焊。

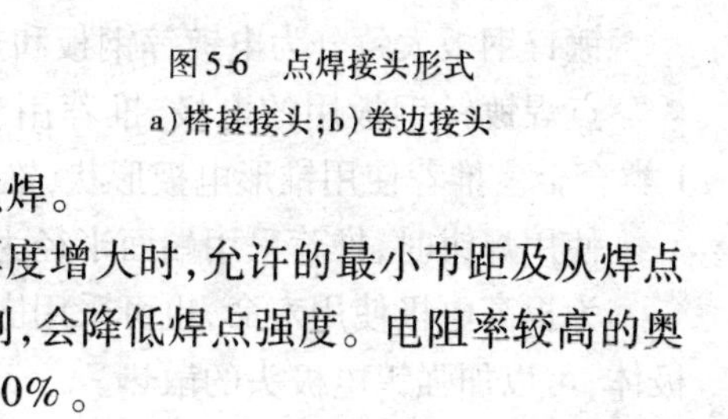

图5-6 点焊接头形式

a)搭接接头;b)卷边接头

焊点的布置受分流和变形条件的限制。当焊件厚度增大时,允许的最小节距及从焊点中心到阻碍焊件变形的构件最小距离就相应增大,否则,会降低焊点强度。电阻率较高的奥氏体钢及合金进行点焊时,最小节距应再增大25%~30%。

(六)点焊的质量要求

(1)多数金属材料(如低碳钢等)对焊接热循环不敏感,焊接区的组织无显著变化,也不易产生组织缺陷,其点焊接头强度主要与熔核尺寸有关。

(2)少数金属材料(如可淬硬钢等)对焊接热循环极为敏感,当点焊工艺不当时,接头由于被强烈淬硬而使强度、塑性急剧降低。这时,尽管具有足够大的熔核尺寸也是不能使用的。其点焊接头强度不仅取决于熔核尺寸,而且与熔核及热影响区的组织及缺陷有关。

(七)各类常用材料的点焊工艺特点

1. 低碳钢

低碳钢的含碳量低于0.25%。其电阻率适中,需要的焊机功率不大;塑性温度区宽,易于获得所需的塑性变形而不必使用很大的电极压力;碳与微量元素含量低,无高熔点氧化物,一般不产生淬火组织或夹杂物;结晶温度区间窄、高温强度低、热膨胀系数小,因而开裂倾向小。低碳钢具有良好的焊接性,其焊接电流、电极压力和通电时间等工艺参数具有较大的调节范围。表5-1列出了低碳钢板的点焊工艺。

低碳钢板的点焊工艺 表5-1

工艺类别	板厚(mm)	电极直径(mm)	通电时间(周)	电极压力(N)	焊接电流(kA)	熔核直径(mm)	抗剪力(N)
最佳工艺	0.5	4.8	6	1350	6	4.3	2400
	0.8	4.8	8	1900	7.8	5.3	4400
	1.0	6.4	10	2250	8.8	5.8	6100
	1.2	6.4	12	2700	9.8	6.2	7800
	2.0	8.0	20	4700	13.3	7.9	145000
	3.2	9.5	32	8200	17.4	10.3	31000
中等工艺	0.5	4.8	11	900	5	4.0	2100
	0.8	4.8	15	1250	6.5	4.8	4000
	1.0	6.4	20	1500	7.2	5.4	5400
	1.2	8.0	23	1750	7.7	5.8	6800
	2.0	9.2	36	3000	10.3	7.6	13700
	3.2		60	5000	12.9	9.9	28500
一般工艺	0.5	4.8	24	450	4	3.6	1750
	0.8	4.8	30	600	5	4.6	3550
	1.0	6.4	36	750	5.6	5.3	5300
	1.2	6.4	40	850	6.1	5.5	6500
	2.0	8.0	64	1500	8.0	7.1	13050
	3.2	9.2	105	2600	10.0	9.4	26600

2. 镀锌钢板

镀锌钢板大致分为电镀锌钢板和热浸镀锌钢板,前者的镀层比后者薄。

点焊镀锌钢板用的电极,推荐用2类电极合金。相对点焊外观要求很高时,可以采用1类合金。推荐使用锥形电极形状,锥角120°~140°。

使用焊钳时,推荐采用端面半径为25~50mm的球面电极。

为提高电极使用寿命,也可采用嵌有钨极电极头的复合电极,以2类电极合金制成的电极体,可以加强钨电极头的散热。

3. 淬火钢

由于淬火钢冷却速度极快,在点焊淬火钢时必然产生硬脆的马氏体组织,在应力较大时会产生裂纹。为了消除淬火组织、改善接头性能,通常采用电极间焊后回火的双脉冲点焊方法。这种方法的第一个电流脉冲为焊接脉冲;第二个为回火处理脉冲。使用这种方法时应注意如下两点:

①两脉冲之间的间隔时间一定要保证使焊点冷却到马氏体转变点 Ms 温度以下。

②回火电流脉冲幅值要适当，以避免焊接区的金属重新超过奥氏体相变点而引起二次淬火。

4. 不锈钢

不锈钢一般分为奥氏体不锈钢、铁素体不锈钢和马氏体不锈钢三种。由于不锈钢的电阻率高、导热性差，因此与低碳钢相比，可采用较小的焊接电流和较短的焊接时间。这类材料有较高的高温强度，必须采用较高的电极压力，以防止产生缩孔、裂纹等缺陷。不锈钢的热敏感性强，通常采用较短的焊接时间、强有力的内部和外部水冷却，并且要准确地控制加热时间、焊接时间及焊接电流，以防热影响区晶粒长大和出现晶间腐蚀现象。

点焊不锈钢的电极推荐用 2 类或 3 类电极合金，以满足高电极压力的需要。

5. 铝合金

铝合金的应用十分广泛，分为冷作强化和热处理强化两大类。铝合金点焊的焊接性较差，尤其是热处理强化的铝合金，其原因及应采取的工艺措施如下：

(1)电导率和热导率较高

必须采用较大电流和较短时间，才能做到既有足够的热量形成熔核；又能减少表面过热、避免电极黏附和电极铜离子向纯铝包覆层扩散、降低接头的抗腐蚀性。

(2)塑性温度范围窄、线膨胀系数大

必须采用较大的电极压力，电极随动性好，才能避免熔核凝固时，因过大的内部应力而引起的裂纹。对裂纹倾向大的铝合金，如 LF_6、LY_{12}、LC_4 等，还必须采用加大锻压力的方法，使熔核凝固时有足够的塑性变形、减少拉应力，以避免裂纹产生。在弯电极难以承受大的定锻压力时，也可以采用在焊接脉冲之后加缓冷脉冲的方法避免裂纹。对于大厚度的铝合金可以两种方法并用。

(3)表面易生成氧化膜

焊前必须严格清理，否则极易引起飞溅和熔核成形不良（撕开检查时，熔核形状不规则，凸台和孔不呈圆形），使焊点强度降低。清理不均匀则将引起焊点强度不稳定。

6. 铜和铜合金

铜合金与铝合金相比，电阻率稍高而导热性稍差，所以点焊并无太大困难。厚度小于 1.5mm 的铜合金，尤其是低电导率的铜合金在生产中用得最广泛。纯铜电导率极高，点焊比较困难。

通常需要在电极与工件间加垫片，或使用在电极端头嵌入钨的复合电极，以减少向电极的散热。钨极直径通常为 3 ~ 4mm。

焊接铜和高导电率的黄铜和青铜时，一般采用 1 类电极合金做电极；焊接低导电率的黄铜、青铜和铜镍合金时，采用 2 类电极合金。也可以用嵌入钨极的复合电极焊接铜合金。

由于钨的导热性差，故可使用小得多的焊接电流，在常用的中等功率的焊机上进行点焊，但钨电极容易和工件粘着，影响工件的外观。下面两表为点焊黄铜的焊接条件。铜和高电导率的铜合金因电极黏附严重，很少采用点焊，即使用复合电极也只限与点焊薄铜板。

(八)点焊的缺陷及质量检测

点焊缺陷分为外部缺陷和内部缺陷两大类。外部缺陷是指表面缺陷，主要是指溢出、表面发黑、接头边缘压溃、开裂及焊点脱开等。

这些缺陷可通过肉眼直接观测到，所以只要查出其产生原因就不难找出防止缺陷产生的办法。

点焊接头的内部缺陷有未焊透、缩孔、裂纹、结合线伸入、核心成分不均匀以及核心中产生层状花纹等。

三、任务实施步骤

(一)焊前的工件清理

无论是点焊、缝焊或凸焊，在焊前必须进行工件表面清理，以保证接头质量稳定。

清理方法分机械清理和化学清理两种。常用的机械清理方法有喷砂、喷丸、抛光以及用纱布或钢丝刷等。不同的金属和合金，需采用不同的清理方法，简介如下。

1. 铝及其合金

铝及其合金对表面清理的要求十分严格。由于铝对氧的化学亲合力极强，刚清理过的表面上会很快被氧化，形成氧化铝薄膜。因此清理后的表面在焊前允许保持的时间是严格限制的。

铝合金的氧化膜主要用化学方法去除，在碱溶液中去油和冲洗后，将工件放进正磷酸溶液中腐蚀。为了减慢新膜的成长速度和填充新膜孔隙，在腐蚀的同时进行纯化处理。最常用的纯化剂是重铬酸钾和重铬酸钠。纯化处理后便不会在除氧化膜的同时，造成工件表面的过分腐蚀。

腐蚀后进行冲洗，然后在硝酸溶液中进行亮化处理，之后再次进行冲洗。冲洗后在温度达75℃的干燥室中干燥，再用热空气吹干。这样清理后的工件，可以在焊前保持72h。

铝合金也可用机械方法清理，如用0号纱布，或用电动或风动的钢丝刷等。但为防止损伤工件表面，钢丝直径不得超过0.2mm，钢丝长度不得短于40mm，刷子压紧于工件的力不得超过15～20N，而且清理后须在不晚于2～3h内进行焊接。

为了确保焊接质量的稳定性，目前国内各工厂多在化学清理后，在焊前再用钢丝刷清理工件搭接的内表面。

铝合金清理后必须测量放有两铝合金工件的两电极间总阻值(R)。方法是使用类似于点焊机的专用装置，上面的一个电极对电极夹绝缘，在电极间压紧两个试件，这样测出的R值可以最客观地反映出表面清理的质量。对于LY_{12}、LC_4、LF_6铝合金R不得超过120$\mu\Omega$，刚清理后的R一般为40～50$\mu\Omega$，对于导电性更好的LF_{21}、LF_2铝合金以及烧结铝类的材料，R不得超过28～40$\mu\Omega$。

2. 镁合金

镁合金一般使用化学清理，经腐蚀后再在铬酔溶液中纯化。这样处理后会在表面形成薄而致密的氧化膜，它具有稳定的电气性能，可以保证10昼夜或更长时间，性能仍几乎不变。镁合金也可以用钢丝刷清理。

3. 铜合金

铜合金可以通过在硝酸及盐酸中处理，然后进行中和并清除焊接处残留物。

4. 不锈钢、高温合金

不锈钢、高温合金电阻焊时，保持工件表面的高度清洁十分重要，因为油、尘土、油漆的存在，会增加硫脆化的可能，从而使接头产生缺陷。清理方法可用激光、抛光、钢丝刷或化学腐蚀。对于特别重要的工件，有时用电解抛光，但这种方法复杂而且生产率低。

5. 钛合金

钛合金的氧化皮,可在盐酸、硝酸及磷酸钠的混合溶液中进行深度腐蚀加以去除;也可以用钢丝刷或喷丸处理。

6. 低碳钢和低合金钢

低碳钢和低合金钢在大气中的抗腐蚀能力较低。因此,这些金属在运输、存放和加工过程中常常用抗蚀油保护。如果涂油表面未被车间的脏物或其他不良导电材料所污染,在电极的压力下,油膜很容易被挤开,不会影响接头质量。

钢的供货状态有:热轧,不酸洗;热轧,酸洗并涂油;冷轧。未酸洗的热轧钢焊接时,必须用喷砂、喷丸;或者用化学腐蚀的方法清除氧化皮,可在硫酸及盐酸溶液中,或者在以磷酸为主但含有硫酸的溶液中进行腐蚀。后一种成分可同时有效地进行涂油和腐蚀。

有镀层的钢板,除了少数例外,一般不用特殊清理就可以进行焊接;镀铝钢板则需要用钢丝刷或化学腐蚀清理。带有磷酸盐涂层的钢板,其表面电阻会高到在地电极压力下,焊接电流无法通过的程度。只有采用较高的压力才能进行焊接。

(二)点焊方法的选择

1. 双面单点焊

如图 5-7a)所示,两个电极从焊件上、下两面接近焊件进行焊接。这种焊接方法能对焊件施加足够大的电极压力,焊接电流集中通过焊接区,因而可减小焊件的受热范围,提高接头质量,应优先选用。

2. 单面双点焊

如图 5-7b)所示,两电极位于焊件一侧,同时能形成两个焊点。这种方法能提高生产率,能方便地焊接尺寸大、形状复杂和难以进行双面单点焊的焊件;除此之外,还有利于保证焊件的一面光滑、平整、无电极压痕。但此法焊接时,部分电流直接经焊件形成分流。为减少分流,通常采用在焊件下面加铜垫板措施促使大部分电流流经此铜垫板即可。

3. 单面单点焊

两个电极位于焊件一侧,其中一个电极工作面很大,仅起到导电块的作用,如图 5-7c)所示。这种方法也是要用于不能采用双面单点焊的结构上。

4. 双面双点焊

如图 5-7d)所示,两台焊接变压器分别对上、下两面的成对电极供电。两台变压器接线方向,应保证上、下对准电极,在焊接时间内极性相反。这样,上、下变压器次电压成顺向串联,形成单一的焊接回路。

在一次点焊循环中,同时形成两个焊点。这种方法的特点是分流小,电极压力的使用不受工件刚性的影响,焊接质量比较好,主要用于焊件厚度较大、质量要求较高的构件。

5. 多点焊

多点焊是将焊件压紧后焊接多个焊点的焊接方法。最常用的是采用数组单面双点焊组成,如图 5-7e)所示。在个别情况下,也可用数组双面单点焊或双面双点焊组成。多点焊的生产率很高,在大批量生产中应用广泛。

(三)焊接工艺参数的确定

对于电极压力不变的单脉冲点焊循环,工艺参数主要包括焊接电流、通电时间、电极压力、电极工作面的形状和尺寸。

1. 焊接电流

由焦耳定律得知，焊接电阻热为：

$$Q = I^2Rt \tag{5-3}$$

可见焊接电流是决定吸热量大小的主要因素，将直接影响到熔核直径与焊透率，从而影响到焊点强度。当其他参数一定时，焊接电流应有一个合理的范围。电流过小、能量过低，不能形成熔核；而电流过大，会产生飞溅。

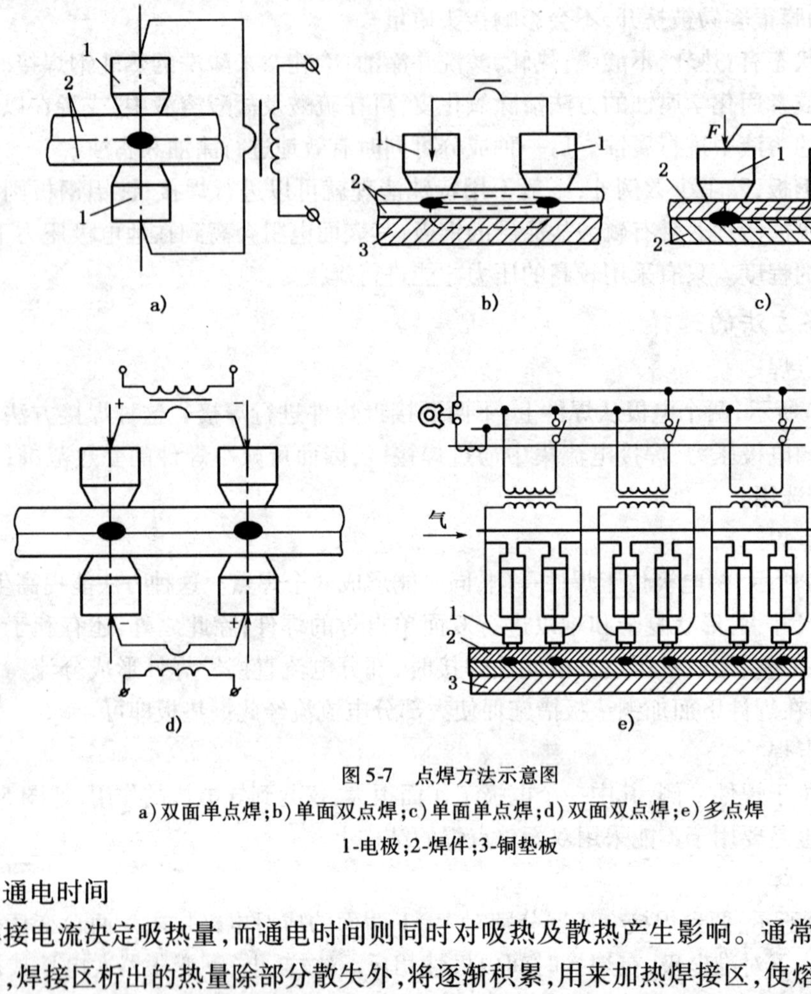

图 5-7　点焊方法示意图

a) 双面单点焊；b) 单面双点焊；c) 单面单点焊；d) 双面双点焊；e) 多点焊

1-电极；2-焊件；3-铜垫板

2. 通电时间

焊接电流决定吸热量，而通电时间则同时对吸热及散热产生影响。通常在规定的通电时间内，焊接区析出的热量除部分散失外，将逐渐积累，用来加热焊接区，使熔核逐渐扩大到所要求的尺寸。通电时间对焊点的熔核尺寸的影响规律，基本上与焊接电流对熔核的大小的影响相同。

3. 电极压力

电极压力将影响到焊接区的加热程度和塑性变形程度。随电极压力的增大，焊件间接触电阻和本身电阻会减小，电流密度也会降低。在其他参数不变的条件下，增大电极压力将减慢加热速度，并使焊点熔核尺寸减小而导致焊点抗剪强度降低，如图 5-8a) 所示。

如果在增加电极压力的同时，延长通电时间或增大焊接电流，可使焊点熔核强度的分散性降低和平均强度保持不变，如图 5-8b) 所示。

这是由于电极压力的一部分需消耗在焊件变形上。而变形力是变化的，只有当电极压力较大时，真正加在两焊件接触点上的力的波动才相对减小，焊点质量才相对稳定。

因此，点焊正在向采用大压力、大功率设备的方向发展。

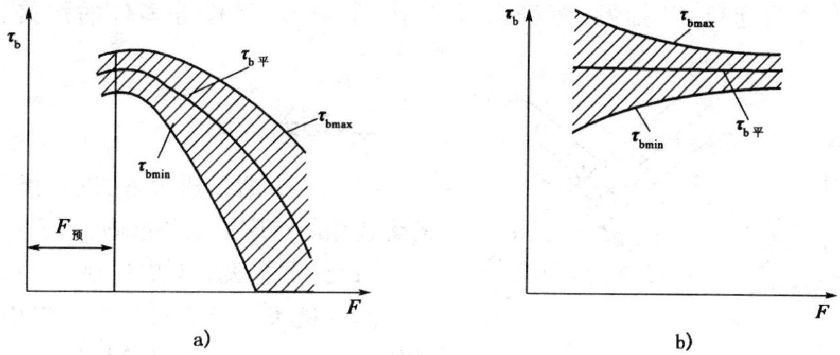

图 5-8　焊点抗剪强度与电极压力的关系

a）增大电极压力；b）增大电极压力时延长通电时间或增大焊接电流

4. 电极工作端面的形状和尺寸

图 5-9 所示为锥形电极端面直径（d_e）对熔透率（A）和熔核直径（d_s）的影响。平面电极工作面尺寸用电极与焊件接触面直径（d_e）表示；球面电极工作面尺寸用球半径（R）表示。

球面头部体积大，散热效果好，焊件表面压痕较浅，且为圆滑过渡，不会引起较大的应力集中。此外，上、下电极安装时对准要求低，偏斜时对焊点的质量影响较小。电极的工作面形状与尺寸通常按焊件结构形式、焊件厚度及表面质量要求等因素选取。

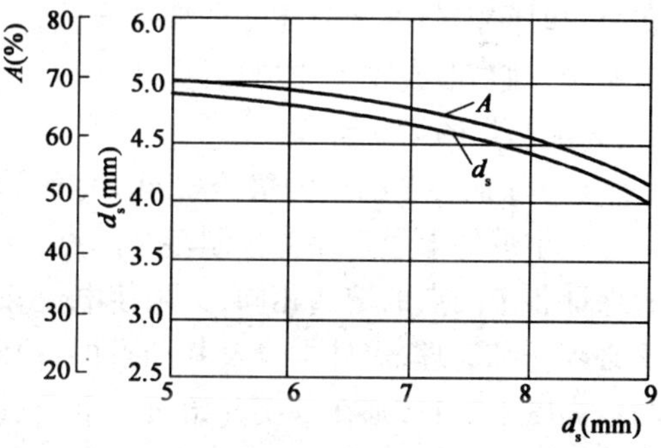

图 5-9　熔核尺寸与电极直径的关系

任务布置

1. 点焊焊点是如何形成的？点焊接头形式有哪些？

2. 点焊的焊接工艺参数有哪些？

任务二　凸　　焊

学习目标

1. 能够正确描述凸焊接头的形成过程；
2. 能够准备凸焊操作的各种劳动保护；
3. 能够正确选择凸焊的工艺参数。

一、任务分析

凸焊是点焊的一种变化形式，它是利用零件原有型面、倒角、底面或预制的凸点焊到另一块面积较大的零件上。因为是凸点接触，提高了单位面积上的压力与电流，有利于板件表面氧化膜的破裂与热量集中，减小了分流电流，可用于厚度比超过 1:6 的焊件的焊接。另外，可采用多点凸焊，以提高生产率和降低接头变形。在使用平板电极凸焊时，零件表面平整无压坑，电极寿命长。凸焊既可在通用点焊机上进行，也可在专用凸焊机上进行，广泛应用于成批生产的仓口盖、筛网、管壳以及 T 形、十字形、平板等零件的焊接，如图 5-10 所示。

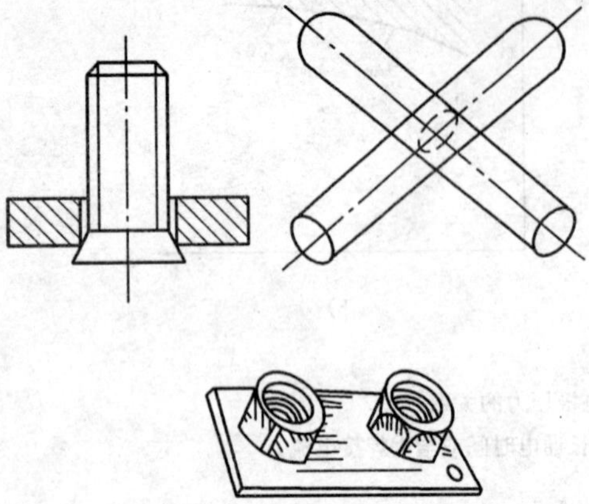

图 5-10　凸焊零件示意图

二、相关知识

凸焊接头的形成过程，以及保证各个凸点的熔透相同所应采取的措施，如下所述：

(1)凸焊接头的形成过程

凸焊接头的形成过程与点焊相似，可分为预压、凸点压溃与成核 3 个阶段。

预压时(第 1 阶段)，凸点在电极压力作用下开始变形，其高度降低，与下板的接触面积增大。当电极压力达到预定值时，凸点有一定程度的压塌，下板面也形成一个不深的压坑。通电流后电流集中流经凸点的接触面，加热集中，在很短时间内凸点所余高度全部被压溃，两板基本贴合，即为第 2 阶段。自凸板被压溃，两板贴合开始，形成较大的加热区，由个别接触点的熔化逐步扩大成足够尺寸的熔核和塑性区，完成凸焊的第 3 阶段。

(2)保证各个凸点的熔透相同所应采取的措施

一个焊件上通常要先预制多个凸点，在焊接时这些凸点同时焊接起来，如图 5-11 所示。为保证各个凸点的熔透相同，必须使电流和电极压力均匀分布到各个凸点上。为此，焊件表面必须仔细清理，焊件本身及其凸点的冲压必须十分精确；反之，如凸点表面被污染或各个凸点高度不一致，则在焊接开始时各个凸点的接触电阻相差很大，导致流经各个凸点的电流不同，造成焊点质量的差异。有时采用脉冲预热法，凸点的电流和电极压力会趋向均匀。大尺寸焊件凸焊时，分配给各个凸点的电流取决于这些凸点相对于变压器的位置，距变压器较近凸点的分路具有较小的阻抗，流过该凸点的电流较大。

在这种情况下，为使电流分配均匀，可采用三足鼎立的 3 只变压器或环形变压器。

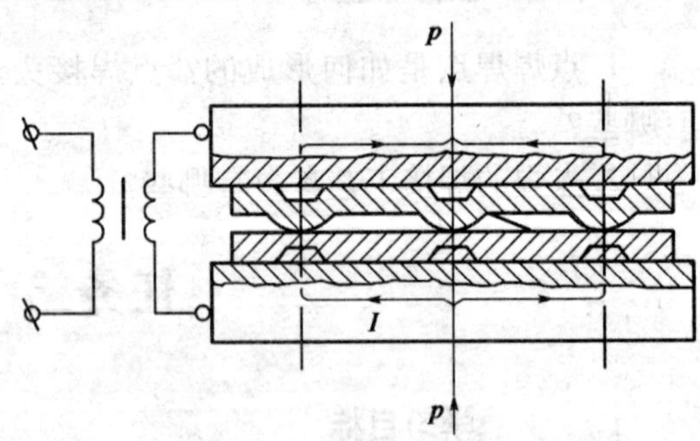

图 5-11　多点凸焊示意图

三、任务实施步骤

(一)凸焊接头准备

接头的准备除了表面清理外，主要是凸点或凸环的选择和制备。凸点形状如图 5-12 所示，其中以半圆形和圆锥形凸点应用最广。圆锥形凸点的刚度大，可预防凸点过早压溃，还可以减少因电流线过于密集而发生的飞溅。

为防止压塌的金属挤在加热不良的周围间隙内而引起的电流密度的降低，也可以用带溢出环形槽的凸点，如图 5-12c)所示。

（二）常用材料凸焊及凸焊工艺参数

最适合于凸焊的金属是低碳钢。船用黄铜及不锈钢也可采用凸焊。镀层钢也能采用凸焊，但电极修理的工作量较大。各种冲压件采用凸焊可以实现批量生产。

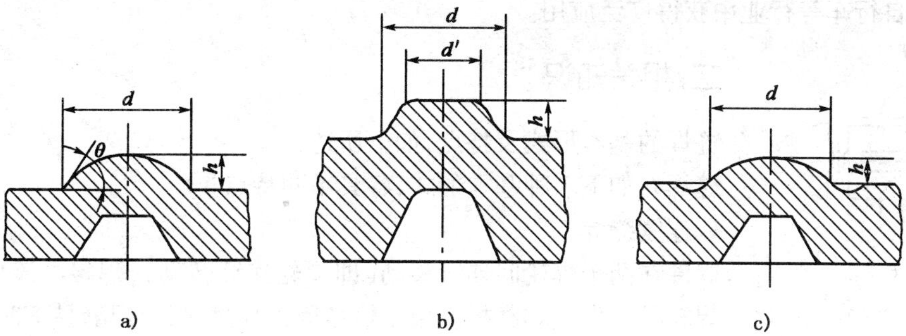

图 5-12　凸点形状

a）半圆形；b）圆锥形；c）带溢出环形槽的半圆形

（三）实施凸焊

厚度小于 0.25mm 的薄板采用点焊比凸焊容易，因为在钢板上加工出达到焊接温度前不压溃的凸点是很困难的。易切削钢凸焊也是比较困难的，因为硫和磷的偏析会产生脆性焊缝，但采用特殊设计的接头和电极后有时也能获得成功。

热导率和电导率不同的金属，只要保证焊接面能同时达到焊接温度，也可采用凸焊。凸焊时一般是在电导率较高的金属上加工凸点，或采用较低电导率的铜钨电极材料。

例如凸焊奥氏体不锈钢与镀锌钢时，由于镀锌钢的热导率和电导率均高于不锈钢，所以应在镀锌钢上加工凸点。

任务布置

1. 什么是凸焊？应用范围有哪些？
2. 凸焊有哪三种形式？
3. 凸焊接头是如何形成的？
4. 如何选择凸焊的工艺参数？

任务三　缝　　焊

学习目标

1. 能够正确描述缝焊的特点和缝焊的基本形式；
2. 能够准备缝焊操作的各种劳动保护；
3. 能够正确选择缝焊的工艺参数，并使用电阻焊设备规范地进行缝焊操作。

一、任务分析

缝焊的过程与点焊相似，只是以旋转的圆盘状滚轮电极代替柱状电极，将焊件装配成搭接或对接接头，并置于两滚轮电极之间，滚轮加压焊件并转动，连续或断续送电，形成一条连续焊缝的电阻焊方法。见图5-13。

缝焊主要用于焊接焊缝较为规则、要求密封的结构，板厚一般在3mm以下。缝焊即连续点焊，按熔核重叠度不同分为滚点焊和气密缝焊，后者应用较为广泛。缝焊在汽车、飞机发动机、自行车等行业中获得广泛应用。

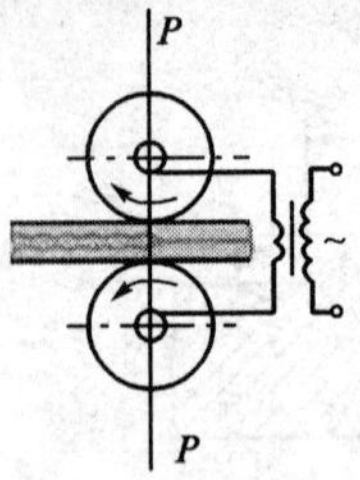

图5-13　缝焊示意图

二、相关知识

缝焊的基本形式及特点，如下所述：

缝焊有如下3种基本形式，各具不同特点。

1. 连续缝焊

焊件在两个焊轮间连续移动(即焊轮连续转动)，焊接电流也连续通过。焊轮易于发热和磨损。由于熔核附近易过热，故焊缝易下凹。

2. 断续缝焊

焊件连续移动，而电流断续通过。这时焊轮有冷却机会，能克服连续缝焊的缺点，此法应用广泛。但在熔核冷却时，焊轮已轻度地离开焊件，因而没有充分的锻压过程，在焊接某些金属时易出现缩孔。

3. 步进缝焊

焊轮间歇式转动，电流只在焊件静止时通过。此时由于熔核在整个结晶过程中都有电极压力存在，所得焊缝比较致密。其缺点是需要有使焊轮间歇旋转的比较复杂的机械装置。缝焊最常用的接头形式是卷边接头和搭接接头，如图5-14所示。

卷边接头的优点是焊接时焊件置于焊接回路之外，无交叉焊缝，可保证整个接头周边上焊接条件的稳定，使整个长度的焊缝质量保持一致。其缺点是箱形结构一类的零件必须在重型压力机上进行冲压，这只有在大量生产中才能适用。卷边宽度不宜过小，$\delta = 1$mm时不应小于12mm；$\delta = 1.5$mm时不应小于16mm；$\delta = 2$mm时不应小于15mm。

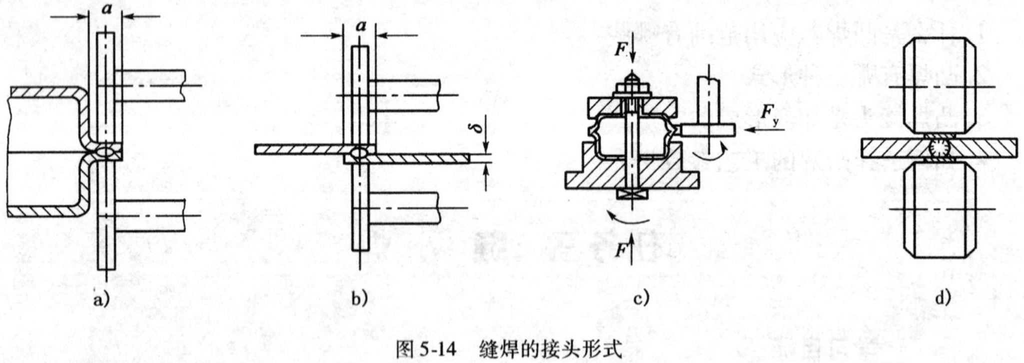

图5-14　缝焊的接头形式

三、任务实施步骤

(一)缝焊工艺参数选择

1. 焊点间距离

焊点间距离通常为1.5~4.5mm，随焊件厚度的增加而增大。为了得到致密的焊缝，相邻焊点彼此交叠不得小于焊点直径的一半。当焊缝不要求致密时，焊点重叠度可以减小。当相邻焊点相分离时，则成为滚点焊。

2. 焊点的直径

焊点的直径通常为3～8mm，视焊件厚度和焊接参数而定。若焊接参数合适，则焊点直径等于或小于焊轮工作面的宽度。

3. 电极压力

电极电压对缝焊过程的影响与对点焊过程的影响相同。增大电极压力并相应提高功率，则缝焊过程及焊点质量更加稳定。

4. 焊轮的工作表面形状

焊轮的工作表面形状，如图5-15所示，有圆柱形和球面形。前者常用于焊低碳钢、低合金钢；后者用于焊铝镁合金。

5. 焊接周期

断续缝焊时，焊接周期（T）等于脉冲通电时间加上休止时间，也可按下式计算：

$$T = 3a/v \tag{5-4}$$

式中：a——焊点间距（mm）；

v——焊接速度（m/min）。

脉冲通电时间过短，则熔核过小；休止时间过短，则焊件及焊轮易过热，易使焊轮磨损及损坏焊件表面。

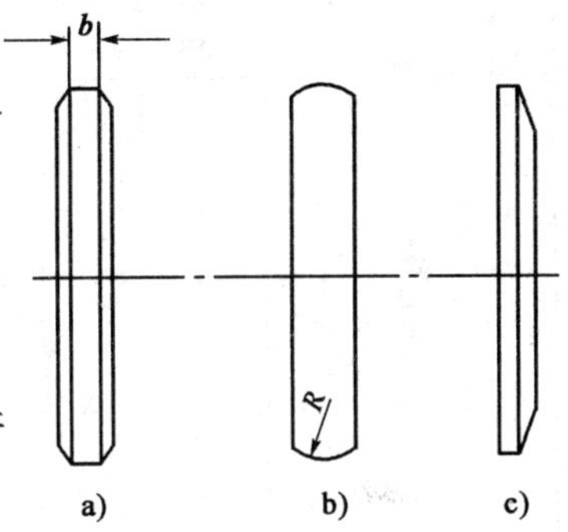

图5-15　焊轮直径

6. 缝焊速度

成批生产时，缝焊速度为0.5～3.0m/min。如果加大速度，虽然提高了劳动生产率，但所需设备的功率亦急剧增大。

7. 焊接电流

在连续缝焊时，焊接速度的提高受频率的限制。在制罐工业中，为达到更高的焊接速度采用了频率更高（120～400Hz）的电流。缝焊电流依据所焊材料种类、厚度、焊接速度而定，通常比点焊焊同类焊件所需的电流高20%～80%。

8. 焊前工件的清理

与定位缝焊时，焊件毛坯的精度、表面清洗程度及装配的精度，对保证焊接质量起着重要作用，如折边不精确或圆弧半径不相等均不允许进行缝焊。焊件两面在焊接前要进行全部或局部清理。清理过的焊件在夹具内装配，或先用夹具夹住，然后进行点焊定位。焊点间距为75～150mm。

焊件的定位焊应从接缝中点开始移向两端。定位焊时边缘可能发生扭曲，因此要求接合边缘相应配置正确，且焊点必须布置在接缝中心线上。另外，定位焊时应当避免在焊件表面留下深的压痕，否则将破坏随后缝焊的正常进行。

焊件间的缝隙（如筒壳与筒底间的缝隙）应尽可能沿其周边均布。重要零件的环形焊缝，在点焊定位后间隙要小于0.1mm，以保证质量。为了保证焊接质量和减少焊轮磨损，在缝焊前要用金刚砂轮或钢丝刷把定位焊处的氧化膜清除干净。

缝焊可以从一端焊到另外一端；长缝也可从中间向两端施焊。缝焊同样会导致焊件产生较显著的变形。如果变形较大时，应进行矫正。

（二）常用材料的缝焊

1. 低碳钢

由于低碳钢具有适度的塑性和导电性，因此，它比其他金属更易得到优质的缝焊接头。

对于没有油污和铁锈的冷轧低碳钢板，焊前可以不进行特殊清理。热轧钢板必须进行焊前清理。低碳钢薄板的断续缝焊工艺参数，如表5-2所示。

低碳钢薄板的断续缝焊工艺参数 表5-2

工艺类别	板厚(mm)	焊轮宽度(mm)		电极压力(N)	最小搭边(mm)	焊接时间(周)		焊速(m/min)	点距(mm)	焊接电流(kA)
		工作面	总宽			脉冲	休止			
高速缝焊	0.4	5	11	2200	10	2	1	2.8	4.2	12
	0.8	6	13	3300	12	2	1	2.6	4.6	15.5
	1.0	7	14	4000	13	2	2	2.5	3.6	18
	1.2	7.7	14	4700	14	2	2	2.4	3.7	19
	2.0	10	17	7200	17	3	1	2.2	4.2	22
	3.2	13	20	10000	22	4	2	1.7	3.4	27.5
中速缝焊	0.4	5	11	2200	10	2	2	2.0	4.5	9.7
	0.8	6	13	3300	12	3	2	1.8	4.9	13
	1.0	7	14	4000	13	3	3	1.8	3.4	14.5
	1.2	7.7	14	4700	14	4	3	1.7	3.0	16
	2.0	10	17	7200	17	5	5	1.4	2.5	19
	3.2	13	20	10000	22	11	7	1.1	1.8	22
低速缝焊	0.4	5	11	2200	10	3	3	1.2	5.1	8.6
	0.8	6	13	3300	12	2	4	1.1	5.7	11.7
	1.0	7	14	4000	13	2	4	1	6.0	13
	1.2	7.7	14	4700	14	3	4	0.9	5.3	14
	2.0	10	17	7200	17	6	6	0.7	3.9	16.5
	3.2	13	20	10000	22	6	6	0.6	5.2	20

低碳钢或其他磁性钢焊件的纵缝长度较大时，由于在焊接过程中伸入焊接回路的铁磁体断面不断变化，引起焊接回路阻抗的变化，从而导致焊接电流的变化。

为防止由此造成的影响，可采取下列措施：

(1)分两次焊接，从中间焊至两端。

(2)长缝应分段施焊，用不同的焊接参数抵消焊接电流的变化。

(3)采用二次整流式焊机。

(4)采用具有恒流控制功能的控制箱。

2. 镀层钢

镀层钢板缝焊时的困难与点焊时相似，只是镀层熔化范围更宽，分流更严重，此时需要更大的焊接电流。焊镀锌钢时，如果温度超过900℃，则沸点只有900℃的锌就要蒸发，并向热影响区扩散，导致接头脆性增加，有时还会产生裂纹。此外，焊件表面的熔化锌层与铜焊轮形成铜-锌合金，既增大了焊轮表面电阻，又恶化了散热条件，且粘连严重。当熔核内的锌蒸汽从固溶金属中析出时，便形成气孔。因此，焊接时应尽量采用小电流、低焊速，并加外部水冷。

3. 不锈钢

不锈钢电导率及热导率都比较低，宜采用小电流和短的焊接时间。但其高温强度高，须采用较大的电极压力和中等的焊接速度进行缝焊。因为不锈钢的线膨胀系数较低碳钢的大，必须注意防止焊接变形。为了防止由于过热引起的碳铬化合物析出，要选用合适的缝焊工艺参数(见表5-3)，同时加强外部水冷。

不锈钢缝焊工艺参数(单相交流)　表 5-3

薄件板厚(mm)	焊轮宽度(mm)	电极压力(N)	脉冲时间(周)	休止时间(周) 厚度比		最大焊速(m/min) 厚度比		焊接电流(kA)	最小搭边(mm)
				1:1	1:3	1:1	1:3		
0.15	4.8	1400	2	1	1	1.52	1.70	4.0	7
0.30	6.4	2000	3	2	2	1.22	1.40	5.6	8
0.55	6.4	3200	3	3	3	1.40	1.40	7.9	10
1.0	9.5	5900	3	5	6	1.20	1.14	13.0	13
1.6	12.7	8400	4	6	8	1.00	1.04	15.1	16
2.0	15.9	10400	4	7	8	1.00	1.04	16.5	18
3.2	19.1	15000	6	7	9	0.97	0.94	17.0	22

4. 铝合金

铝合金的缝焊与点焊相似,但缝焊时焊件表面更易过热,故焊轮粘连更严重,应增加焊轮拆修次数。又由于缝焊时电极压力的压实作用比点焊时差,易造成裂纹、缩孔等缺陷,应降低焊接速度。重要焊件宜使用步进式缝焊,以提高焊缝的强度。

任务布置

1. 什么是缝焊?
2. 缝焊有哪三种形式?

任务四　电 阻 对 焊

学习目标

1. 能够正确描述对焊的应用及电阻对焊的特点;
2. 能够准备电阻对焊操作的各种劳动保护;
3. 能够正确选择电阻对焊的工艺参数。

一、任务分析

所谓电阻对焊(以下简称对焊)是利用电阻热将两工件沿整个端面同时焊接起来的一类电阻焊方法(图 5-16),用于对接截面较小(一般 <250mm² 、形状紧凑棒料、厚壁管等)、氧化物易于挤出的工件的对焊。

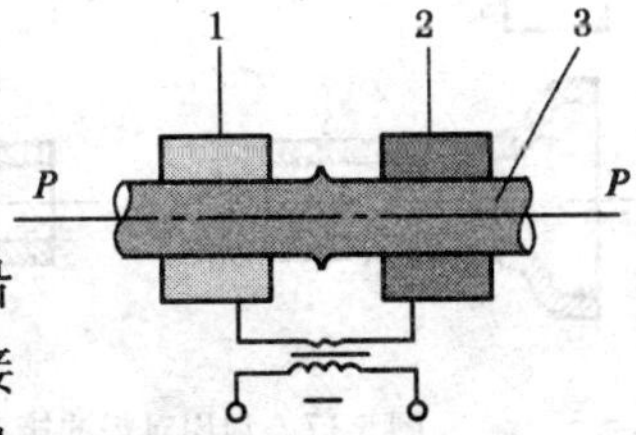

图 5-16　电阻对焊示意图

1-固定电极;2-可移动电极;3-焊件

电阻对焊用来完成对接接头,生产效率高,并且容易实现焊接过程自动化,适用于批量生产。其具体应用场合大致有接长焊件或毛坯;焊接环形或闭合焊件;制造锻焊、冲焊联合结构。对焊分为电阻对焊和闪光对焊两类。

二、相关知识

(一)电阻对焊的应用

对焊的生产率高、易于实现自动化,因而获得广泛应用。其应用范围可归纳如下:

1. 工件的接长

工件的接长，如带钢、型材、线材、钢筋、钢轨、锅炉钢管、石油和天然气输送等管道的对焊。

2. 环形工件的对焊

环形工件的对焊，如汽车轮圈和自行车、摩托车轮圈的对焊、各种链环的对焊等。

3. 部件的组焊

将简单轧制、锻造、冲压或机加工件对焊成复杂的零件，以降低成本。如汽车方向轴外壳和后桥壳体的对焊，各种连杆、拉杆的对焊，以及特殊零件的对焊等。

4. 异种金属的对焊

异种金属的对焊可以节约贵重金属，提高产品性能。如刀具的工作部分(高速钢)与尾部(中碳钢)的对焊，内燃机排气阀的头部(耐热钢)与尾部(结构钢)的对焊，铝铜导电接头的对焊等。

(二)电阻对焊的特点

电阻对焊是先加压力后通电。焊件电阻的析热占很大比例，温度沿轴向分布较平缓；最高温度始终低于熔点。只有变形而几乎无烧损，焊件焊后收缩量较小。获得高质量接头的关键，在于保证端面加热均匀及彻底挤出接口内的氧化物，前者由端面焊前准备来保证，后者由加热时防止氧化及增加塑性变形量来保证。电阻对焊对工件的端面加工要求较高，且局限于焊接延伸率较好的材料，有时还需要在保护气体中加热。

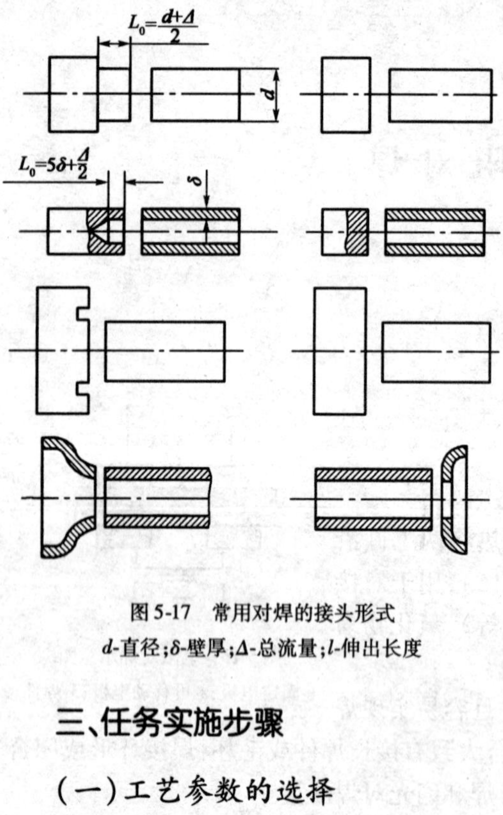

图 5-17 常用对焊的接头形式

d-直径；*δ*-壁厚；*Δ*-总流量；*l*-伸出长度

(三)焊接循环

电阻对焊时，两工件始终压紧，当端面温度升高到焊接温度时，两工件端面的距离小到只有几个埃，端面间原子发生相互作用，在接合上产生共同晶粒，从而形成接头。电阻对焊时的焊接循环有两种：等压的和加大锻压力的。前者加压机构简单，便于实现；后者有利于提高焊接质量，主要用于合金钢、有色金属及其合金的电阻对焊。为了获得足够的塑性变形和进一步改善接头质量，还应设置电流顶锻程序。

(四)对焊的接头形式常用对焊的接头形式如图 5-17 所示。

三、任务实施步骤

(一)工艺参数的选择

电阻对焊的主要工艺参数有伸出长度、焊接电流(或焊接电流密度)、焊接通电时间、焊接压力和顶锻压力。

1. 伸出长度 $2L_0$(即工件伸出夹钳电极端面的长度)

选择伸出长度时，要考虑两个因素：顶锻时工件的稳定性和向夹钳的散热。如果 L_0 过长，则顶锻时工件会失稳旁弯。L_0 过短，则由于向钳口的散热增强，使工件冷却过于强烈，会增加塑性变形的困难。对于直径为 d 的工件，低碳钢：$L_0=(0.5-1)d$，铝和黄铜：$L_0=(1-2d)$，铜：$L_0=(1.5-2.5)d$。

2. 焊接电流密度(J)

碳素钢取 9000 ~ 70000A/cm^2 或比功率取 10 ~ 50kVA/cm^2。

3. 通电时间(t_w)

碳素钢一般取 0.02 ~ 3.05。电流密度和通电时间可以在一定范围内相应地调配，可以采用大电流密度、短时间(强条件)，也可以采用小电流密度、长时间(弱条件)。但条件过强时，容易产生未焊透缺陷；过软时，会使接口端面严重氧化、接头区晶粒粗大、影响接头强度。

4. 焊接压力(P)

低碳钢一般取 10 ~ 30MPa；有色金属则视其物理化学性能不同而在 4 ~ 45MPa 范围内选取。压力小，接触电阻大，有利于加热；压强大，塑性变形量大，有利于挤出氧化物。为兼顾两者，尤其是对塑性好的材料，可采用两极加压方法。常用材料电阻对焊工艺参数，如表 5-4 所示。

常用材料电阻对焊工艺参数 表 5-4

焊件材料	截面积(mm^2)	伸出长度 $2L_0$(mm)	电流密度(A/mm^2)	焊接时间(s)	顶锻量(mm)		压力(MPa)
					有电	无电	
低碳钢	25 50 100 250	12 16 20 24	200 160 140 90	0.6 0.8 1.0 1.5	0.5 0.5 0.5 1.0	0.9 0.9 1.0 1.8	10 ~ 20
铜	25 100 500	15 25 60	70 ~ 200		1 1.5 2.0	1 1.5 2.0	30
黄铜	25 100 500	10 15 30	50 ~ 150		1 1.5 2.0	1 1.5 2.0	
铝	25 100 500	10 15 30	40 ~ 120		2 2.5 4	2 2.5 4	15

(二)工件准备

电阻对焊时，两工件的端面形状和尺寸应该相同，以保证工件的加热和塑性变形一致。工件的端面以及与夹钳接触的表面必须进行严格清理。端面的氧化物和脏物将会直接影响到接头的质量。与夹钳接触的工件表面的氧化物和脏物将会增大接触处电阻，使工件表面烧伤、钳口磨损加剧，并增大功率损耗。

清理工件可以用砂轮、钢丝刷等机械手段，也可以用酸洗。

电阻焊接头中易产生氧化物夹杂。对于焊接质量要求高的稀有金属、某些合金钢和有色金属时，常采用氢、氦等保护气体来解决。

电阻对焊虽有接头光滑、毛刺小、焊接过程简单等优点，但其接头的力学性能较低，对工件端面的准备工作要求高，因此仅用于小断面(<250mm^2)金属型材的对接。

(三)实施操作

(1)中碳钢及合金钢丝对焊后，在同一台设备上进行回火，以提高韧性。回火时的伸出长度约为焊接时的 10 ~ 40 倍。

(2)直径小于0.5mm的钢丝或直径小于1mm的铜、铝丝对焊时，常套上一段内径比焊件直径大0.2~0.5mm的玻璃或陶瓷管，以增加刚度，防止错位。

(3)管子对焊时、特别是重要零件和有色金属管，应在管内通入保护气体以防止氧化，从而减小为排除氧化物所需的塑性变形量。

任务布置

1. 什么是电阻对焊?
2. 电阻对焊有何特点?
3. 电阻对焊如何选择焊接参数?

任务五　闪光对焊

学习目标

1. 能够正确描述闪光对焊的焊接原理;
2. 能够准备闪光对焊操作的各种劳动保护;
3. 能够正确选择闪光对焊的工艺参数。

一、任务分析

闪光对焊与电阻对焊相似，但其加热量较大，相互对接的两接缝表面金属需达到熔化状态，进而形成焊接连接。

闪光对焊适合焊接各种碳钢、铝及铝合金等，焊接材料的厚度范围较大，对管状零件、环状零件及铁轨等均可采用闪光对焊。

二、相关知识

(一)闪光对焊的过程

闪光对焊可分为连续闪光对焊和预热闪光对焊。连续闪光对焊由两个主要阶段组成：闪光阶段和顶锻阶段。预热闪光对焊只是在闪光阶段前增加了预热阶段。

1. 闪光阶段

闪光的主要作用是加热工件。在此阶段中，先接通电源，并使两工件端面轻微接触，形成许多接触点。电流通过时，接触点熔化，成为连接两端面的液体金属过梁。

由于液体过梁中的电流密度极高，使过梁中的液体金属蒸发、过梁爆破。随着动夹钳的缓慢推进，过梁也不断产生爆破。在蒸汽压力和电磁力的作用下，液态金属微粒不断从接口间喷射出来，形成火花急流——闪光。

在闪光过程中，工件逐渐缩短，端头温度也逐渐升高。随着端头温度的升高，过梁爆破的速度将加快，动夹钳的推进速度也必须逐渐加大。在闪光过程结束前，必须使工件整个端面形成一层液体金属层，并在一定深度上使金属达到塑性变形温度。

2. 顶锻阶段

在闪光阶段结束时，立即对工件施加足够的顶端压力，接口间隙迅速减小过梁停止爆破，即进入顶锻阶段。顶锻的作用是密封工件端面的间隙和液体金属过梁爆破后留下的火口，同时挤出端面的液态金属及氧化夹杂物，使洁净的塑性金属紧密接触，并使接头区产生一定的塑性变形，以促进再结晶的进行、形成共同晶粒、获得牢固的接头。闪光对焊时在加热过程中虽有熔化金属，但实质上是塑性状态焊接。

预热闪光对焊是在闪光阶段之前先以断续的电流脉冲加热工件，然后再进入闪光和顶锻阶段。

（二）对焊接头常见缺陷及防止

对焊接头常见缺陷有外形不正、宏观缺陷及显微缺陷等几类。

1. 外形不正

外形不正将会降低焊件强度。形成这类缺陷的主要原因有焊件毛坯不准确，焊件装卡不正，电极未装牢，焊机导轨的间隙太大，机架刚度不足，伸出长度控制不当，以及顶锻时失稳等。此外，焊小直径焊件时，如果焊机二次电压过高，也常使电极与焊件接触不良，而损坏焊件表面和外形。

2. 宏观缺陷

宏观缺陷主要包括未焊透、夹渣、疏松及裂纹等。

（1）未焊透常与夹渣相伴而生，在未焊透处存在着大片的氧化膜或链状夹杂物，它急剧降低接头的强度；另外，此缺陷用无损检验又难以发现，所以它是较危险的缺陷。造成这种缺陷的主要原因是顶锻前温度太低，接头处不易产生塑性变形，导致难以排除氧化物；顶锻量太小，火门未能封闭；顶锻力和顶锻速度不够；断电过早以及母材金属中存在着非金属夹杂物等。

（2）疏松也会削弱接头的强度，当钢的液-固两相共存区宽、FeS 等夹杂物较多、焊接过热区又较宽时，则顶锻中很难完全排除液态金属，冷却后便易形成疏松。为了防止这种缺陷，应降低加热区宽度和提高顶锻压力。

（3）裂纹有纵向和横向两种，如图 5-18 所示，此类缺陷的危害极大。横向裂纹一般是由接头淬硬变脆而引起的；纵向裂纹则是由过热区宽，顶锻量大形成的。这类缺陷应针对其具体产生的原因予以防止。

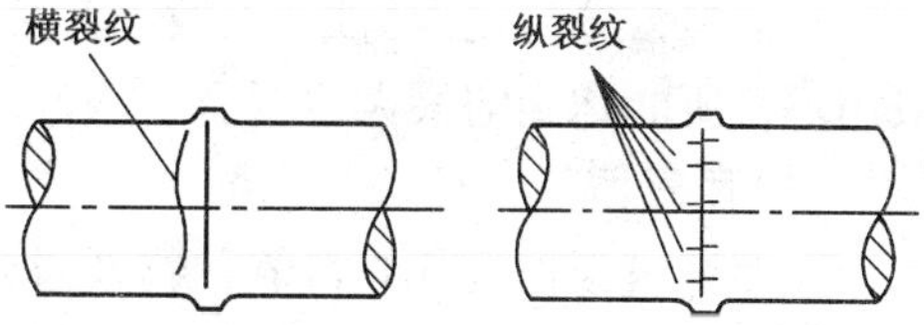

图 5-18　对焊接头的裂纹

3. 显微缺陷

显微缺陷有晶粒粗大、非金属夹渣以及显微裂纹等，应视具体原因制定防止措施。例如，晶粒粗大应从加热工艺参数方面考虑；而产生夹渣，则应从顶锻和材料性能方面考虑。

三、任务实施步骤

（一）工艺参数的选择

闪光对焊的主要参数有伸出长度、闪光电流、闪光留量、闪光速度、顶锻留量、顶锻速度、顶锻压力、顶锻电流、夹钳夹持力等。

1. 预热参数

预热参数分为预热次数及每次短路时间，一般取在选定的起始闪光速度下能正常激起闪光即可。预热时整个端面的温度难以均匀，但增加预热速度和缩短每次的短路时间，有利于温度均匀化。

2. 闪光参数

闪光参数分为闪光模式、闪光留量、空载电压及平均闪光速度。

(1) 闪光模式

闪光过程中存在过梁时，焊件主要由液态金属产生的热量进行加热，焊件的温度随过梁存在时间的增长而升高。每个过梁的存在时间就是从形成至气化爆破所需的时间。当输入电功率不变时，随工件温度的上升而每个过梁存在的时间将缩短，即闪光加快，这时只有增加焊件进给速度，才能维持连续闪光。

(2) 闪光留量

随闪光过程的进行，焊件温度上升，同时焊件向空间和钳口的散热也逐渐加大。在输入热量和散失热量相同时，温度不再上升，此时以瞬时闪光端面为动坐标原点所作的温度分布曲线不再变化。此种状态称为准稳定状态。闪光对焊一般需在准稳定状态后进入顶锻阶段。进入准稳定状态所需的最小闪光留量为临界闪光留量，它与闪光模式有关。n 越大，临界闪光留量越小。实际选用的闪光留量 df 为临界闪光留量再加上 50% ~100% 余量。

(3) 空载电压

空载电压对动坐标中的温度分布无明显影响。但提高空载电压易于激起闪光和加深弧坑，故一般均选用能保证稳定闪光的最低空载电压。对大截面焊件，也常采用分级调节二次电压的方法，即开始用较高的电压激发闪光，然后在较低的电压下进行正常的加热过程。

(4) 平均闪光速度

当闪光模式及闪光留量一定时，提高平均闪光速度将导致焊件温度梯度变陡，加热区变窄。因此，改变平均闪光速度是调节加热区宽度的有效措施，但提高平均闪光速度将导致输入功率增大。

3. 顶锻参数

顶锻参数分为顶锻留量、顶锻压力及顶锻速度。其中前两项是可调的，顶锻速度一般均采用焊机所能达到的最大速度。

(1) 顶锻留量

顶锻留量根据排除焊口氧化物及过热金属的要求来选择，它由有电顶锻量与无电顶锻量组成。此量过大将使轧制纤维扭曲而导致冷弯性能下降。根据材料的高温性能不同，有电顶锻留量占总顶锻留量的 1/5 ~4/5。

(2) 顶锻压力

顶锻压力根据焊件材质及加热性能确定。在顶锻压力、顶锻留量及焊件温度分布三者中，有两个是独立参数。顶锻留量给定后，可用测量顶锻压力来判别焊件加热温度的差异，从而判别焊缝质量的优劣。

(3) 顶锻速度

为了及时排除氧化物，必须在凝固前将端面上一薄层液体金属及时挤出焊口。由于各种材质的导热系数差别较大，所需最低顶锻速度也各不相同。

4. 伸出长度

如图 5-19 所示，伸出长度($2L_0$)按下式计算：

$$L_0 \leqslant (0.7 \sim 1.0)d \quad \text{或} \quad L_0 \leqslant (4 \sim 5)\delta \tag{5-5}$$

式中：d——棒或壁厚管外径(mm)；

δ——平板或薄壁管厚度(mm)。

Δr 值的确定，必须考虑到挤出毛刺及接口塑性变形所需空间。Δr 过小对塑性变形不利；过大则因焊件刚度不足而在顶锻时产生较大的弯曲和错位。

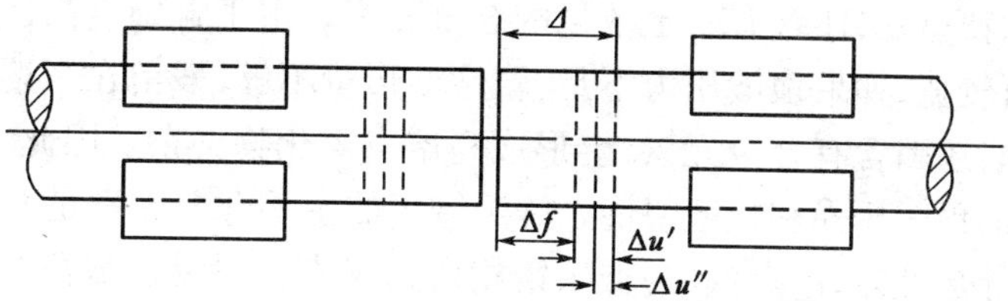

图 5-19　闪光对焊伸出长度

Δ-总留量一半；Δf-闪光留量一半；Δu'-有电顶锻留量一半；Δu''-无电顶锻留量一半

（二）工件准备

闪光对焊的工件准备包括端面几何形状、毛坯端头的加工和表面清理。

闪光对焊时，两工件对接面的几何形状和尺寸应基本一致，否则将不能保证两个工件的加热和塑性变形一致，从而将会影响接头质量。在生产中，圆形工件直径的差别不应超过25%，方形工件和管形工件不应超过10%。

在闪光对焊大断面工件时，最好将一个工件的端部倒角，使电流密度增大，以便于激光闪发。这样就可以不用预热或在闪光初期提高次级电压。对焊毛坯端头的加工可以在剪床、冲床、车床上进行，也可以用等离子或气焰切割，然后清除端面。闪光对焊时，因端部金属在闪光时被烧掉，故对端面清理要求不甚严格。但对夹钳和工件接触面的清理要求，应和“电阻对焊”一样。

（三）常用金属的闪光对焊

1. 碳素钢的闪光对焊

碳素钢具有电阻系数高，加热时碳元素的氧化为接口提供保护性气体 CO 和 CO_2，不含有生成高熔点氧化物的元素等优点，因而都属于焊接性较好的材料。

随着钢中的含碳量的增加，电阻系数增大，结晶区间、高温强度及淬硬倾向都随之增大。

因而需要相应地增加顶锻压强和顶锻留量。为了减轻淬火的影响，可采用预热闪光对焊，并进行焊后热处理。碳素钢闪光对焊时，由于碳向加热端面扩散并被强烈氧化，以及顶锻时，半溶化区内含碳量高的溶化金属被挤出，所以在接头处形成含碳量低的贫碳层（呈白色，也称亮带）。贫碳层的宽度随着钢含量的提高、预热时间的加长而增宽；随着含碳量的增大和气体介质氧化倾向的减弱而变窄。采用长时间的热处理可以消除贫碳层。用得最多的是碳素钢闪光对焊。只要焊接条件选择适当，一般不会出现困难。甚至对熔焊来说比较难焊的铸铁也是一样。铸铁通常采用预热闪光对焊，用连续闪光对焊容易形成白口。由于含碳量很高，闪光时产生大量的 CO 和 CO_2 保护气体，自保护作用较强，即使在工艺参数波动很大时，在接口中也只有少量氧化夹杂物。

2. 合金钢的闪光对焊

合金元素含量对钢性能的影响和应采取的工艺措施如下：

（1）钢中的铝、铬、硅、钼等元素易生成高熔点氧化物，所以应增大闪光和顶锻速度，以减少其氧化。

（2）合金元素含量增加，高温强度提高，应增加顶锻压强。

（3）对于珠光体钢，合金元素增加，淬火倾向性就增大，应采取防止淬火脆化的措施。低合金钢的焊接特点与中碳钢相似,具有淬硬倾向,应采用相应的热处理方法。这类钢的高温强度大,易生成氧化物夹杂,需要采用较高的顶锻压强,较高的闪光和顶锻速度。高碳合金钢除具有高碳钢的特点外,还含有一定数量的合金元素。由于含碳量高,结晶温度区间宽,接口处的半熔区就较宽,如果顶锻压力不足,塑性变形量不够,残留在半熔化区内的液态金属将形成疏松组织;还因含有合金元素,会形成高熔点氧化物夹杂。因此,需要较高的闪光和顶锻速度,较大的顶锻压强和顶锻留量。奥氏体钢的主要合金元素是 Cr 和 Ni,这种钢高温强度高,导电和导热性差,熔点低(与低碳钢相比),又有大量易形成高熔点氧化物的合金元素(如 Cr),因此,要求有大的顶锻压强,高的闪光和顶锻速度。高的闪光速度可以减小加热区,可有效地防止热影响区晶粒急剧长大和抗腐蚀性的降低。

3. 铝及其合金的闪光对焊

铝及其合金这类材料具有导电导热性好、熔点低、易氧化且氧化物熔点高、塑性温度区窄等特点,给焊接带来困难。铝合金对焊的焊接性较差,工艺参数选择不当时,极易产生氧化夹杂物、疏松等缺陷,使接头强度和塑性急剧降低。闪光对焊时,必须采用很高的闪光和顶锻速度、大的顶锻留量和强迫形成的顶锻模式。所需功率也要比钢件大得多。

4. 铜及其合金的闪光对焊

铜的导热性比铝好,熔点较高,因而比铝要难焊得多。纯铜闪光对焊时,很难在端面形成液态金属层和保持稳定的闪光过程,也很难获得良好的塑性温度区。为此,焊接时需要很高的最后闪光速度、顶锻速度和顶锻压强。

铜合金(如黄铜、青铜)的对焊比纯铜容易。黄铜对焊时由于锌的蒸发而使接头性能下降,为了减少锌的蒸发,也应采用很高的最后闪光速度、顶锻速度和顶锻压强。铝和铜用闪光对焊焊成的过渡接头广泛用于电机行业。

由于它们的熔点相差很大,铝的熔化比铜快 4 ~ 5 倍,所以要相应增大铝的伸出长度。铝和铜对焊时,可能形成金属间化合物 $CuAl_2$,增加接头脆性。因此,必须在顶锻时尽可能将 $CuAl_2$ 从接口中排挤出去。

5. 钛及其合金的闪光对焊

钛及其合金的闪光对焊的主要问题是由于淬火和吸收气体(氢、氧、氮等)而使接头塑性降低。钛合金的淬火倾向与加入的合金元素有关。若加入稳定 p 相元素则淬火倾向增大,塑性将进一步降低。若采用强烈闪光的连续闪光对焊,不加保护气体就可获得满意的接头。

当采用闪光、顶锻速度较小的预热闪光焊时,应在 Ar 或 He 保护气体中焊接。预热温度为 1000 ~ 1200℃;工艺参数和焊接合金钢时基本一致,只是闪光留量稍有增加。此时可获得较高塑性的接头。

案例:典型工件的对焊

1. 管子对接

管子对接的方法在压力容器及输气输油管道工程中应用较多。管子闪光对焊的关键在于清除内部毛刺,对已弯过的小直径厚壁管尤为重要。因此,必须选用尽可能小的顶锻留量,但过小将导致冷弯性能下降。焊后去除毛刺有下列方法:

(1)焊后立即用压缩空气将中碳钢弹头吹入管内,利用高速运动的弹头切除毛刺。

(2)焊后立即通入一定量的高速氧气流,使刚挤出的高温毛刺在氧气流中燃烧掉。

(3)闪光过程中管内吹入保护气体,形成压差,使爆破的过梁随气流飞出管口。采用上述方法可使焊口通道不小于内径的 80% ~90%。

2. 钢轨对接

长钢轨是铁路发展方向，钢轨的接长目前主要采用闪光对焊。随着重型钢轨的应用，焊机容量越来越大。除普通的工频交流焊机外，为减少焊机容量还研究了两种新方法：一是采用二次整流的预热闪光对焊；二是采用振动闪光的连续闪光对焊。

3. 环形零件对焊

环形零件如链条、钢圈、锚链等可采用对焊。直径为20mm以下的链条采用电阻对焊；直径为20mm以上的采用闪光对焊。环形焊件对焊时应考虑分流及顶锻时的变形附加力。链条闪光对焊时，因链环直径较小，分流造成的磁场力将使液体过梁推向内侧，引起内侧温度较高。所以变压器应安放在链环的另一侧，以部分抵消磁场影响。

任务布置

1. 什么是闪光对焊？
2. 闪光对焊有何特点？
3. 闪光对焊如何选择焊接参数？

知识与能力拓展

（一）点焊设备

点焊设备由机架、焊接变压器、加压机构及控制箱等部件组成，如图5-20所示。

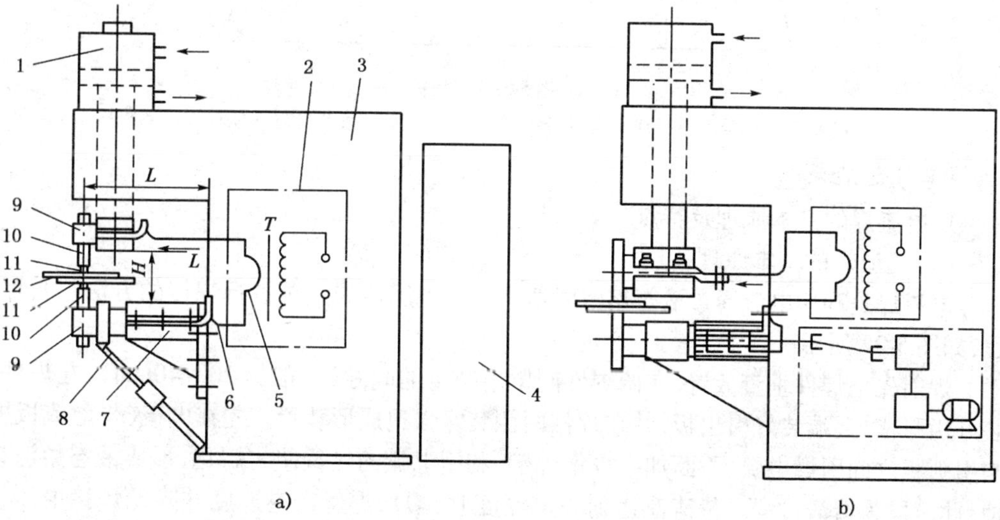

图5-20　点焊机

a）焊机正面；b）焊机背面

1-加压机构；2-变压器；3-机座；4-控制箱；5-二次绕组；6-柔性母线；7-支座；8-撑杆；9-机臂；10-电极握杆；11-电极；12-焊件

（二）凸焊机

凸焊机的结构与点焊机相类似，只是凸焊机一般采用平板形电极，要求活动部分灵敏。常用凸焊机型号为TN－200－1、TR－6000。

（三）缝焊设备

缝焊机与点焊机的基本区别在于用旋转的焊轮代替了固定的电极。

缝焊机按下列特征进行分类:

(1)按焊件移动方向分,缝焊机有纵缝焊机、横缝焊机、纵横通用焊机及圆缝焊机4种。

(2)按馈电方式分,缝焊机有双侧缝焊机和单侧缝焊机2种。

(3)按焊轮数目分,缝焊机有双轮缝焊机和单轮缝焊机2种。

(4)按缝焊方法分,缝焊机有连续缝焊机、断续缝焊机和步进式缝焊机3种。

(5)按加压机构传动方式分,缝焊机有脚踏式、电动凸轮式和气压式缝焊机3种。

(6)按安装方式分,缝焊机有固定式和移动式缝焊机2种。

目前,常用的是FNI-150-1型缝焊机,如图5-21所示。

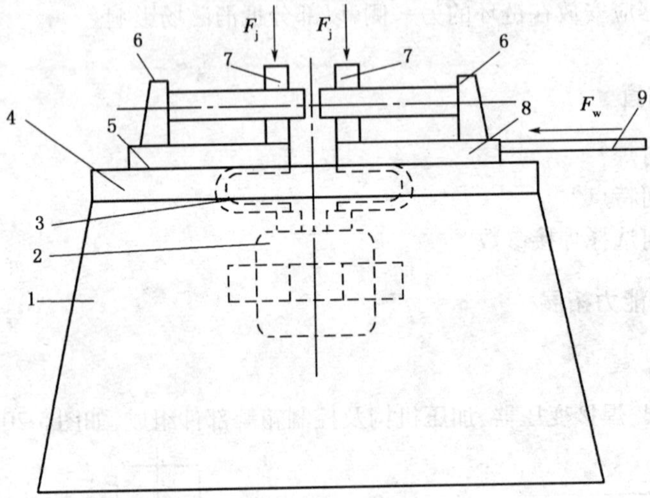

图5-21 缝焊机

1-机架;2-变压器;3-软导线;4-导轨;5-固定座板;6-顶座;7-夹紧机构;8-动板;9-送给机构

(四)电渣焊

1.电渣焊的基本原理及特点

(1)电渣焊的基本原理

电渣焊是利用电流通过液态熔渣时所产生的电阻热为热源进行焊接的方法。其焊接过程,如图5-22所示。

焊前先把焊件垂直放置,在两焊件间留出一定的间隙(一般为20~40mm),在焊件下端装好引弧槽,上端装好引出板,并在焊件两侧装好强迫成形装置。先在电极(焊丝或板极等)与引弧板之间引燃电弧,不断加入少量焊剂,利用电弧的热量使之熔化,形成液态熔渣,即渣池,此阶段为造渣过程。待渣池达到一定深度时,增加焊丝送进速度并降低焊接电压,同时电极被浸入渣池,电弧熄灭,转入电渣焊焊接过程。

由于高温熔渣具有一定的导电性,当焊接电流从电极端部经渣池流向焊件时,在渣池内产生的电阻热将电极和焊件边缘熔化,熔化的金属沉积到渣池下面形成金属熔池;随着电极不断地送进和熔化,金属熔池逐渐升高,而熔渣始终浮于金属熔池上部。这时离热源较远的熔化金属逐渐冷却,在强制成形装置的作用下凝固形成焊缝。随着焊接过程的进行,机头及强迫成形装置逐渐上升,从而完成了整条焊缝的焊接。

由上述焊接过程可见,为保证电渣焊的焊接过程稳定,要求浮在熔池上方的渣池必须有一定的深度和一定的容积。因此,焊缝需处于垂直位置或接近于垂直位置,为防止液态熔渣和熔池金属流失,应在焊件两侧表面装上强迫成形装置。强迫成形装置可以采用伴随机头一起移动的水冷成形滑块，也可以用固定式水冷成形板或用钢板作为密封侧面。

此外，为了防止造渣开始处因电渣过程不稳定而产生未焊透、夹渣等缺陷，必须安装引弧槽。在焊缝收尾处，为防止产生缩孔、裂纹等缺陷，又必须安装引出板。

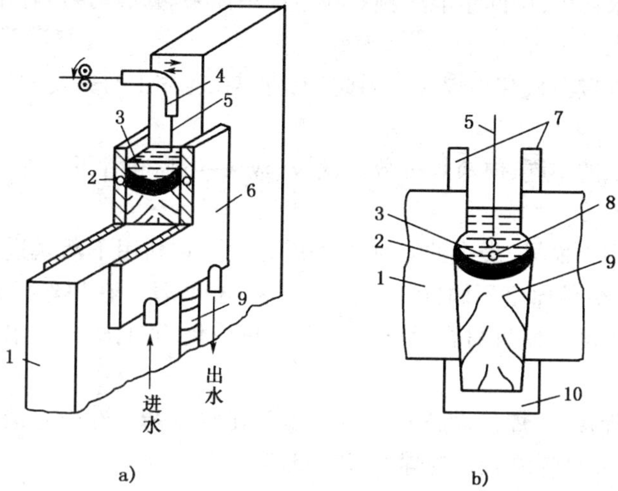

图 5-22　电渣焊的焊接过程

a）立体示意图；b）断面图

1-焊件；2-金属熔池；3-渣池；4-导电嘴；5-焊丝；6-强迫成形装置；7-引出板；8-金属熔滴；9-焊缝；10-引弧槽

（2）电渣焊的特点

与一般电弧焊相比，电渣焊具有以下特点：

①可一次焊接很厚的工件，从而提高了焊接生产率。从理论上讲，电渣焊能焊工件的厚度是无限的，但实际上受设备、电源容量和操作技术等方面的限制，其焊接厚度还是有限的。

②焊接成本低。电渣焊时焊件不需要开坡口，只要使焊件边缘之间保持一定的装配间隙即可，因而可以节省许多机械加工时间和减少填充金属的消耗，焊剂的消耗量也比埋弧焊时少得多，故焊接成本较低。

③焊缝中气孔与夹渣少。电渣焊时熔池体积大，有一层厚厚的熔渣始终覆盖在熔池上。因此，熔池金属的冷却速度比较慢，在高温下停留时间较长，有利于气体和杂质从熔池中析出，故电渣焊一般不易产生气孔和夹渣等缺陷。

④焊缝金属化学成分易调整。电渣焊时，由于母材边缘的熔化宽度容易调整和控制，所以在焊缝金属中母材金属所占的比例可在很大范围（10% ~70%）内调整，这对于调整焊缝金属的化学成分及降低焊缝金属中的有害杂质具有特殊意义。

⑤为制造大型构件创造条件。电渣焊不仅是一种优质、高效、低成本的焊接方法，而且它还为生产、制造大型构件和重型设备开辟了新途径。一些外形尺寸和重量受到生产技术条件限制的大型铸造和锻造结构，可借助于电渣焊方法，用铸，焊，锻 - 焊或轧 - 焊结构代替。

⑥焊接接头的冲击韧性低。电渣焊热源的热能分散，焊接速度缓慢，近缝区的加热及冷却速度缓慢，不易产生淬硬组织和冷裂纹，对焊接淬硬倾向大的钢材十分有利。焊缝金属和近缝区在高温（1000℃以上）停留时间长，晶粒粗大，造成焊接接头冲击韧性大大降低，所以往往要求焊件焊后进行正火处理，以细化晶粒，提高冲击韧性。

但是,对大型结构件要进行焊后整体热处理往往是比较困难的,既需要有大型的加热炉,又要消耗大量的热能。因此,如何提高电渣焊接头的冲击韧性,是电渣焊技术中的一个重要课题。

⑦电渣焊过程要求连续,中间不能停顿。在生产中如果遇到焊接过程中断,则恢复焊接过程的辅助工作量较大。

⑧电渣焊不适合焊接薄板和短焊缝。因此,电渣焊在应用上有一定的局限性。

2. 电渣焊的分类

根据所用电极形状的不同,电渣焊可分为丝极、板极、熔嘴和管极 4 种。

(1)丝极电渣焊

丝极电渣焊是应用得最早、最多的一种电渣焊方法。它利用不断送进的焊丝作为熔化电极(填充金属),根据焊件厚度不同,可同时采用 1 ~3 根焊丝。在焊丝根数不变的情况下,为了增加所焊焊件的厚度并使母材在厚度方向上受热熔化均匀,焊丝可沿焊件厚度方向作横向往复摆动。

在采用多根焊丝焊接时,焊接设备和焊接技术就比较复杂。丝极电渣焊方法一般用于焊接厚度为 40 ~450mm 且焊缝较长的焊件,以及环焊缝的焊接。

(2)板极电渣焊

板极电渣焊用金属板条作为熔化电极,根据焊件厚度不同,板极电渣焊可采用一块或数块板极进行焊接。由于焊接时板极只需向下送进,不作横向摆动,而且板极的送进速度很慢(1 ~3m/h),完全可以手动送进,因而板极电渣焊设备比较简单。板极材料的化学成分与焊件相同或相近即可,因此可用板材的边角料制作非常方便,但板极电渣焊需要采用大功率电源(因电极的截面大)。

同时,要求板极的长度为焊缝长度的 4 ~5 倍。若焊缝长度增加,板极长度也要增加。这样,板极长度必会受到自身刚度和送进机构的高度限制,所以板极电渣焊的焊缝长度受到限制。

(3)熔嘴电渣焊

熔嘴电渣焊是利用不断送进的焊丝和固定于焊件装配间隙并与焊件绝缘的熔嘴共同作为填充金属的电渣焊方法。熔嘴由与焊件截面形状相同的熔嘴板和导丝管组成,焊接时,熔嘴不仅起导电嘴作用,而且熔化后又成为填充金属的一部分。根据焊件厚度不同,可采用一个或多个熔嘴同时焊接。熔嘴电渣焊与板极电渣焊相比,可焊接截面更大的工件,尤其是适用于焊接不规则截面的焊件。

此外,焊缝的化学成分可通过熔嘴及焊丝的化学成分的恰当配合进行调整。熔嘴电渣焊所用的设备也比较简单,焊丝的送进只需一般的送丝机构。目前可焊焊件厚度已达 2m,焊缝长度已达 110m 以上。

(4)管极电渣焊

管极电渣焊又称管状熔嘴电渣焊,它的基本原理与"熔嘴电渣焊"相同。管极电渣焊是用一根在外表面涂有药皮的无缝钢管充当熔嘴。在焊接过程中,药皮除可起绝缘作用并使装配间隙减小的作用外,还可以起到随时补充熔渣及向焊缝过渡合金元素的作用。这种方法适用于焊接厚度为 20 ~60mm 的焊件。

3. 电渣焊的工艺

电渣焊的工艺主要包括焊前准备、操作技术以及焊接工艺参数的选择等几个方面。下面以丝极电渣焊为例介绍电渣焊的工艺。

(1)焊前准备

①焊件装配。为保证电渣焊质量,在焊件装配前应将焊件的焊接面上及其两侧各50mm范围内的铁锈、油污等清除干净。若焊件是铸件,则焊前应进行清砂处理,浇冒口不能设在焊接面及其附近,而且焊接面上不能有缩孔、裂纹及夹砂等缺陷。焊接面两侧70mm范围内应平整光滑,以便使两侧的冷却成形滑块贴紧焊件并能顺利地滑动。

为便于冷却,方便滑块通过和减少拘束刚度,装配时用Ⅱ形铁固定焊件,常用的装配间隙为25~38mm,错边量不大于2mm。为保证焊缝起始和收尾处的焊接质量,在焊件下端应装引弧槽,上端装引出板。引弧槽高度一般为50~1100mm,引出板高度一般为70~80mm。

由于电渣焊时焊缝的收缩变形较大,因此焊件装配时应留出足够的收缩余量,以保证焊接后焊件的形状和尺寸能满足设计要求。收缩变形的规律是先焊处收缩量较小,后焊处收缩量较大。所以装配间隙应该是上面大些,下面小些,焊缝长度越大,其差值也应越大。

②安装强迫成形装置。安装强迫成形装置的作用是保证渣池和熔化金属不流失,并保证焊缝表面光洁平整。常用的成形装置主要有水冷铜滑块和固定式水冷成形板两种。水冷铜滑块,其滑块用纯铜板制成,与焊件接触的一面加工有与焊缝形状相同的成形槽,背面有通冷却水的导水管。

丝极电渣焊焊接时,为便于导电嘴由焊件侧面伸入间隙,一般都采用水冷铜滑块。焊接时,由于冷却滑块是随机头-起移动的,故对焊件装配质量要求比较高,错边量要小;与滑块接触的焊件表面要进行加工。焊接环形焊缝时,滑块的曲面必须与焊件的曲面相吻合,保证滑块表面与焊件表面贴紧,以免焊接过程中产生漏渣现象。

固定式水冷成形板。水冷成形板也由纯铜制成,其形状与水冷滑块基本相同,主要区别是水冷成形板比滑块长且固定。焊接时,水冷成形板始终紧贴于焊件表面不移动,不易产生漏渣现象,因而对焊件装配质量的要求没有使用滑块时高。

③计算焊丝用量。电渣焊焊接时,要求每盘焊丝必须能一次焊完焊件,因此必须事先计算好焊丝用量。如果焊丝需要接长,则必须事先焊好并锉平,以保证顺利送丝。若焊丝上有铁锈和油污等应清理干净。

④调整好焊丝与滑块的相对位置。接通水路和控制电路,启动焊机作空载运行,检查各部分运行是否正常。备好耐火水泥和熔丝(保险丝)以备急用。

(2)操作技术

在各项准备工作就绪后即可开始焊接。电渣焊过程一般包括引弧造渣、正常焊接和焊缝收尾3个阶段。

①引弧造渣阶段。电渣焊的造渣过程一般是先从电弧过程开始的(使用固体导电焊剂时例外),即先引燃电弧,利用电弧热能使焊剂熔化形成渣池。为便于引燃电弧,可先在引弧槽中放入少量铁屑并撒上一层焊剂,引弧后靠电弧热使焊剂熔化。渣池达到一定深度时,即可将焊接电压和送丝速度(即焊接电流)调节到正常值,使焊丝插入渣池,电弧熄灭,此时可启动机头上升,开始正常的电渣焊焊接过程。

②正常焊接阶段。正常焊接阶段应保持焊接参数稳定。要保持焊丝在间隙中的正常位置,并定期测量渣池深度,均匀地添加焊剂。要防止产生漏渣现象,当发生漏渣而使渣池变浅时,应降低送丝速度,并迅速逐步加入适量焊剂以维持电渣焊焊接过程稳定。

③焊缝收尾阶段。由于电渣焊焊缝收尾部分含杂质较多,而且往往存在缩孔和裂纹缺

陷。为了将缺陷多、质量差的收尾部分引出焊件之外,电渣焊的收尾工作必须在引出板上进行。当收尾焊缝进入引出板后,应逐渐减小送丝速度(即减小焊接电流),并适当提高电压以减小熔池深度而增大熔池宽度,即增大焊缝成形系数,防止产生裂纹等缺陷。

为了防止产生缩孔和火口裂纹,最好在收尾结束前再继续送几次焊丝,也可用逐渐减小电流和电压直至断电的方法。收尾工作结束后,不要立即放掉熔渣,以减小熔池金属的冷却速度,防止产生裂纹。

另外,应及时切除引出板及引出部分的焊缝金属,以避免引出部分可能产生的裂纹扩展到焊缝上。焊接过程全部结束后,需根据工艺规程的要求,进行检验和热处理。

(3)焊接工艺参数选择及其对焊缝质量的影响

丝极电渣焊的主要工艺参数有焊接电流(即送丝速度)、焊接电压、渣池深度、装配间隙、焊丝根数和直径、焊丝伸出长度。如果焊丝需作横向摆动则还包括焊丝摆动速度、摆动幅度、焊丝在滑块旁停留时间、焊丝至滑块的距离等工艺参数。

①焊接电流(送丝速度)。在其他工艺参数不变的情况下,焊接电流在一定范围内增加时,母材边缘的熔化宽度增大(即焊缝宽度增大)。这是因为焊接电流增加时渣池的温度升高,熔渣的对流作用增强,有利于将热能传至母材边缘,所以母材边缘熔宽增大。但当焊接电流超过一定值后若再继续增大,则母材边缘的熔宽反而减小。

因为焊接电流太大时,焊丝末端与金属熔池间距离过小,电流作用减小,不能很好地熔化母材边缘,熔宽反而要减小。电流过大还会影响焊缝金属的结晶方向,使焊缝金属抗裂性能降低。

②焊接电压。当焊接电流不变时,增加焊接电压,则热功率增大。同时,焊接电压增高时,焊丝端部离熔池表面的距离增大,熔渣对流作用增强,故母材边缘熔宽增大。但焊接电压不能太高,如果电压过高,会因熔渣沸腾而使飞溅增大,甚至会在焊丝端部与渣池表面处产生电弧,破坏电渣焊焊接过程的稳定性。电压过低会导致焊丝与熔池短路,引起熔渣飞溅。

③渣池深度。渣池深度对金属熔池宽度影响较大,随着熔池深度的增加,金属熔池宽度减小,金属熔池深度也稍有减小。因为渣池深度增加时,作为热源的渣池与母材边缘接触面积增加,使输入母材的热能分散。此外,当渣池深度增加时,因焊丝伸入渣池内的长度增加,使电流分散作用增强,也使母材熔化宽度减小。当渣池深度过大时,就可能产生未焊透。但渣池深度也不能过浅,否则容易产生飞溅。选择渣池深度还应考虑到焊剂物理性能,并随着送丝速度的增加而增加。通常采用的渣池深度为40~70mm。

④装配间隙。随着装配间隙的减小,母材熔宽增大。装配间隙减小时,熔渣的对流作用和对母材边缘的冲刷作用增强了,故母材边缘的熔宽增大。但装配间隙过小,不仅焊接困难,焊丝容易与焊件短路,破坏电渣焊焊接过程的稳定,而且由于熔渣的对流作用减小,母材边缘熔化宽度减小,容易产生未焊透和夹渣等缺陷,对抗裂性能也是不利的,故装配间隙一般不小于20mm。但装配间隙也不能太大,否则,不仅会降低生产率、增加焊丝的消耗量,而且也会产生未焊透和夹渣等缺陷。电渣焊焊件的装配间隙一般为20~40mm,常用的为25~38mm。

⑤焊丝根数和直径。丝极电渣焊的焊丝直径一般为3mm,焊丝根数取决于焊件厚度。为确保焊透,焊丝不摆动时单根焊丝焊接焊件最大厚度不应超过150mm。当焊件较厚时,可用两根、三根或者更多的焊丝进行焊接。

⑥焊丝伸出长度。焊丝伸出长度是指从导电嘴末端到渣池表面之间的焊丝长度。在送丝速度不变的情况下，如果伸出长度过大，不仅会降低焊丝在间隙中位置的准确性，还可能使焊丝在渣池表面熔断起弧，破坏电渣焊焊接过程稳定性。如果焊丝伸出长度过小，又易烧坏导电嘴，同样也会破坏电渣焊焊接过程稳定性。焊丝直径为3mm时，焊丝伸出长度一般为50～70mm。

⑦焊丝摆动参数。焊接厚度较大的焊件时，为使熔池金属的温度均匀，焊丝必须作横向往复摆动。在保证焊透的前提下，适当提高焊丝的摆动速度或减小焊丝在滑块旁的停留时间，可增加母材熔宽的均匀性；但焊丝摆动速度过快，或在滑块旁停留时间太短，则容易产生未焊透。

所以焊丝摆动速度一般取30～40m/h，焊丝在滑块旁停留时间一般取3～6s。工艺参数的影响是错综复杂互相牵制的。因此在选择工艺参数时应抓住主要矛盾，掌握它们的内在联系，做到灵活而合理，并通过试验进行调整。

（五）螺柱焊

螺柱焊是将螺柱一端与板件（或管件）表面接触，通电引弧，待接触面熔化后给螺柱一定的压力形成牢固连接的工艺方法。按热源方式，螺柱焊可分为电弧螺柱焊与电容储能螺柱焊两种主要形式。

1. 螺柱焊的特点及应用

（1）螺柱焊的特点

①螺柱焊与一般电弧焊相比，焊接时间短，输入母材的能量很小，因而焊缝金属和热影响区均很窄，焊件变形小。

②采用螺柱焊生产率高，焊接时间通常不超过1s。

③采用螺柱焊不仅可以节约材料，而且可以减少连接部件所需的机械加工及焊接工作量。

④若采用电容储能螺柱焊可以将小的螺柱与薄件相连接。

⑤因为螺柱焊熔深浅，焊接过程不会损害预先进行加工的结构背面，焊后无须清理。

⑥焊接淬硬倾向大的材料容易在焊缝及热影响区引起淬硬组织，造成焊接接头塑性不足。

⑦与焊条电弧焊相比，螺柱焊所用设备轻便且便于操作。

⑧螺柱焊与螺纹拧入的螺柱相比，在满足强度的条件下所需要的母材厚度小。

（2）螺柱焊的应用

螺柱焊可用于螺纹紧固件、普通销钉和开口销钉、内螺纹紧固件、矩形断面的扁头紧固件的焊接。螺柱焊可以焊接的材料包括低碳钢、低合金钢、不锈钢及有色金属。螺柱焊在汽车、锅炉和建筑结构、工业及家用设备制造、造船、国防工业等方面得到较广泛的应用。

2. 电弧螺柱焊

（1）电弧螺柱焊的原理

电弧螺柱焊使用类似焊条电弧焊所用的电源，用螺柱与焊件之间产生的电弧热作为热源，将被连接表面加热到适当温度，在压力作用下使两者连接在一起。焊接过程自动完成，一般不超过15°，电弧螺柱焊一般使用一个陶瓷圈环绕螺柱，以保护熔化金属并保护电弧。

为了使紧固件有足够强度，焊件的最小厚度约为待焊螺柱直径的1/3。每种规格的螺柱要求一个最小的板材厚度，以保证不产生焊穿和过大的变形。钢板厚度与待焊螺柱底端直径的最小比值一般规定为1/5。

(2)电弧螺柱焊的操作过程

电弧螺柱焊方法与其他电弧焊方法的基本原理相同。该方法的操作包括以下2个步骤。

①由螺柱与焊件之间燃烧的电弧产生热能。

②达到适当温度时施加一定的作用力,使螺柱与焊件直接接触。焊接设备由螺柱焊枪、控制装置和电源组成。将螺柱装在夹头内,陶瓷保护圈放在螺柱的端头位置,将焊枪准确地放在焊接位置,然后按下启动开关,即开始自动的焊接程序。

接通焊枪枪体内的螺旋线圈,使螺柱提升而脱离焊件,同时引燃电弧。螺柱底端和焊件被电弧熔化。在达到预调的燃弧时间后,焊接电流自动切断。焊枪的主弹簧将螺柱压入焊件上的熔池内而完成焊接。最后,提起焊枪并打碎陶瓷圈。

3. 电容储能螺柱焊

(1)电容储能螺柱焊的原理

电容储能螺柱焊利用存储在电容器中的电能高速放电形成的电弧加热螺柱和焊件,在电容放电过程中或放电后立即对螺柱施加压力,使螺柱插到焊件的熔池中。采用电容储能螺柱焊电弧的燃烧时间短,并且接头处形成的熔化金属少,所以不需要陶瓷圈,这种方法适用于中小尺寸的螺柱焊接。

电容储能螺柱焊焊件熔透很浅,螺柱金属与焊件熔合,适于将螺柱焊到异种金属上。通常不能用熔化焊的许多特殊金属也可以用这种方法焊接。电容储能螺柱焊焊件表面焊后不需要清理和抛光,这种方法也可用来焊接那些表面已经喷漆、电镀、抛光及表面涂有陶瓷或塑料的零件。

(2)电容储能螺柱焊的操作过程

电容储能螺柱焊有3种不同形式,即预接触法、预留间隙法和拉弧法,其主要差异是引弧方法不同。预接触法和预留间隙法电容储能螺柱焊是将待焊螺柱端部设计成小凸台(尖头的);而拉弧法电容储能螺柱焊是在焊枪将螺柱提升离开焊件时引燃电弧。

①预接触法。在预接触螺柱焊时,首先将螺柱对准焊件放好。然后,存储的电能通过螺柱待焊端的凸台放电。由于电流密度很高,凸台很快雾化,这就引燃了电弧,并熔化待连接的表面。在电弧燃烧过程中,被焊零件在弹簧力或汽缸的作用下结合在一起。在两表面接触时,产生熔化并在螺柱与焊件之间形成焊缝。

②预留间隙法。首先在螺柱与焊件之间留有一定间隙。螺柱在弹簧力作用下向焊件移动。同时在螺柱与焊件之间加有一定空载电压,当螺柱与焊件接触时,其存储的电能放电,大电流使尖头熔化而引燃电弧。在电弧作用下螺柱和焊件表面熔化,螺柱插入焊件完成焊接。

③拉弧法。电弧引燃方法与"电弧螺柱焊"相同。待焊的螺柱端面不需要设计成尖头,焊接时间由自动控制装置控制,焊枪与电弧螺柱焊枪相似。首先,将螺柱对准焊件放置,按下焊枪启动开关,接通焊接回路和枪体内的电磁线圈,将螺柱拉离焊件,在它们之间引燃小电流电弧。当提升线圈断电时,螺柱开始向焊件移动,焊接电容器存储的能量通过电弧放电,电容释放的大电流将螺柱的待焊端及相邻焊件表面熔化,在焊枪弹簧力的作用下使螺柱插入熔化的金属中,完成焊接过程。

自我测试

一、选择题

1. 电阻焊焊件导电部分的电阻大小与焊件材料的电阻率____。

A. 没有关系　B. 成反比　C. 关系不大　D. 有很大关系

2. 电阻对焊常用于____的焊接。

A. 带蒙皮的骨架结构(如汽车驾驶室)等　B. 要求气密的薄壁容器

C. 受力要求不高的对接件　D. 重要的受力对接件

3. 缝焊主要用于要求气密的薄壁容器,焊件厚度一般不超过____mm。

A. 2　B. 3　C. 4　D. 5

4. ____不是固定式点焊机结构的主要部分。

A. 焊接回路　B. 加压机构　C. 控制装置　D. 夹紧机构

5. ____不属于对焊机结构组成的主要部分。

A. 焊接回路　B. 冷却水路系统

C. 送进和加压机构　D. 机架和导轨

6. ____不是电阻焊机电极材料性能的要求。

A. 在高温与常温下都有合适的导电、导热性

B. 良好的塑性、韧性

C. 有足够的高温强度和硬度

D. 常温与高温下具有高的抗氧化能力

7. 不等厚度材料点焊时,为防止熔核偏移造成焊点强度大大下降,一般规定工件厚度比不应超过____。

A. 1∶1.5　B. 1∶2　C. 1∶3　D. 1∶4

8. ____不属于闪光对焊的工艺参数。

A. 闪光电流　B. 闪光留量　C. 顶锻压力

二、判断题(对的打"√"、错的打"×")

1. 导电性、导热性好的金属材料,电阻焊的焊接性也较好。(　)

2. 点焊在焊接时所产生的热量大部分用来加热焊区金属以形成熔核。(　)

3. 逆变式电阻焊机成为发展的主流。(　)

4. 点焊预加电极压力是为了使焊件在焊接处紧密接触,若压力不足,则接触电阻过大,导致焊件烧穿或将电极工作面烧损。(　)

5. 点焊时随着板厚的增加,点距减小。(　)

6. 点焊广泛应用于汽车驾驶室、金属车厢腹板、压力容器产品的焊接。(　)

7. 一般熔核温度比金属熔点低 300 ~ 500K。(　)

8. 高温下屈服强度大的金属,点焊时易产生裂纹、飞溅等焊接缺陷,焊接性较差。(　)

项目小结

电阻焊是将被焊工件压紧于两电极之间,并通以电流,利用电流流经工件接触面及邻近

区域产生的电阻热效应将它加热到熔化或塑性状态并施加一定压力，使之形成金属结合的一种方法。在汽车车身修复作业中，电阻焊可用于断裂零件的焊接及磨损零件焊补等。

凸焊是点焊的一种变化形式，它是利用零件原有型面、倒角、底面或预制的凸点焊到另一块面积较大的零件上。

缝焊的过程与点焊相似，只是以旋转的圆盘状滚轮电极代替柱状电极，将焊件装配成搭接或对接接头，并置于两滚轮电极之间，滚轮加压焊件并转动，连续或断续送电，形成一条连续焊缝的电阻焊方法。

电阻对焊用来完成对接接头，生产效率高，并且容易实现焊接过程自动化，适用于批量生产。

闪光对焊与电阻对焊相似，但其加热量较大，相互对接的两接缝表面金属需达到熔化状态，进而形成焊接连接。

附件一

电焊工中级理论知识模拟试题

一、单项选择题(第 1 ~ 160 题,每题选择一个正确答案,将相应的字母填入题内的括号中)

1. 职业道德的意义不应该包括(　　)。

A. 有利于推动社会主义物质文明建设　B. 有利于社会体制改革

C. 有利于行业建设和发展　D. 有利于个人的提高和发展

2. 职业道德首先要从(　　)的职业行为规范开始。

A. 团结合作,主动配合工作　B. 服务群众,奉献社会

C. 爱岗敬业,忠于职守　D. 重视岗位技能训练

3. 焊工的职业守则中,不包括(　　)。

A. 爱岗敬业,忠于职守　B. 积极参加社会公益活动

C. 工作认真负责,严于律己　D. 团结合作,主动配合工作

4. 装配图的尺寸标注中,不需要标注(　　)。

A. 配合尺寸　B. 全部零件的所有尺寸

C. 外形尺寸　D. 设计中经选定的尺寸

5. 在 910 ~ 1390℃ 的面心立方晶格的铁称为(　　)。

A. ω - Fe　B. б - Fe　C. α - Fe　D. γ - Fe

6. (　　)是铁素体和渗碳体的机械混合物,碳的质量分数为 0.8% 左右。

A. 奥氏体　B. 马氏体　C. 莱氏体　D. 珠光体

7. (　　)是碳在 α - Fe 中的过饱和固溶体。

A. 铁素体　B. 珠光体　C. 奥氏体　D. 马氏体

8. (　　)的室温组织为珠光体 + 铁素体。

A. 过共析钢　B. 低碳钢　C. 铸钢　D. 不锈钢

9. 将亚共析钢加热到 A_3 以上 30 ~ 70℃,在此温度下保持一定时间,然后快速冷却,使奥氏体来不及分解和合金元素来不及扩散而形成马氏体组织,称为(　　)。

A. 回火　B. 正火　C. 退火　D. 淬火

10. 回火就是把经过淬火的钢加热至低于 A_1 的某一温度,经过充分保温后,再(　　)的一种热处理工艺。

A. 快速冷却　B. 油冷

C. 以一定速度冷却　D. 水冷

11. 将钢加热到 A_3 或 A_{cm} 以上 50 ~ 70℃,保温后在静止的空气中冷却的热处理方法称为(　　)。

A. 正火　B. 淬火　C. 回火　D. 退火

12. 将钢加热到 A_3 以上或 A_1 左右一定温度,保温后缓慢(一般随炉冷却)而均匀冷却的热处理方法称为退火,它可以(　　)。

A. 提高钢的硬度,提高塑性　B. 降低钢的硬度,提高塑性

C. 提高钢的硬度,降低塑性　　　　D. 降低钢的硬度,降低塑性

13. 将钢加热到 A_1 以下,一般为(　　)℃,保温一段时间,然后缓慢冷却(一般随炉冷),以消除残余应力的热处理工艺,称为消除应力退火。

A. 600 ~ 650　　B. 450 ~ 500　　C. 350 ~ 400　　D. 250 ~ 300

14. 碳钢中除含有(　　)元素外,还有少量的硅、锰、硫、磷等杂质。

A. 铁、碳　　B. 铬、碳　　C. 钼、碳　　D. 镍、碳

15. 碳素结构钢的牌号采用屈服点的字母"Q",(　　)和质量等级,脱氧方式等符号来表示。

A. 抗拉强度的数值　　B. 冲击韧性的数值

C. 屈服点的数值　　D. 伸长率的数值

16. 专用优质碳素结构钢中,表示桥梁用钢的牌号用符号(　　)表示。

A. H　　B. HP　　C. g　　D. q

17. 合金钢按(　　)总量进行分类是合金钢分类方法之一。

A. 合金元素　　B. 碳元素　　C. 碳、铬　　D. 碳、锰

18. 在一段无源电路中,电流的大小与电压成正比,而与(　　),这就是部分电路欧姆定律。

A. 电阻率成正比　　B. 电阻率成反比　　C. 电阻值成正比　　D. 电阻值成反比

19. 导体电阻的大小与导体的导电性能即电阻率及导体的长度成正比,而与导体的(　　)。

A. 体积成反比　　B. 体积成正比　　C. 截面积成正比　　D. 截面积成反比

20. 测量电压时必须使用(　　)。

A. 伏特表　　B. 安培表　　C. 摇表　　D. 电度表

21. 磷的元素符号是(　　)。

A. C　　B. Mn　　C. S　　D. P

22. Ti 是(　　)的元素符号,Ca 是(　　)的元素符号。

A. 钛、钙　　B. 钛、铬　　C. 镍、铜　　D. 镍、钙

23. 眼睛离电弧(　　),如无防护,经十几秒甚至几秒的紫外线照射,就可能产生电光性眼炎。

A. 2m 以内　　B. 1.5m 以内　　C. 1m 以内　　D. 0.5m 以内

24. 电光性眼炎的发病要经过一定的潜伏期,一般发病在受照后(　　)。

A. 2 ~ 3h　　B. 4 ~ 5h　　C. 6 ~ 8h　　D. 9 ~ 10h

25. 气焊(　　)时,会产生有毒蒸气。

A. 紫铜　　B. 青铜　　C. 铅　　D. 镍

26. 在可能导电的焊接场所工作时,所用焊工防护手套应经耐电压(　　)试验,合格后方能使用。

A. 1000V　　B. 2000V　　C. 2500V　　D. 3000V

27. 焊工在有积水的地面焊接、切割时、应穿经过(　　)耐压试验合格的防水橡胶鞋。

A. 3000V　　B. 4000V　　C. 5000V　　D. 6000V

28. 使用行灯照明时,其电压不应超过(　　)伏。

A. 6　　B. 12　　C. 24　　D. 36

29. 下列选项中,(　　)不是焊条药皮的组成物。

A. 稳弧剂　　B. 造气剂　　C. 造渣剂　　D. 脱氮剂

30. CO_2 焊用的 CO_2 气体纯度,一般要求不低于(　　)。

A. 99%　　B. 99.5%　　C. 99.9%　　D. 99.99%

31. (　　)是一种理想的钨极氩弧焊的电极材料,也是我国目前建议尽量采用的钨极。

A. 铈钨极　　B. 钛钨极　　C. 铪钨极　　D. 钍钨极

32. 钨极氩弧焊的钨极端部形状采用(　　)效果最好。

A. 平状　　B. 圆球状　　C. 锥形尖端　　D. 锥形平端

33. 水平固定管对接组装时,按规范和焊工技艺确定组对间隙,而且一般应(　　)。

A. 左大右小　　B. 左小右大　　C. 上大下小　　D. 上小下大

34. 钢板对接时,焊前应在坡口及两侧各(　　)mm 范围内,将锈、水、油污等清理干净。

A. 5　　B. 20　　C. 30　　D. 40

35. 下列选项中(　　)不是焊前预热的作用与目的。

A. 降低焊后冷却速度,降低淬硬倾向　　B. 提高奥氏体不锈钢的耐腐蚀性能

C. 有利于扩散氢逸出　　D. 可以减小焊接应力

36. (　　)不是影响是否需要预热及预热温度的因素。

A. 焊接位置　　B. 钢材化学成分　　C. 工件厚度　　D. 焊接方法

37. 焊前预热一般要求在坡口两侧各(　　)mm 范围内保持均热。

A. 75 ~ 100　　B. 100 ~ 150　　C. 150 ~ 200　　D. 200 ~ 300

38. (　　)是一种自动埋弧焊常用的引弧方法。

A. 高频高压引弧法　　B. 高压脉冲引弧法

C. 不接触引弧法　　D. 尖焊丝引弧法

39. 手工钨极氩弧焊设备中没有(　　)。

A. 控制系统　　B. 行走机构　　C. 气路系统　　D. 水路系统

40. (　　)是钨极氩弧焊一般采用的一种引弧方法。

A. 敲击式引弧　　B. 摩擦式引弧　　C. 接触引弧　　D. 高压脉冲引弧

41. 氩弧焊机供气系统没有(　　)。

A. 氩气瓶　　B. 减压器　　C. 预热器　　D. 电磁气阀

42. 氩气瓶外表漆成(　　)色并标有深绿色“氩”字。

A. 白　　B. 铝白　　C. 银灰　　D. 天蓝

43. CO_2 气瓶瓶体表面漆成(　　)色,并漆有“液态二氧化碳”黑色字样。

A. 银灰　　B. 橘黄　　C. 铝白　　D. 白

44. 低碳钢 Q235 钢板对接时,焊条应选用(　　)。

A. E7015　　B. E6015　　C. E5515　　D. E4303

45. 用焊条 E5015 焊接 16Mn 钢板对接时,焊机应选用(　　)。

A. ZX5 - 400　　B. BX1 - 400　　C. BX3 - 300　　D. BX1 - 250

46. 厚度 12mm 钢板对接,焊条电弧焊立焊,单面焊双面成形时,预置反变形量一般为(　　)。

A. 0 ~ 10　　B. 30 ~ 40　　C. 50 ~ 60　　D. 70 ~ 80

47. 焊条电弧焊立焊操作时,发现椭圆形熔池下部边缘由比较平直轮廓变成鼓肚变圆

时，表示熔池温度已稍高或过高，应立即灭弧，降低熔池温度，以避免产生(　　)。

A. 烧穿　B. 咬边　C. 焊瘤　D. 气孔

48. 与焊条电弧焊相比，(　　)不是自动埋弧焊的优点。

A. 生产率高　B. 对气孔敏感小

C. 节约焊接材料和电能　D. 焊工劳动条件好

49. 与焊条电弧焊相比，(　　)不是自动埋弧焊的缺点。

A. 对气孔敏感性较大　B. 焊接材料和电能消耗大

C. 形状不规则的焊缝不能焊　D. 辅助准备工作量大

50. 熔焊时，在单道焊缝横截面上(　　)的比值称为焊缝成形系数。

A. 余高与焊缝宽度　B. 焊缝宽度与焊缝高度

C. 焊缝宽度与焊缝计算厚度　D. 熔深与熔宽

51. (　　)不是埋弧自动焊最主要的工艺参数。

A. 焊接电流　B. 电弧电压　C. 焊丝熔化速度　D. 焊接速度

52. (　　)是决定单道焊缝厚度的主要因素。

A. 工件倾斜角度　B. 坡口形式　C. 焊接电流　D. 焊接位置

53. 焊接速度过高时，会造成(　　)等缺陷。

A. 未焊透　B. 热裂纹　C. 凹坑　D. 焊瘤

54. 埋弧自动焊焊丝直径主要影响(　　)。

A. 熔宽　B. 余高　C. 焊缝厚度　D. 焊接速度

55. 埋弧自动焊焊接时焊剂堆积高度一般在(　　)范围比较合适。

A. 2.5 ~3.5cm　B. 6.5 ~7.5cm　C. 2.5 ~3.5mm　D. 4.5 ~5.5mm

56. 埋弧自动焊当其他条件不变时，增加坡口深度和间隙，会使(　　)显著减小。

A. 熔宽和熔深　B. 熔深和熔合比　C. 余高和熔合比　D. 熔宽和熔合比

57. 开坡口通常是埋弧自动焊控制余高和调整(　　)最好的方法。

A. 焊缝厚度　B. 焊缝宽度　C. 焊缝成形系数　D. 熔合比

58. 埋弧自动焊的坡口形式与焊条电弧焊基本相同，但由于埋弧焊的特点，应采用(　　)。

A. 较小的坡口角度　B. 较小的钝边

C. 较大的间隙　D. 较大的钝边

59. 埋弧自动焊对于厚度(　　)mm 以下的板材，可以不开坡口(采用 I 形坡口)，只需采用双面焊接，背面不用清根，也能达到全焊透的要求。

A. 30　B. 24　C. 18　D. 12

60. 板材对接要求全焊透，采用 I 形坡口埋弧自动焊双面焊，要求后焊的正面焊道的熔深(焊道厚度)达到板厚的(　　)。

A. 40% ~50%　B. 50% ~60%　C. 60% ~70%　D. 70% ~80%

61. 板材对接要求全焊透，采有 I 形坡口双面埋弧自动焊工艺，在进行后焊的正面焊道焊接时，若熔池背面为(　　)色，表示熔深符合要求。

A. 看不见颜色　B. 暗红　C. 红　D. 白亮

62. 埋弧自动焊负载持续率通常为(　　)。

A. 60%　B. 75%　C. 85%　D. 100%

63. 埋弧自动焊应注意选用容量恰当的(　　)以满足通常为100%的满负载持续率的工作需求。

A. 焊接电缆　B. 一次电源线　C. 弧焊电源　D. 控制箱

64. 与其他电弧焊相比(　　)不是手工钨极氩弧焊的优点。

A. 保护效果好,焊缝质量高　B. 生产率高

C. 焊接变形和应力小　D. 电弧稳定飞溅小

65. 要焊钛及钛合金应选用(　　)。

A. 气焊　B. 焊条电弧焊　C. 埋弧自动焊　D. 钨极氩弧焊

66. (　　)不是手工钨极氩弧焊的工艺参数。

A. 喷嘴直径　B. 气体流量　C. 钨极直径　D. 焊机型号

67. 钨极氩弧焊焊接低碳钢和低合金钢时应采用(　　)。

A. 逆变电源　B. 交流电源　C. 直流正接　D. 直流反接

68. (　　)不是钨极氩弧焊选择钨极直径的主要依据。

A. 焊件厚度　B. 焊接电流大小

C. 焊接位置　D. 电源种类与极性

69. 钨极氩弧焊电弧电压增大时,会使单道焊缝(　　)。

A. 宽度减小,焊缝厚度增加　B. 宽度减小,余高增加

C. 宽度增加,余高也增加　D. 宽度增加,熔深减小

70. CO_2 气体保护焊有许多优点,但(　　)不是 CO_2 焊的优点。

A. 生产率高,成本低　B. 焊缝含氢量少,抗裂性能和力学性能好

C. 焊接变形和应力小　D. 设备简单,容易维护修理

71. CO_2 焊用于焊接低碳钢和低合金高强度钢时,主要采用通过焊丝的(　　)脱氧方法。

A. 碳锰联合　B. 硅锰联合　C. 钛锰联合　D. 碳铝联合

72. 目前 CO_2 焊适用于(　　)的焊接。

A. 不锈钢　B. 低合金钢　C. 铜及铜合金　D. 铝及铝合金

73. 粗丝 CO_2 焊中,熔滴过渡往往是以(　　)的形式出现。

A. 喷射过渡　B. 射流过渡　C. 短路过渡　D. 粗滴过渡

74. (　　)不是 CO_2 焊氮气孔的产生原因。

A. 喷嘴被飞溅物堵塞　B. 喷嘴与工件距离过大

C. CO_2 气体流量过小　D. 焊丝表面有油污未清除

75. (　　)不是 CO_2 焊焊接时选择焊接电流的根据。

A. 工件厚度　B. 焊丝直径　C. 坡口形式　D. 熔滴过渡形式

76. (　　)不是 CO_2 焊焊接时选择电弧电压的根据。

A. 焊丝直径　B. 焊接电流　C. 熔滴过渡形式　D. 坡口形式

77. CO_2 焊焊接时,焊接速度对(　　)影响最大。

A. 是否产生夹渣　B. 焊道形状　C. 是否产生裂纹　D. 是否产生气孔

78. CO_2 焊的电源种类与极性应采用(　　)。

A. 工频交流电源　B. 中频交流电源　C. 直流反接　D. 直流正接

79. 薄板对接横焊位置半自动 CO_2 焊焊接时,焊接方向应采用(　　)。

A. 左焊法　　B. 右焊法　　C. 立向下焊　　D. 立向上焊

80. 中厚板T形接头立焊位置半自动 CO_2 焊焊接时，焊接方向采用(　　)。

A. 左焊法　　B. 右焊法　　C. 立向下焊　　D. 立向上焊

81. 中厚板对接横焊位置半自动 CO_2 焊焊接应采用(　　)。

A. 左焊法　　B. 右焊法　　C. 立向下焊　　D. 立向上焊

82. Q235 钢 CO_2 气体保护焊焊接时，焊丝应选用(　　)。

A. H10Mn2MoA　　B. H08MnMoA　　C. H08CrMoVA　　D. H08Mn2SiA

83. CO_2 气瓶使用 CO_2 气体电热预热器时，其电压应采用(　　)伏。

A. 110　　B. 90　　C. 60　　D. 36

84. 电阻焊焊件导电部分的电阻大小与焊件材料的电阻率(　　)。

A. 没有关系　　B. 成反比　　C. 关系不大　　D. 有很大关系

85. 电阻对焊常用于(　　)的焊接。

A. 带蒙皮的骨架结构(如汽车驾驶室)等

B. 要求气密的薄壁容器

C. 受力要求不高的对接件

D. 重要的受力对接件

86. 缝焊主要用于要求气密的薄壁容器，焊件厚度一般不超过(　　)mm。

A. 2　　B. 3　　C. 4　　D. 5

87. (　　)不是固定式点焊机结构的主要部分。

A. 焊接回路　　B. 加压机构　　C. 控制装置　　D. 夹紧机构

88. (　　)不属于对焊机结构组成的主要部分。

A. 焊接回路　　B. 冷却水路系统

C. 送进和加压机构　　D. 机架和导轨

89. (　　)不是电阻焊机电极材料性能的要求。

A. 在高温与常温下都有合适的导电、导热性

B. 良好的塑性、韧性

C. 有足够的高温强度和硬度

D. 常温与高温下具有高的抗氧化能力

90. 不等厚度材料点焊时，为防止熔核偏移造成焊点强度大大下降，一般规定工件厚度比不应超过(　　)。

A. 1:1.5　　B. 1:2　　C. 1:3　　D. 1:4

91. (　　)不属于闪光对焊的工艺参数。

A. 闪光电流　　B. 闪光留量　　C. 顶锻压力　　D. 工件厚度

92. 自由电弧一般经过三种"压缩效应"成为等离子弧，但(　　)不是这三种压缩效应中的一种。

A. 机械压缩效应　　B. 热收缩效应　　C. 蒸气压缩效应　　D. 磁收缩效应

93. (　　)不是等离子弧的特点。

A. 良好的电弧稳定性　　B. 功率大

C. 能量高度集中　　D. 温度高

94. 等离子弧切割电源的空载电压一般在(　　)V之间。

A. 60 ~ 80　　B. 90 ~ 110　　C. 120 ~ 140　　D. 150 ~ 400

95. (　　)是等离子弧切割设备的控制箱中没有的。

A. 程序控制装置　　B. 高压脉冲稳弧器

C. 电磁气阀　　D. 水压开关

96. 等离子弧切割时必须通冷却水,用以冷却(　　)和电极。

A. 手把　　B. 喷嘴　　C. 变压器　　D. 整流器

97. 等离子弧切割气体的作用不是(　　)的。

A. 作为等离子弧介质,并压缩电弧　　B. 防止钨极氧化烧损

C. 形成隔热层,保护喷嘴不被烧坏　　D. 冷却电缆

98. 钨极内缩量是等离子弧切割一个很重要的参数,它极大地影响着(　　)及电极的烧损。

A. 电弧压缩效果　　B. 等离子弧的功率

C. 切割速度　　D. 切割毛刺的产生

99. (　　)不是影响等离子弧压缩程度比较敏感的参数。

A. 钨极直径　　B. 钨极内缩量　　C. 焊接电流　　D. 离子气流量

100. 目前穿透型等离子弧焊焊接铜可用(　　)作为保护气体。

A. 纯氩或氩中加少量氢的混合气体　　B. 纯氩或氩氦混合气体

C. 氮气　　D. 氩加 CO_2 混合气体

101. 高温停留时间是焊接热循环的一个主要参数,通常用在加热温度(　　)℃以上停留的时间表示。

A. 1000　　B. 1100　　C. 1200　　D. 1300

102. 焊接工艺参数线能量,又称热输入,它与(　　)无关。

A. 焊接电流　　B. 电弧电压　　C. 空载电压　　D. 焊接速度

103. (　　)不是焊接熔池一次结晶的特点。

A. 熔池体积小,冷却速度快　　B. 没有偏析

C. 从熔合线未完全熔化的晶粒开始结晶　　D. 熔池液态金属温度高

104. (　　)是焊缝一次结晶的组织特征。

A. 等轴晶　　B. 球状晶　　C. 柱状晶　　D. 片状晶

105. (　　)是钢焊缝金属中的有害气体。

A. 氩　　B. 氟　　C. 氧　　D. CO_2

106. (　　)不是钢焊缝金属中氧的主要来源。

A. 母材和焊丝中的氧　　B. 空气中的氧气

C. 焊条药皮和埋弧焊剂中的氧化物　　D. 焊条药皮和埋弧焊剂中的水分

107. (　　)不是钢电弧焊时氢的危害。

A. 产生气孔　　B. 产生白点　　C. 引起氢脆　　D. 引起热裂纹

108. (　　)不是钢电弧焊时氢的来源。

A. 锈中的结晶水　　B. 母材和焊丝中的氢

C. 潮湿空气中的水蒸气　　D. 焊条药皮中的有机物

109. 结构钢焊缝金属中的磷会导致(　　)。

A. 未熔合　　B. 高温脆性　　C. 低温脆性　　D. 产生热裂纹

110. 低碳钢的过热区组织为粗大的(　　)。

A. 铁素体　B. 魏氏组织　C. 奥氏体　D. 马氏本

111. (　　)不是一种焊接变形。

A. 弯曲变形　B. 热变形　C. 扭曲变形　D. 波浪变形

112. (　　)不是焊接变形造成的危害。

A. 降低结构形状尺寸精度和美观　B. 降低整体结构组对装配质量

C. 降低结构的承载能力　D. 引起焊接裂纹

113. 焊接结构刚性越大,板厚越大,焊接引起的变形(　　)。

A. 一样　B. 越大　C. 越小　D. 略大

114. 刚性固定法防止焊接变形不适用于(　　)。

A. 薄板的焊接　B. 低碳钢结构的焊接

C. 奥氏体不锈钢结构的焊接　D. 容易裂的金属材料和结构的焊接

115. 火焰矫正焊接变形时,最高加热温度不宜超过(　　)℃。

A. 1300　B. 1100　C. 900　D. 800

116. 焊接残余应力按产生原因分为四种,在这四种残余应力中以(　　)为主。

A. 热应力和氢致集中应力　B. 热应力和拘束应力

C. 相变应力和拘束应力　D. 热应力和相变应力

117. (　　)不是减少氢和减小氢致集中应力的措施。

A. 选用碱性焊条　B. 清除焊丝和工件表面的锈、油、水

C. 选用酸性焊条　D. 控制环境湿度

118. 消除应力退火一般能消除残余应力(　　)以上。

A. 50% ~60%　B. 60% ~70%　C. 80% ~90%　D. 90% ~95%

119. (　　)不是影响焊接性的因素。

A. 金属材料的种类及其化学成分　B. 焊接方法

C. 构件类型　D. 焊接操作技术

120. 国际焊接学会推荐的碳当量计算公式适用于(　　)。

A. 高合金钢　B. 奥氏体不锈钢

C. 耐磨钢　D. 碳钢和低合金结构钢

121. 碳当量(　　)时,钢的淬硬冷裂倾向不大,焊接性优良。

A. 小于 0.40%　B. 小于 0.50%　C. 小于 0.60%　D. 小于 0.80%

122. (　　)不属于低合金专业用结构钢。

A. 耐蚀钢　B. 低合金低温钢　C. 马氏体耐热钢　D. 珠光体耐热钢

123. 屈服点在(　　)MPa 以上的低合金结构钢焊接时,一般需要预热。

A. 295　B. 345　C. 390　D. 420

124. 低合金结构钢采取局部预热时,预热范围为焊缝两侧各不小于焊件厚度的 3 倍,且不小于(　　)mm。

A. 300　B. 250　C. 200　D. 100

125. (　　)不是厚板窄间隙焊的优点。

A. 生产率高　B. 焊接材料和能源消耗低

C. 热输入量小　D. 不易产生夹渣

126. 我国窄间隙埋弧焊焊接钢板最大厚度可达(　　)mm。

A. 200　　B. 250　　C. 300　　D. 400

127. 16Mn 钢属于(　　)钢。

A. Q275　　B. Q295　　C. Q345　　D. Q390

128. 16Mn 钢焊接时,焊条应选用(　　)。

A. E4303　　B. E4315　　C. E5515 - G　　D. E5015

129. 18MnMoNb 钢是中温厚壁压力容器和锅炉用钢,最高工作温度可达(　　)℃。

A. 450　　B. 500　　C. 550　　D. 600

130. 18MnMoNb 钢的使用状态为(　　)。

A. 正火　　B. 退火　　C. 热轧　　D. 正火加回火

131. 18MnMoNb 钢的焊接性较差,焊前需要预热,预热温度为(　　)℃。

A. 100 ~ 150　　B. 150 ~ 180　　C. 180 ~ 250　　D. 250 ~ 300

132. 18MnMoNb 钢焊条电弧焊或埋弧自动焊焊接后,要进行回火或消除应力热处理,其加热温度为(　　)℃。

A. 400 ~ 450　　B. 500 ~ 550　　C. 600 ~ 650　　D. 700 ~ 750

133. 在高温、高压蒸汽的运行条件下,碳钢的最高工作温度为(　　)℃。

A. 450　　B. 500　　C. 550　　D. 600

134. (　　)是珠光体耐热钢的主要合金元素。

A. Cr 和 Mo　　B. Cr 和 Mn　　C. Mn 和 Mo　　D. Ni 和 Mo

135. 牌号为 R317 的焊条是(　　)焊条。

A. 低温钢　　B. 结构钢　　C. 奥氏体不锈钢　　D. 珠光体耐热钢

136. 珠光体耐热钢焊条电弧焊焊接后应立即进行(　　)。

A. 中温回火　　B. 低温回火　　C. 高温回火　　D. 正火

137. (　　)不是珠光体耐热钢焊接后热处理的目的。

A. 改善接头组织,提高组织稳定性　　B. 防止热裂纹

C. 消除焊接残余应力　　D. 提高接头综合力学性能

138. 低温压力容器用钢 16MnDR 的最低使用温度为(　　)℃。

A. -40　　B. -60　　C. -80　　D. -100

139. 牌号为 W707 的焊条是(　　)焊条。

A. 结构钢　　B. 珠光体耐热钢　　C. 奥氏体不锈钢　　D. 低温钢

140. 低温钢焊接时,关键是要保证(　　)。

A. 不产生冷裂纹　　B. 接头的低温强度

C. 焊缝的低温耐蚀性能　　D. 焊缝区和粗晶区的低韧性

141. 不锈钢铬的质量分数均大于(　　)。

A. 5%　　B. 9%　　C. 12%　　D. 18%

142. 加热温度(　　)℃是不锈钢晶间腐蚀的危险温度区,或称敏化温度区。

A. 250 ~ 350　　B. 350 ~ 450　　C. 450 ~ 850　　D. 850 ~ 1250

143. 奥氏体不锈钢焊接时,如果焊接材料选用不当或焊接工艺不合理,就会产生(　　)等问题。

A. 接头软化和热裂纹　　B. 降低接头抗晶间腐蚀能力和冷裂纹

C. 降低接头抗晶间腐蚀能力和热裂纹　D. 降低接头抗晶间腐蚀能力和接头软化

144. (　　)不是奥氏体不锈钢焊接时防止热裂纹的措施。

A. 严格限制焊缝中硫、磷等杂质的质量分数

B. 选用双相组织的焊条

C. 采用小线能量,多层多道焊

D. 选用酸性焊条

145. 为了防止奥氏体不锈钢焊接热裂纹,希望焊缝金属组织是奥氏体－铁素体双相组织,其中铁素体的质量分数应控制在(　　)左右。

A. 30%　　B. 20%　　C. 10%　　D. 5%

146. (　　)不是奥氏体不锈钢的焊接工艺特点。

A. 不能进行预热和后热工艺

B. 采用小线能量,小电流快速焊

C. 焊前预热

D. 一般不进行消除焊接残余应力的焊后热处理

147. 奥氏体不锈钢多层多道焊时,层间温度(即各焊道间温度)应低于(　　)℃。

A. 60　　B. 150　　C. 200　　D. 250

148. (　　)不是奥氏体不锈钢合适的焊接方法。

A. 焊条电弧焊　　B. 钨极氩弧焊　　C. 埋弧自动焊　　D. 电渣焊

149. 牌号为 A137 的焊条是(　　)。

A. 碳钢焊条　　B. 低合金钢焊条

C. 珠光体耐热钢焊条　　D. 奥氏体不锈钢焊条

150. (　　)不是奥氏体不锈钢焊条电弧焊工艺操作必须遵循的原则。

A. 选用碱性焊条,采用直流反接

B. 采用多层多道焊

C. 采用焊条不摆动的窄道焊

D. 控制焊道间温度,冷却到60℃左右(手能摸了)再焊下一道

151. (　　)不是防止冷裂纹的措施。

A. 焊前预热　　B. 选用碱性焊条

C. 限制钢材与焊材中硫的质量分数　　D. 焊后及时热处理,消除焊接残余应力

152. 工件表面锈皮未清除干净会引起(　　)。

A. 热裂纹　　B. 再热裂纹　　C. 咬边　　D. 冷裂纹

153. (　　)不是防止气孔的措施。

A. 清除坡口及两侧的锈、油、水　　B. 按规定参数烘干焊条、焊剂

C. 采用小线能量　　D. 焊接电流要合适,焊接速度不要太快

154. (　　)不是产生夹渣的原因。

A. 焊层、焊道之间清渣不干净　　B. 未按规定参数烘干焊条、焊剂

C. 焊接速度太快　　D. 焊条角度和运条不当

155. 钨极直径太小,焊接电流太大是产生(　　)的原因之一。

A. 冷裂纹　　B. 热裂纹　　C. 夹钨　　D. 未焊透

156. (　　)不是焊接缺陷返修次数增加引起的不利影响。

A. 引起裂纹等缺陷　　B. 接头性能降低

C. 会使金属晶粒粗大　　D. 焊接应力减小

157. (　　)不是焊接检验的目的。

A. 发现焊接缺陷　　B. 检验焊接接头的性能

C. 确保产品的焊接质量　　D. 测定焊接残余应力

158. (　　)不是拉伸试验的目的。

A. 测定抗拉强度　　B. 测定屈服点

C. 测定焊接残余应力　　D. 测定断面收缩率

159. (　　)不是超声波探伤的缺点。

A. 判断缺陷性质直观性差　　B. 对缺陷尺寸判断不够准确

C. 近表面缺陷不易发现　　D. 要求探伤零件表面粗糙度较高

160. 在射线探伤胶片上呈圆形、椭圆形黑点,其黑度一般是中心处较大并均匀地向四周边缘减小的缺陷是(　　)。

A. 气孔　　B. 夹渣　　C. 未焊透　　D. 未熔合

二、判断题(第 161 ~ 200 题,将判断结果填入各题的括号中,正确的打"√",错误的打"×")

161. 劳动不是为个人谋生,而只是为增进社会共同利益而劳动。(　　)

162. 在机械制图中,物体的正面投影称为俯视图。(　　)

163. 铁素体是少量的碳和其他合金元素固溶于 $\gamma-Fe$ 中的固溶体。(　　)

164. 材料在外力作用下抵抗永久变形和断裂的能力称为强度。(　　)

165. 碳的质量分数大于 0.8% 的钢称为高碳钢。(　　)

166. 在电路中有两个以上的电阻一个接一个地依次连接,且流过这些电阻的电流相同,这就是电阻并联。(　　)

167. 有两个以上电阻在电路中连接在两个共同节点之间,叫做电阻并联,并联电阻的两端电位相同。(　　)

168. 对电源没有接地中线的低压电网中的用电器,将用电器的外壳用导线作接地连接,以保护人身安全,叫保护接地。(　　)

169. 对于比较干燥而触电危险性较大环境,我国规定安全电压为 24V。(　　)

170. 焊接过程中会产生各种污染环境有害因素很多,其中属于物理有害因素的有焊接弧光,热辐射,噪声等。(　　)

171. 焊前应检查焊割场地周围 10m 范围内,各类可燃易爆物品是否清理干净或采取可靠的安全措施。(　　)

172. 施焊前,焊工应检查面罩遮挡是否严密不漏光,护目镜片深浅是否合适等。(　　)

173. 氩弧焊要求氩气纯度应达到 99.99%。(　　)

174. 氩气瓶工作压力为 15MPa。(　　)

175. 管件对接的定位焊缝长度一般为 25 ~ 30mm,厚度一般为 4 ~ 5mm。(　　)

176. 钨极氩弧焊的氩气流量太大,不仅浪费氩气,还可能使保护气流形成紊流,将空气卷入保护区,反而降低保护效果。(　　)

177. 易燃物品钨极氩弧焊场所不得小于 5m。(　　)

178. 飞溅大是 CO_2 焊的主要缺点。(　　)

179. CO_2 焊焊接时，焊丝伸出长度过小，不但飞溅严重，而且造成飞溅物堵塞喷嘴，影响保护效果。（ ）

180. 等离子弧要求电源具有陡降的外特性。（ ）

181. 目前等离子弧所采用的电源，绝大多数为具有陡降外特性的整流电源。（ ）

182. 等离子弧切割用的工作气体，应用最广的是氩气。（ ）

183. 焊后热处理是影响焊接热循环的因素之一。（ ）

184. 焊接接头中性能最差的是焊缝区。（ ）

185. 冷轧低碳钢焊接热影响区由过热区、正火区、部分相变区和再结晶区组成。（ ）

186. 热轧、正火和退火状态的易淬火钢焊接热影响区中没有回火软化区。（ ）

187. 火焰矫正焊接变形时，加热用火焰一般采用碳化焰。（ ）

188. 对尺寸稳定性和机械加工精度要求较高的焊接构件，焊后应采取消除残余应力的措施。（ ）

189. 国际焊接学会的碳当量计算公式只考虑了化学成分、扩散氢含量、板厚三者对焊接性的影响、还没有考虑焊接方法、构件使用要求等其他因素对焊接性的影响。（ ）

190. 屈服点为 295 ~ 490MPa 的低合金高强度结构钢，都在热轧或正火状态下使用，属于非热处理强化钢。（ ）

191. 珠光体耐热钢的焊接性主要是易产生热裂纹和晶间腐蚀。（ ）

192. 铬钼珠光体耐热钢焊接时，为了防止冷裂纹，规定较高的预热温度是必要的，热温度并非越高越好。（ ）

193. 焊缝内部缺陷有裂纹、气孔、夹渣、未焊透和未熔合五种。（ ）

194. 气孔、夹渣不是危害最大的焊接缺陷。（ ）

195. 在焊接过程中，焊缝和热影响区金属冷却到固相线附近的高温区时产生的裂纹属于热裂纹。（ ）

196. 焊接接头冷却到较低温度（对于钢来说在 Ms 点温度线以下）时产生的焊接裂纹属于冷裂纹。（ ）

197. 分析碳钢焊缝的化学成分，要分析的元素是 C、Mn、Si、S 和 P 等，Fe 是不需要分析的。（ ）

198. 超声波探伤较射线探伤具有较高的灵敏度，因此对缺陷性质判断准确。（ ）

199. 在射线探伤胶片上呈单独黑点，外形不太规则，带有棱角，黑度较均匀的缺陷是夹钨。（ ）

200. 我国射线探伤标准规定，焊缝质量分为 4 个等级，2 级焊缝内允许有未焊透。（ ）

附件二

电焊工中级操作技能模拟试题

试题一

20g 钢板 V 形坡口对接横位半自动二氧化碳气体保护焊

考核要求：

(1)定位焊在试件背面两端 20mm 范围内。

(2)根部要焊透，单面焊双面成形。

(3)焊缝的空间位置不许超出横焊位置范围。

(4)试件一经固定开始焊接，不得任意移动试件。

(5)焊前将坡口处的油污.氧化膜等清理干净。

(6)不许破坏焊缝原始表面。

(7)操作时间为 40min。

试题二

1Cr18Ni9Ti 钢板 I 形坡口对接立位手工钨极氩弧焊

考核要求：

(1)定位焊在试件背面两端 20mm 范围内。

(2)根部要焊透。

(3)焊缝的空间位置不许超出立焊位置范围。

(4)试件一经固定开始焊接，不得任意移动试件。

(5)焊前将坡口处的油污.氧化膜等清理干净，焊丝除锈。

(6)不许破坏焊缝原始表面。

(7)允许使用刚性固定。

(8)操作时间为 40min。

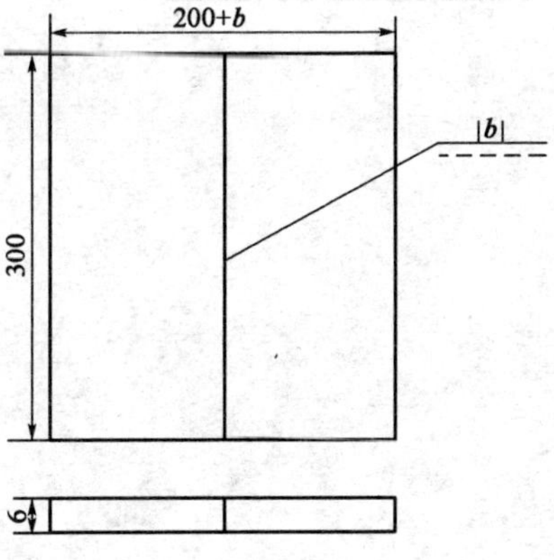

试题三

材料要求：

(1)试件尺寸：300mm × 100mm × 12mm(2 件)。

(2)焊材与母材相匹配。建议选用：H08Mn2SiAϕ1.2 焊丝。

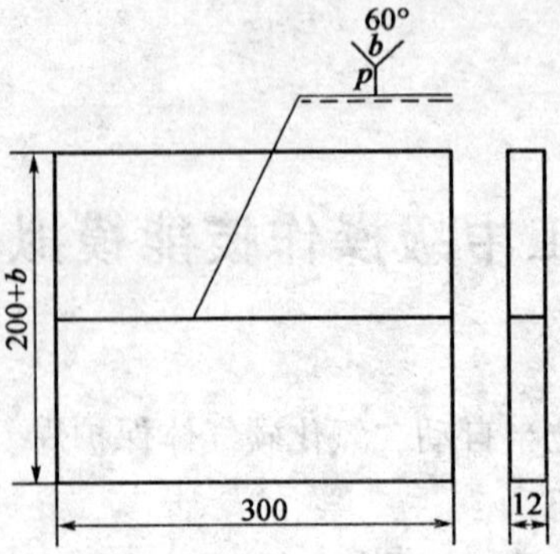

技术要求：

(1)单面焊双面成形。

(2)钝边间隙反变形自定。

(3)试件离地面高度自定。

试题四

材料要求：

(1)试件尺寸：300mm×100mm×6mm(2件)。

(2)焊材与母材相匹配。建议选用：H0Cr19Ni9Tiϕ2.5焊丝。

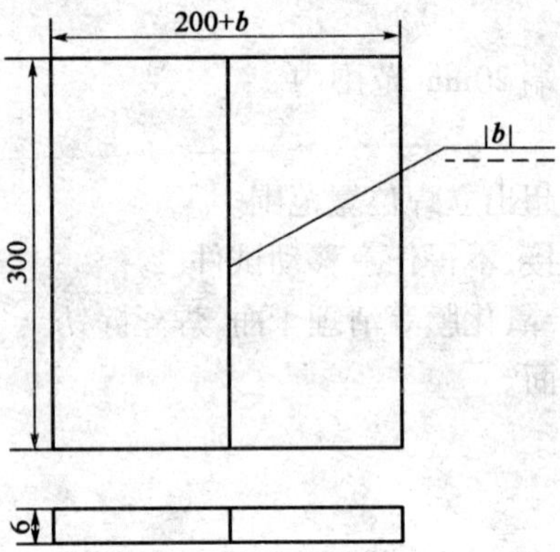

技术要求：

(1)根部要焊透。

(2)钝边间隙反变形自定。

(3)试件离地面高度自定。

参 考 文 献

[1] 李亚江,刘鹏,刘强,等.气体保护焊工艺及应用[M].北京:化学工业出版社,2005.

[2] 陈祝年.焊接工程师手册[M].北京:机械工业出版社,2006.

[3] 雷世明.焊接方法与设备[M].北京:机械工业出版社,2006.

[4] 韩国明.焊接工艺理论与技术[M].北京:机械工业出版社,2007.

[5] 王宗杰.焊接方法与设备[M].北京:机械工业出版社,2007.

[6] 焦万才,张文明,刘兆甲.氩弧焊[M].沈阳:辽宁科学技术出版社,2007.

[7] 陈淑惠.焊接方法与设备[M].北京:高等教育出版社,2009.

[8] 金凤柱,王振家.焊接技术与操作技巧[M].北京:国防工业出版社,2007.

[9] 高元伟,吴兴敏.汽车车身焊接技术[M].北京:人民邮电出版社,2009.

[10] 陈裕川.焊接工艺设计与实例分析[M].北京:机械工业出版社,2009.